U0965107

高等职业教育"十四五"规划教材
中国特色高水平高职专业建设计划成果
现代农业装备应用技术专业群系列教材

测绘基础与应用

孙雪梅　主编

中国农业大学出版社
·北京·

内容简介

本书本着有利于加强理论学习、能力培养、知识面拓展的原则，体现先进性、实用性、通用性，内容力求简明扼要、深入浅出，注重理论与实践相结合，注重对学生动手能力的培养，围绕“互联网＋”活页式教材建设思路，契合新形态教材的开发应用，融入思政元素和劳动教育，实现价值引领。以地面点的确定为主线，引导学生学习基本测量仪器的特点及使用方法、三维坐标计算的框架体系以及最基本的使用方法、地图的常用测绘方法及使用方法，并且对测量的新仪器、新技术、新方法做了介绍，通过对数字化教学资源的选取与利用，学生的学习从以教师主讲的单向指导模式转变为建设性、发现性的学习，从被动学习转变为主动学习，突出学生的测量能力的夯实，强调学生解决实际问题能力和可持续发展能力的培养。本书可作为工程测量、建筑工程、农林、水利、城市规划、地理信息等专业的教材，也可作为测绘工程技术人员的参考书。

图书在版编目(CIP)数据

测绘基础与应用/孙雪梅主编．--北京：中国农业大学出版社，2024.4
ISBN 978-7-5655-3177-4

Ⅰ.①测…　Ⅱ.①孙…　Ⅲ.①测绘学－高等职业教育－教材　Ⅳ.①P2

中国国家版本馆 CIP 数据核字(2024)第 042443 号

书　名　测绘基础与应用
作　者　孙雪梅　主编

策划编辑　田树君　张秀环　　**责任编辑**　田树君
封面设计　李尘工作室
出版发行　中国农业大学出版社
社　　址　北京市海淀区圆明园西路 2 号　　**邮政编码**　100193
电　　话　发行部 010-62733489，1190　　读者服务部 010-62732336
　　　　　编辑部 010-62732617，2618　　出　版　部 010-62733440
网　　址　http://www.caupress.cn　　**E-mail** cbsszs@cau.edu.cn
经　　销　新华书店
印　　刷　河北朗祥印刷有限公司
版　　次　2024 年 4 月第 1 版　　2024 年 4 月第 1 次印刷
规　　格　185 mm×260 mm　　16 开本　　17.75 印张　　443 千字
定　　价　55.00 元

编审人员

主　编　孙雪梅(黑龙江农业工程职业学院)

副主编　李　楠(黑龙江建筑职业技术学院)

　　　　李　赢(黑龙江农业工程职业学院)

　　　　付春潮(哈尔滨铁道职业技术学院)

　　　　孟朝龙(哈尔滨铁道职业技术学院)

　　　　朱洪成(广州南方测绘科技股份有限公司哈尔滨分公司)

参　编(按姓氏笔画排序)

　　　　王　巍(黑龙江农业工程职业学院)

　　　　张　袁(福建金创利信息科技发展股份有限公司)

　　　　张　慧(新疆交通职业技术学院)

　　　　张明宇(黑龙江农业工程职业学院)

　　　　陈济爱(福建金创利信息科技发展股份有限公司)

　　　　韩　丹(黑龙江生态工程职业学院)

　　　　景　铎(黑龙江职业学院)

主　审　付开隆(东北林业大学)

前　言

党的二十大报告强调："教育、科技、人才是全面建设社会主义现代化国家的基础性、战略性支撑"。随着科学技术的迅速发展，测绘技术的发展也日新月异。为使教材紧密结合实际，也为了满足现场生产单位对人才知识和技能的要求，黑龙江农业工程职业学院组织人员编写了本教材。

本教材在编写内容和要求上，突出"以能力为本位"的指导思想，编写时力求做到：基本概念准确，各部分内容紧扣培养目标，文字简练、通顺易懂、相互协调、职业能力层层递进；不过分强调理论的系统性，努力避免内容贪多求全，教材内容理论联系实际，以现行有关规章、国家标准、行业标准为依据，以工作任务为载体，突出作业流程，使学生熟悉测量设备，掌握测量工种的基本技能。结合校内实训和现场生产实习，学会运用规范处理测量工作的有关问题，有效提高学生的动手能力、学习能力、分析解决实际问题的能力。

本教材根据当前的学生特点，围绕"互联网＋"活页式教材建设思路，契合新形态教材的开发应用，融入思政元素和劳动教育，实现价值引领。通过对数字化教学资源的选取与利用，使学生的学习从以教师主讲的单向指导模式转变为建设性、发现性的学习，从被动学习转变为主动学习，突出学生的测量能力的夯实，强调学生解决实际问题能力和可持续发展能力的培养。

本教材由孙雪梅主编，由李楠、李赢、付春潮、孟朝龙和朱洪成副主编。编写具体分工如下：项目一、项目三知识点 3 和 4 由孙雪梅编写；项目二的工作手册由付春潮编写；项目二的知识手册由孟朝龙编写；项目四、五由李楠编写；项目六由李赢编写；项目三知识点 1 由王巍编写；项目三知识点 2 由张明宇编写；项目三任务 1 由韩丹编写；项目三任务 2 由景铎编写；项目三任务 3 由张慧编写。本教材中图片及数字资源由朱洪成、张袁、陈济爱编制。本教材由景铎主审。

在本教材的编写过程中，参考了国内有关教材及参考书，得到了广州南方测绘科技股份有限公司哈尔滨分公司、福建金创利信息科技发展股份有限公司、新疆交通职业技术学院、黑龙江建筑职业技术学院、哈尔滨铁道职业技术学院、黑龙江职业学院、黑龙江生态工程职业学院、东北林业大学等有关单位的支持，同时本书也得到了中国特色高水平专业群建设计划的支持，在此一并表示感谢。

由于编者水平有限，书中疏漏之处难免，恳请广大读者批评指正。

编　者

2023 年 10 月

目　　录

第一部分　工作手册

第二部分　知识手册

第一部分　工作手册

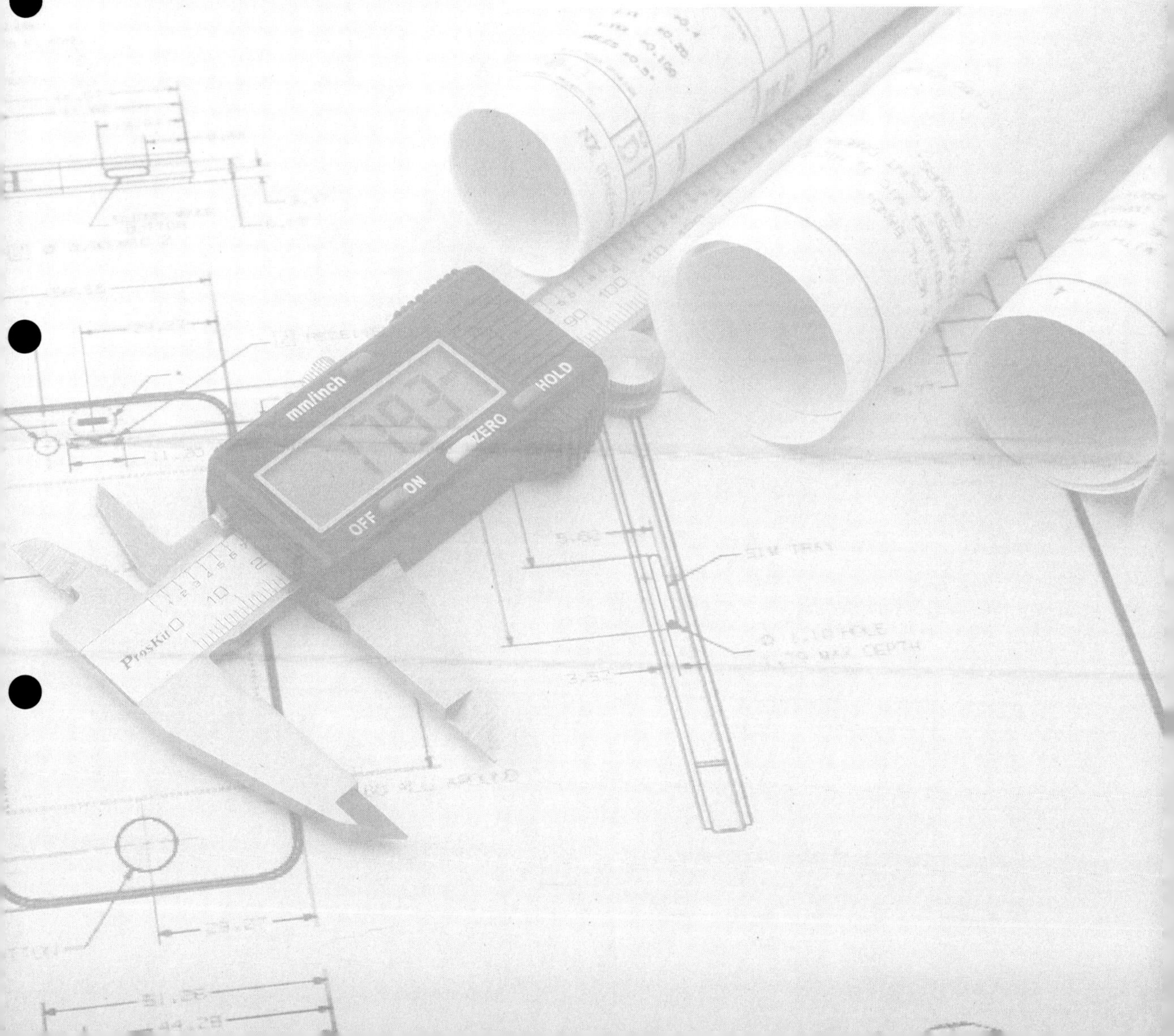

项目一　高程测量

项目引入

【项目描述】

根据水准测量基本原理，利用水准测量工具，布设水准点完成三种水准路线的水准测量外业工作，并求解出各水准点高程。

【知识目标】

◆ 掌握水准测量原理；

◆ 掌握水准仪的构造及使用方法；

◆ 掌握水准测量的外业测量过程、技术要求、施测方法与内业成果处理方法；

◆ 掌握水准仪的检校方法及水准测量的误差来源。

【能力目标】

◆ 能够正确操作水准仪；

◆ 能够独立使用水准仪进行等外水准测量及三、四等水准测量，完成水准仪的检验与校正；

◆ 能够独立布设一条合理的水准路线，按照相应等级的水准测量标准完成水准路线的测量，正确计算出各水准点的高程。

项目知识准备

通过以下问题，系统地掌握测量工作的基本任务、原则、高程测量相关知识。

1. 什么是大地水准面？有什么特性？
2. 测量的基准面是什么？测量的基准线是什么？
3. 如何确定地面点位？
4. 什么是绝对高程？什么是相对高程？什么是高差？
5. 测量的基本工作是什么？测量工作的基本原则是什么？
6. 什么是水平面？用水平面代替水准面对水平距离、水平角以及高程分别有什么影响？
7. 我国采用的高程系有哪几种？对应水准原点的高程分别是什么？
8. 什么是高程测量？

项目实施

任务1　安置水准仪

∵ 任务描述

架设调平水准仪，并对水准点上设立的水准尺进行瞄准和读数。

∵ 任务知识准备

1. 水准测量使用的仪器和工具
2. 两点间的高差公式
3. 按物理性能确定水准仪的分类
4. 光学水准仪分类
5. 光学水准仪 DSZ3 中 D、S、Z、3 的含义
6. 自动安平水准仪的组成
7. 自动安平水准仪各部分名称及其作用
8. 用脚螺旋调节圆水准气泡的方法
9. 视准轴的概念及其作用
10. 视差的概念以及消除的方法
11. 自动安平水准仪的操作步骤
12. 水准尺读数方法

∵ 任务步骤分解

步骤1：认识水准仪各部分名称，并了解其用途

问题1-1-1

请给出水准仪各部分名称。

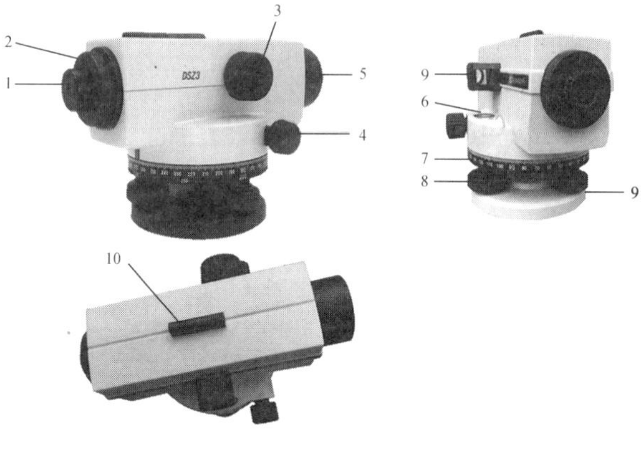

问题 1-1-2

望远镜由(　　)(　　)(　　)三个主要部分组成。

问题 1-1-3

(　　)的作用是把望远镜的视准轴安置到水平位置。

问题 1-1-4

基座主要由(　　)(　　)(　　)组成。

问题 1-1-5

(　　)的主要作用是能使我们看清远处的目标，并提供一条照准读数值用的视线。

步骤 2：认识水准测量其他工具

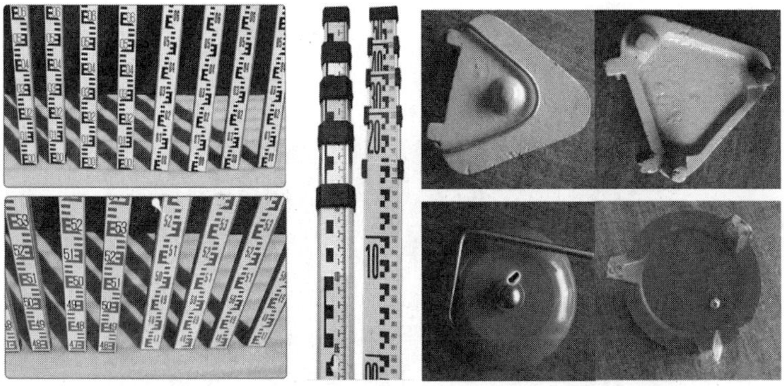

问题 1-1-6

常见的水准尺有(　　)和(　　)两种。

问题 1-1-7

双面水准尺的分划，一面是黑白相间的主尺，黑面分划尺底为(　　)；另一面是红白相间的辅尺，最小分划均为(　　)，红面分划尺底为一常数：(　　)或(　　)，尺常数相差(　　)的两把水准尺称为一对水准尺。

问题 1-1-8

下图 1 号尺的尺根部读数为(　　)，2 号尺的尺根部读数为(　　)。

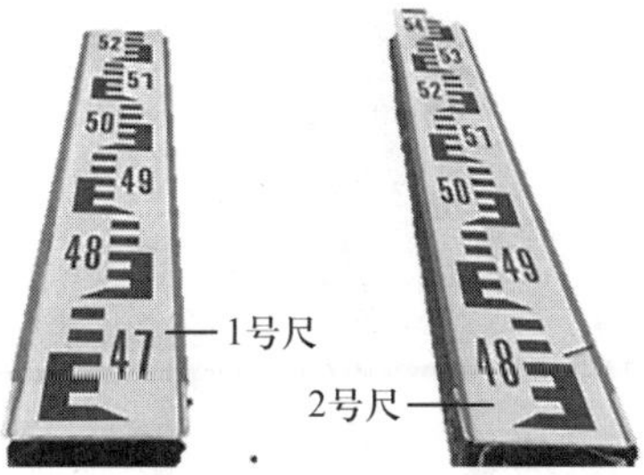

问题 1-1-9

(　　)是供支承水准尺和传递高程所用的工具。

问题 1-1-10

尺垫用在(　　)处。(填写“转点”或“水准点”)

问题 1-1-11

说出脚架的各部位名称。

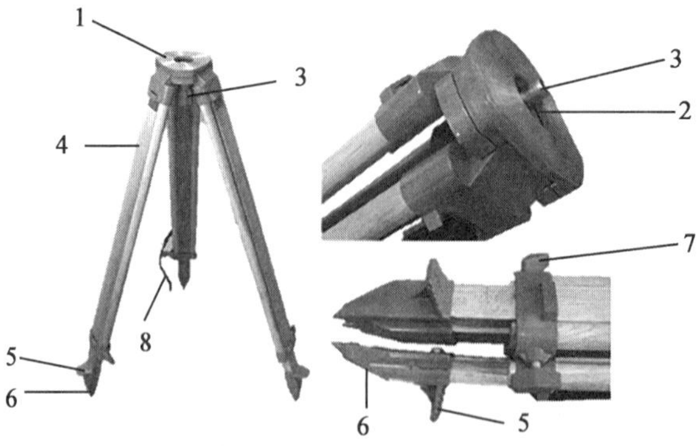

步骤 3:使用水准仪

问题 1-1-12

自动安平水准仪的操作步骤(　　)。

A. 安置仪器——照准水准尺——粗略整平——消除视差——读数和记录

B. 安置仪器——粗略整平——照准水准尺——消除视差——读数和记录

C. 安置仪器——粗略整平——消除视差——照准水准尺——读数和记录

D. 安置仪器——照准水准尺——粗略整平——读数和记录——消除视差

问题 1-1-13

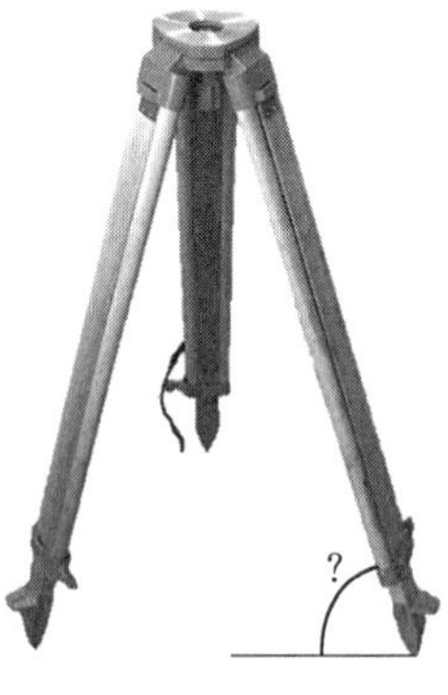

三脚架架设时三个架腿与地面的夹角以(　　)为宜。

问题 1-1-14

自动安平水准仪(　　)精平。(填“需要”或“不需要”)

问题 1-1-15

粗平是通过调整（　　），将（　　）居中，使（　　）处于铅垂位置。

问题 1-1-16

粗平时调节脚螺旋，气泡移动的方向与（　　）手大拇指旋转方向一致。

问题 1-1-17

瞄准水准尺前，先将望远镜对着明亮背景，转动（　　）使十字丝成像清晰。

问题 1-1-18

当眼睛上下移动时，目标与十字丝也发生相对移动，即十字丝交点与目标点发生相对移动，这种现象称为（　　）。

问题 1-1-19

消除视差的方法是，重新调节（　　）和（　　），直至眼睛上下或左右移动观察时，目标点与十字丝交点（　　）相对移动为止。

问题 1-1-20

读数的顺序为（　　）（　　）（　　），估读至（　　）。

问题 1-1-21

标出这三幅图水准尺的读数。

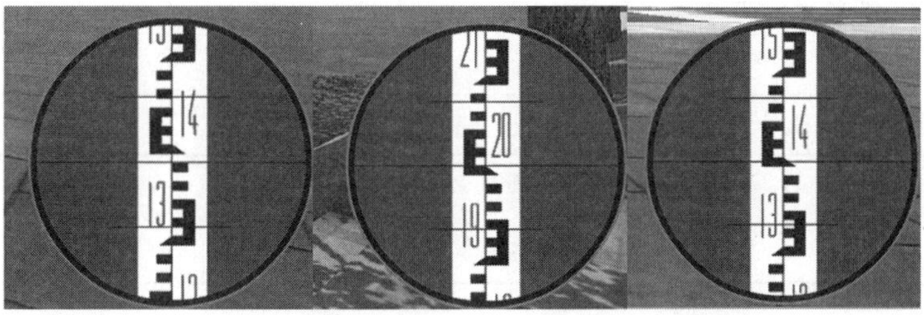

问题 1-1-22

水准尺读数越大，说明该点地势越（　　）。（A. 低 B. 高）

❖ 任务实施

仪器检查记录表

序号	检查内容	检查结果		备注
		是	否	
1	仪器部件及附件是否齐全			
2	仪器各轴转动是否灵活，无杂音			
3	各螺旋是否正常工作			
4	物镜、目镜有无裂纹或是否清晰			
5	脚架和仪器的连接螺旋是否配套			
6	仪器箱锁、提手是否牢固			
7	标尺是否弯曲			
8	标尺刻度是否清晰			

自动安平水准仪安置情况表

项目	要求	完成情况			备注
		顺利	有些困难	很难	
脚架架设	高度适中，牢固稳定				
仪器粗平	各方向圆水准器居中				
照准	目标清晰无视差				
读数	读数准确清晰				
水准尺扶尺	尺身要铅直，防止左右倾斜，更要防止前后倾斜				

∵ 任务活动总结

任务1 安置水准仪任务完成清单

序号	实施步骤（简写）	是否完成	是否存在疑问	是否解决
1	认识水准仪			
2	认识水准测量其他工具			
3	水准仪的使用			
学生签名：				
任务完成情况自评：(A、B、C、D、E)				

说明：等级评价为A、B、C、D、E五级，在评价的等级符号上画圈

任务1 安置水准仪任务完成评价单

考核主体	考核内容	考核项目	评分标准	分数	前一个任务平均分	是否进步
教师评价	知识内容	构造名称	准确描述水准仪各部分名称及作用			
		辅助工具	正确描述水准测量各辅助工具名称及作用			
		架设技巧	脚架安置规范性 仪器架设规范性			
		读数	正确进行水准尺读数			
	任务完成	课内项目	完成时效 完成流畅度			
		拓展项目	完成时效 完成流畅度			
	职业素养	仪器设备管护	规范使用仪器 使用后仪器常规清洁、保养			
		劳动安全	正确穿戴工作服和工作鞋 测量大赛规范要求掌握			

续表

考核主体	考核内容	考核项目	评分标准	分数	前一个任务平均分	是否进步
组内评价	团队合作	服从组内安排 动手参与积极性				
	领导能力	统筹小组分工 设计作业方案				
	担当作用	乐于助人，对团队任务完成有帮助				
	学习能力	创新思维能力、扩展知识、表达能力				
自我评价	收获提升					
	有待提高					
	感悟					

说明：评价分数为1、2、3、4、5，5分为满分

任务2　测两点间高差

❖ 任务描述

测地面上两点之间的高差。

❖ 任务知识准备

1. 高程的概念
2. 高差的概念
3. 高程的分类
4. 水准测量原理
5. 两点间高差公式
6. 测站检核的方法
7. 视距的概念
8. 测量时对视距的要求

9. 水准点的概念
10. 水准仪检验方法

∵ 任务步骤分解

步骤 1:确定水准点

问题 1-2-1

水准点有(　　)水准点和(　　)水准点两种。一般缩写为(　　),用"⊗"符号表示。

问题 1-2-2

转点的作用是什么?

问题 1-2-3

为什么说转点很重要?

步骤 2:架设仪器

问题 1-2-4

架设水准仪时,将仪器架设在距前后两水准尺等距离位置,可消除哪些测量误差?

步骤 3:水准仪的检验

问题 1-2-5

水准仪应满足的几何条件是(　　)(　　)(　　)。

问题 1-2-6

旋转脚螺旋使圆水准器气泡居中,然后将仪器绕竖轴旋转(　　),如果气泡仍居中,则表示圆水准器轴 $L'L'$ 平行于仪器的竖轴 VV,如果气泡偏出分划圈外,则需要校正。

问题 1-2-7

安置水准仪,使圆水准器的气泡严格居中后,先用十字丝交点瞄准某一明显的点状目标 M,然后旋紧制动螺旋,转动微动螺旋,如果目标点 M(　　)中丝,则表示十字丝中丝垂直于仪器的竖轴,如果目标点 M 离开中丝,则需要(　　)。

问题 1-2-8

水准仪视准轴不平行于水准管轴的误差称为(　　)。

步骤 4:测站检核

问题 1-2-9

在每个测站上一次测得两转点间的高差后,改变一下水准仪的高度,一般应大于(　　)cm,再次测量两转点间的高差,此检核方法称为变仪器高法。

问题 1-2-10

对于普通水准测量，当两次所得高差之差未超过允许值时可认为合格，否则应重测。符合精度要求时取其(　　)作为该测站高差结果。

问题 1-2-11

仪器高度(　　)，利用双面水准尺分别由黑面和红面读数得出高差，此检核方法称为双面尺法。

问题 1-2-12

利用双面尺法检核时，$a_{黑}-b_{黑}$ 的值与 $a_{红}-b_{红}$ 的值理论上应(　　)(填写“相等”或“不相等”)

问题 1-2-13

如下图所示，双面尺法测高差，将观测数据填入表中。

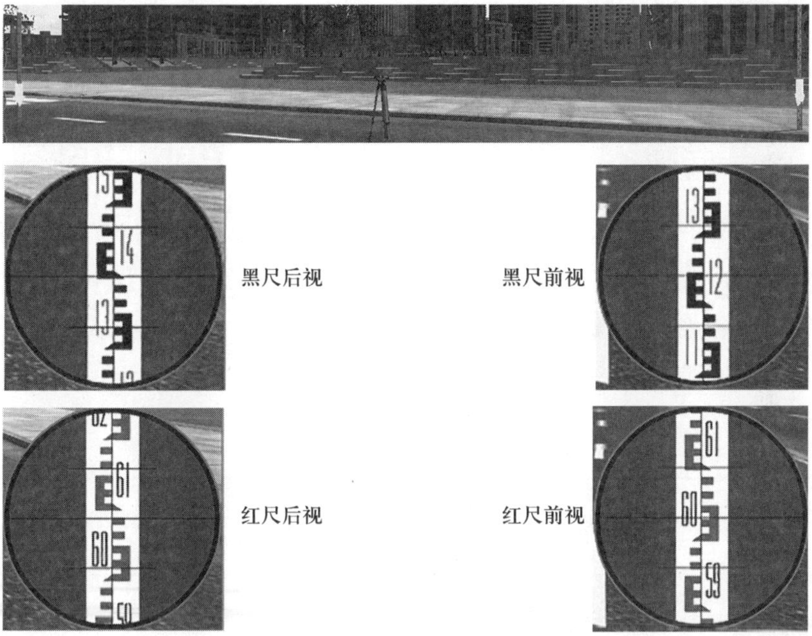

测站	点号	水准尺读数		平均高差
		黑尺	红尺	
1	后视点 A			
	前视点 B			
	高差			

问题 1-2-14

如下图所示，变仪器高法进行测站检核后，是否能计算出高差？如能，则写出计算结果；如不能，则说明原因。

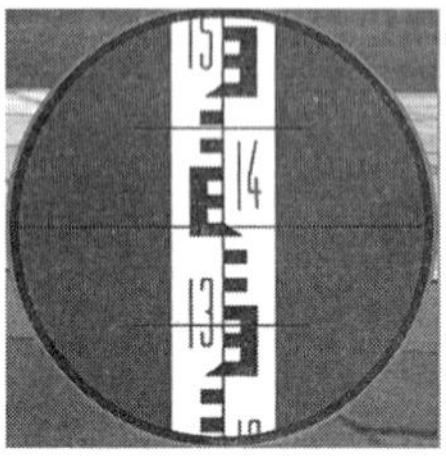

后尺读数

前尺读数

变仪器高后
后尺读数

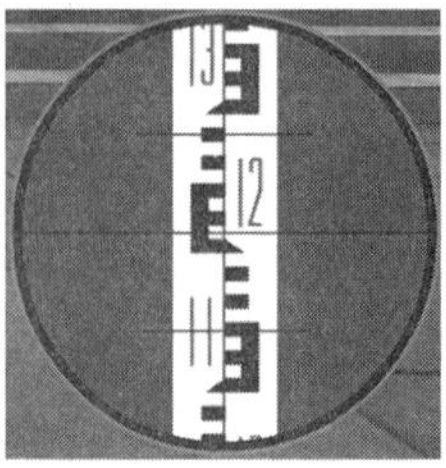

变仪器高后
前尺读数

∴ 任务实施

仪器检查记录表

序号	检查内容	检查结果		备注
		是	否	
1	仪器部件及附件是否齐全			
2	仪器各轴转动是否灵活,无杂音			
3	各螺旋是否正常工作			
4	物镜、目镜有无裂纹或是否清晰			
5	脚架和仪器的连接螺旋是否配套			
6	仪器箱锁、提手是否牢固			
7	标尺是否弯曲			
8	标尺刻度是否清晰			
9	圆水准器轴是否平行于纵轴			
10	十字丝横丝是否垂直纵轴			

等外水准测量手簿

（双面尺法）

测站	点号	水准尺读数		平均高差	备注
		黑尺	红尺		
1	后视点 A				
	前视点 TP1				
	高差				
2	后视点 TP1				
	前视点 B				
	高差				
成果整理	$H_A=$________（已知） $h_{均1}=$;$h_{均2}=$ $\sum h = h_{均1}+h_{均2}$ $H_B = H_A + \sum h$				

等外水准测量手簿

（变仪器高法）（1+X证书考核项目）

测站	点号	水准尺读数		平均高差	备注
		第一次高度	第二次高度		
1	后视点 A				
	前视点 TP1				
	高差				
2	后视点 TP1				
	前视点 B				
	高差				
成果整理	$H_A=$________（已知） $h_{均1}=$;$h_{均2}=$ $\sum h = h_{均1}+h_{均2}$ $H_B = H_A + \sum h$				

任务活动总结

任务 2 测两点间高差任务完成清单

序号	实施步骤(简写)	是否完成	是否存在疑问	是否解决
1	确定水准点			
2	架设仪器			
3	水准仪检验			
4	测站检核			
学生签名:				
任务完成情况自评:(A、B、C、D、E)				

说明:等级评价为 A、B、C、D、E 五级,在评价的等级符号上画圈

任务 2 测两点间高差任务完成评价单

考核主体	考核内容	考核项目	评分标准	分数	前一个任务平均分	是否进步
教师评价	知识内容	架设仪器	前后视距大致相等,脚架安置规范性,仪器架设规范性			
		水准点	水准点和转点的尺垫放置正确			
		水准仪检验	正确判断水准仪是否需要校正			
		测站检核	操作准确,手簿填写正确			
	任务完成	课内项目	完成时效 完成流畅度			
		拓展项目	完成时效 完成流畅度			
	职业素养	仪器设备管护	规范使用仪器 使用后仪器常规清洁、保养			
		劳动安全	正确穿戴工作服和工作鞋 测量大赛规范要求掌握			
组内评价	团队合作	服从组内安排 动手参与积极性				
	领导能力	统筹小组分工 设计作业方案				
	担当作用	乐于助人,对团队任务完成有帮助				
	学习能力	创新思维能力 扩展知识 表达能力				
自我评价	收获提升					
	有待提高					
	感悟					

说明:评价分数为 1、2、3、4、5,5 分为满分

任务 3 闭合水准路线测量及成果处理

∴ 任务描述

布设闭合水准路线，确定水准点，利用水准仪和水准尺测量各水准点之间的高差 h_{AB}、h_{BC}、h_{CD}、h_{DA}，并进行平差计算，由已知点水准点高程，求解三个待求水准点高程，测量精度按五等水准测量执行。

∴ 任务知识准备

1. 水准路线布设形式
2. 高差闭合差的概念
3. 闭合水准路线高差闭合差的计算方法
4. 高差闭合差的分配方法

∴ 任务步骤分解

▶ 步骤 1：布设水准路线

问题 1-3-1

水准路线依据工程的性质和测区的情况，可布设成(　　)(　　)(　　)三种形式。

问题 1-3-2

从一已知高程点 BM_A 出发，沿线测定待定高程点的高程后，最后闭合在 BM_A 上，这种水准测量路线称(　　)。

▶ 步骤 2：外业观测

问题 1-3-3

五等水准测量要求视距小于(　　)。

问题 1-3-4

五等水准测量前后视距差要求(　　)。

问题 1-3-5

如何测出各测段长度？

问题 1-3-6

在每个测站观测时，观测员和记录员要(　　)(A. 配合默契 B. 各干各的)，边观测、边读数、边记录、边回诵、边计算、边检核。记录员要在现场完成本测站的所有计算和检核，将计算结果与技术要求的限差相比较，(　　)(A. 超限时 B. 不超限时)才可搬站前行。

步骤 3:平差及高程计算

问题 1-3-7

闭合水准路线闭合差理论值(　　)。

问题 1-3-8

闭合水准路线闭合差公式(　　)。

问题 1-3-9

闭合水准路线闭合差允许值公式(　　)。

问题 1-3-10

闭合差在允许值范围之外则需要(　　)。

问题 1-3-11

观测高差改正数公式为(　　)。

问题 1-3-12

高差闭合差调整的原则和方法，是按与测站数或测段长度成正比例的原则，将高差闭合差(　　)分配到各相应测段的高差上。

问题 1-3-13

改正数总和与高差闭合差大小相等、符号(　　)。

问题 1-3-14

对于闭合水准路线，改正后高差之和等于(　　)。

步骤 4:误差分析

问题 1-3-15

仪器虽经过校正，但仍会有残余误差，如微小的 i 角误差。当在测量时如能保持前视和后视的距离(　　)，并限制视线长，这种误差就能消除。

问题 1-3-16

水准尺的误差包括(　　)(　　)(　　)(　　)(　　)都会给读数造成误差，所以使用前应对水准尺进行检验。

问题 1-3-17

观测误差包括(　　)(　　)(　　)。

问题 1-3-18

采用什么方法可以消除一部分仪器下沉的误差?

问题 1-3-19

采用什么方法可以减弱水准尺下沉的影响?

问题 1-3-20

气候的影响也给水准测量带来误差，为了防止日光曝晒，晴天观测时应给仪器撑伞保护。(   )是最理想的观测天气。

∵ 任务实施

仪器检查记录表

序号	检查内容	检查结果		备注
		是	否	
1	仪器部件及附件是否齐全			
2	仪器各轴转动是否灵活，有无杂音			
3	各螺旋是否正常工作			
4	物镜、目镜有无裂纹或是否清晰			
5	脚架和仪器的连接螺旋是否配套			
6	仪器箱锁、提手是否牢固			
7	标尺是否弯曲			
8	标尺刻度是否清晰			
9	圆水准器轴是否平行于纵轴			
10	十字丝横丝是否垂直纵轴			

五等水准测量记录表

测站	点号	水准尺读数		测站高差	备注
		后视读数	前视读数		
1					
2					
3					
4					
检核	测段 $A \rightarrow B$	$\sum a_i =$	$\sum b_i =$	$\sum h_i =$	
1					
2					
3					

续表

测站	点号	水准尺读数		测站高差	备注
		后视读数	前视读数		
4					
检核	测段 $B \to C$	$\sum a_i =$	$\sum b_i =$	$\sum h_i =$	
1					
2					
3					
4					
检核	测段 $C \to D$	$\sum a_i =$	$\sum b_i =$	$\sum h_i =$	
1					
2					
3					
4					
检核	测段 $D \to A$	$\sum a_i =$	$\sum b_i =$	$\sum h_i =$	

闭合水准路线平差及高程计算表

点号	测段长/km	实测高差/m	改正数/mm	改正后高差/m	高程/m
辅助计算					

∴ 任务活动总结

任务3 闭合水准路线测量及成果处理任务完成清单

<table>
<tr><th>序号</th><th>实施步骤</th><th>是否完成</th><th>是否存在疑问</th><th>是否解决</th></tr>
<tr><td>1</td><td>布设水准路线</td><td></td><td></td><td></td></tr>
<tr><td>2</td><td>外业观测</td><td></td><td></td><td></td></tr>
<tr><td>3</td><td>平差及高程计算</td><td></td><td></td><td></td></tr>
<tr><td>4</td><td>误差分析</td><td></td><td></td><td></td></tr>
<tr><td colspan="5">学生签名：</td></tr>
<tr><td colspan="5">任务完成情况自评：(A、B、C、D、E)</td></tr>
</table>

说明：等级评价为A、B、C、D、E五级，在评价的等级符号上画圈

任务3 闭合水准路线测量及成果处理任务完成评价单

<table>
<tr><th>考核主体</th><th>考核内容</th><th>考核项目</th><th>评分标准</th><th>分数</th><th>前一个任务平均分</th><th>是否进步</th></tr>
<tr><td rowspan="8">教师评价</td><td rowspan="4">知识内容</td><td>布设水准路线</td><td>水准路线布设合理，标记清晰</td><td></td><td rowspan="4"></td><td></td></tr>
<tr><td>外业观测</td><td>外业记录整洁、规范，仪器操作快速，动作标准</td><td></td><td></td></tr>
<tr><td>平差及高程计算</td><td>计算结果准确，平差思路清晰</td><td></td><td></td></tr>
<tr><td>误差分析</td><td>采用适当方法减弱误差影响</td><td></td><td></td></tr>
<tr><td rowspan="2">任务完成</td><td>课内项目</td><td>完成时效
完成流畅度</td><td></td><td rowspan="2"></td><td></td></tr>
<tr><td>拓展项目</td><td>完成时效
完成流畅度</td><td></td><td></td></tr>
<tr><td rowspan="2">职业素养</td><td>仪器设备管护</td><td>规范使用仪器
使用后仪器常规清洁、保养</td><td></td><td rowspan="2"></td><td></td></tr>
<tr><td>劳动安全</td><td>正确穿戴工作服和工作鞋
测量大赛规范要求掌握</td><td></td><td></td></tr>
<tr><td rowspan="4">组内评价</td><td>团队合作</td><td colspan="2">服从组内安排
动手参与积极性</td><td></td><td></td><td></td></tr>
<tr><td>领导能力</td><td colspan="2">统筹小组分工
设计作业方案</td><td></td><td></td><td></td></tr>
<tr><td>担当作用</td><td colspan="2">乐于助人，对团队任务完成有帮助</td><td></td><td></td><td></td></tr>
<tr><td>学习能力</td><td colspan="2">创新思维能力
扩展知识
表达能力</td><td></td><td></td><td></td></tr>
<tr><td rowspan="3">自我评价</td><td>收获提升</td><td colspan="5"></td></tr>
<tr><td>有待提高</td><td colspan="5"></td></tr>
<tr><td>感悟</td><td colspan="5"></td></tr>
</table>

说明：评价分数为1、2、3、4、5，5分为满分

任务4　附合水准路线成果处理

⁘ 任务描述

完成附合水准路线外业测量的基础上，进行内业平差计算，由已知点水准点高程，求解另两个待求水准点高程，测量精度按五等水准测量执行。

⁘ 任务知识准备

1. 附合水准路线闭合差的计算方法
2. 附合水准路线与闭合水准路线内业计算的不同之处

⁘ 任务步骤分解

▶ 步骤1:整理外业测量数据

问题1-4-1

外业测量完成后，能够填写的数据为(　　)。(A. 点名 B. 测段长度 C. 改正数 D. 观测高差 E. 已知点高程 F. 未知点高程 G. 绘制线路图)

▶ 步骤2:计算高差闭合差

问题1-4-2

附合水准路线高差闭合差公式(　　)。

问题1-4-3

水准路线闭合差允许值公式(　　)。

问题1-4-4

闭合差在允许值范围之外则需要(　　)。

▶ 步骤3:计算高差改正数

问题1-4-5

观测高差改正数公式为(　　)。

问题1-4-6

高差闭合差调整的原则和方法，是按与测站数或测段长度成正比例的原则，将高差闭合差(　　)分配到各相应测段的高差上。

问题 1-4-7

改正数总和等于(　　)。

步骤 4:计算改正后高差

问题 1-4-8

对于附合水准路线,改正后高差之和等于(　　)。

步骤 5:计算待求点高程

问题 1-4-9

高程计算公式(　　)。

任务实施

附合水准路线平差及高程计算表

<table>
<tr><th>点号</th><th>测段长/km</th><th>实测高差/m</th><th>改正数/mm</th><th>改正后高差/m</th><th>高程/m</th></tr>
<tr><td></td><td rowspan="2"></td><td rowspan="2"></td><td rowspan="2"></td><td rowspan="2"></td><td></td></tr>
<tr><td rowspan="2"></td><td rowspan="2"></td></tr>
<tr><td rowspan="2"></td><td rowspan="2"></td><td rowspan="2"></td><td rowspan="2"></td></tr>
<tr><td rowspan="2"></td><td rowspan="2"></td></tr>
<tr><td rowspan="2"></td><td rowspan="2"></td><td rowspan="2"></td><td rowspan="2"></td></tr>
<tr><td rowspan="2"></td><td rowspan="2"></td></tr>
<tr><td rowspan="2"></td><td rowspan="2"></td><td rowspan="2"></td><td rowspan="2"></td></tr>
<tr><td></td><td></td></tr>
<tr><td>辅助计算</td><td colspan="5"></td></tr>
</table>

任务活动总结

任务 4 附合水准路线成果处理任务完成清单

<table>
<tr><th>序号</th><th>实施步骤</th><th>是否完成</th><th>是否存在疑问</th><th>是否解决</th></tr>
<tr><td>1</td><td>整理外业测量数据</td><td></td><td></td><td></td></tr>
<tr><td>2</td><td>计算高差闭合差</td><td></td><td></td><td></td></tr>
<tr><td>3</td><td>计算高差改正数</td><td></td><td></td><td></td></tr>
<tr><td>4</td><td>计算改正后高差</td><td></td><td></td><td></td></tr>
<tr><td>5</td><td>计算待求点高程</td><td></td><td></td><td></td></tr>
<tr><td colspan="5">学生签名:</td></tr>
<tr><td colspan="5">任务完成情况自评:(A、B、C、D、E)</td></tr>
</table>

说明:等级评价为 A、B、C、D、E 五级,在评价的等级符号上画圈

任务4 附合水准路线成果处理任务完成评价单

考核主体	考核内容	考核项目	评分标准	分数	前一个任务平均分	是否进步
教师评价	知识内容	整理外业测量数据	内业成果整理表填写正确，字迹清晰，示意图绘制准确			
		计算高差闭合差	辅助计算完整，不缺项			
		计算高差改正数	计算准确，检核正确			
		计算改正后高差	计算准确，检核正确			
		计算待求点高程	待求点高程精确，符合要求			
	任务完成	课内项目	完成时效 完成流畅度			
		拓展项目	完成时效 完成流畅度			
	职业素养	仪器设备管护	规范使用仪器 使用后仪器常规清洁、保养			
		劳动安全	正确穿戴工作服和工作鞋 测量大赛规范要求掌握			
组内评价	团队合作	服从组内安排 动手参与积极性				
	领导能力	统筹小组分工 设计作业方案				
	担当作用	乐于助人，对团队任务完成有帮助				
	学习能力	创新思维能力 扩展知识 表达能力				
自我评价	收获提升					
	有待提高					
	感悟					

说明：评价分数为1、2、3、4、5，5分为满分

任务5 四等水准测量(全国职业院校技能大赛赛项)

❖ 任务描述

竞赛试题:闭合水准路线,已知 A 点高程,测算 B、C 和 D 点的高程,技术要求按《国家三、四等水准测量规范》GB/T12898—2009、《工程测量规范》GB 50026—2020 执行。

上交成果:包括观测手簿、高程误差配赋表和高程点成果表。

❖ 任务知识准备

1. 四等水准测量测站观测技术要求
2. 四等水准测量的观测顺序
3. 四等水准测量闭合差限差

❖ 任务步骤分解

▶ 步骤 1:第 1 测站

问题 1-5-1

视距小于或等于(　　)。

问题 1-5-2

前后视距差小于(　　)。

问题 1-5-3

每个测段的测站数须为(　　)。(A. 奇数 B. 偶数 C. 无要求)

问题 1-5-4

四等水准测量的观测顺序为(　　)。

问题 1-5-5

观测员读取后视黑尺上(　　)读数,诵读给记录员。(A. 上丝 B. 下丝 C. 中丝)

问题 1-5-6

后视距=(　　)。(用任务实施中四等水准测量观测手簿的数字符号表示)

问题 1-5-7

观测员读取后视红尺上(　　)读数,诵读给记录员。(A. 上丝 B. 下丝 C. 中丝)

步骤 2:第 2 测站及以后各测站

问题 1-5-8

上一测站的前视点处的尺垫,在转站后(　　)移动。(A. 能 B. 不能)

问题 1-5-9

前一测站的后尺是下一测站的前尺,两个水准尺(　　)交换。(A. 能 B. 不能)

问题 1-5-10

四等水准测量视距累计差不超过(　　)。

步骤 3:测站计算与检核

问题 1-5-11

黑红(基辅)面高差之差不超过(　　)。

问题 1-5-12

高差中数计算公式(　　)。(用任务实施中四等水准测量观测手簿的数字符号表示)

步骤 4:计算测段高差与测段长度

问题 1-5-13

测段高差=(　　)。(用任务实施中四等水准测量观测手簿的数字符号表示)

问题 1-5-14

测段长度=(　　)。(用任务实施中四等水准测量观测手簿的数字符号表示)

任务实施

四等水准测量观测手簿(样表)

<table>
<tr><td rowspan="4">测点编号</td><td rowspan="2">后尺</td><td>上丝/m</td><td rowspan="2">前尺</td><td>上丝/m</td><td rowspan="4">方向及尺号</td><td colspan="2">中丝读数</td><td rowspan="4">K+黑−红/mm</td><td rowspan="4">高差中数/m</td><td rowspan="4">备注</td></tr>
<tr><td>下丝/m</td><td>下丝/m</td><td rowspan="3">黑面/m</td><td rowspan="3">红面/m</td></tr>
<tr><td colspan="2">后距/m</td><td colspan="2">前距</td></tr>
<tr><td colspan="2">视距差/m</td><td colspan="2">累加差/m</td></tr>
<tr><td rowspan="4">|</td><td colspan="2">(1)</td><td colspan="2">(4)</td><td>后</td><td>(3)</td><td>(7)</td><td>(13)</td><td rowspan="3">(18)</td><td rowspan="4"></td></tr>
<tr><td colspan="2">(2)</td><td colspan="2">(5)</td><td>前</td><td>(6)</td><td>(8)</td><td>(14)</td></tr>
<tr><td colspan="2">(9)</td><td colspan="2">(10)</td><td>后-前</td><td>(15)</td><td>(16)</td><td>(17)</td></tr>
<tr><td colspan="2">(11)</td><td colspan="2">(12)</td><td colspan="5"></td></tr>
</table>

高差误差配赋表

点号	测段长/km	实测高差/m	改正数/mm	改正后高差/m	高程/m
辅助计算					

∵ 任务活动总结

任务 5 四等水准测量外业实施任务完成清单

序号	实施步骤	是否完成	是否存在疑问	是否解决
1	第 1 测站			
2	第 2 测站及以后各测站			
3	测站计算与检核			
4	计算测段高差与测段长度			
学生签名：				
任务完成情况自评：(A、B、C、D、E)				

说明：等级评价为 A、B、C、D、E 五级，在评价的等级符号上画圈

任务 5 四等水准测量外业实施任务完成评价单

考核主体	考核内容	考核项目	评分标准	分数	前一个任务平均分	是否进步
教师评价	知识内容	技术要求	视距长、视距差、基辅读数差等符合四等水准测量技术要求			
		手簿记录	记录完整，记录的数字与文字清晰，整洁，不得潦草；按测量顺序记录，不空栏；修改后注明原因			
		外业观测	观测动作标准，不得骑在脚架腿上观测，测站重测要变换仪器高			
		迁站	测站记录计算未完成不得迁站，未测完尺垫不得移动			
	任务完成	课内项目	完成时效 完成流畅度			
		拓展项目	完成时效 完成流畅度			
	职业素养	仪器设备管护	规范使用仪器 使用后仪器常规清洁、保养			
		劳动安全	正确穿戴工作服和工作鞋 测量大赛规范要求掌握			
组内评价	团队合作	服从组内安排 动手参与积极性				
	领导能力	统筹小组分工 设计作业方案				
	担当作用	乐于助人，对团队任务完成有帮助				
	学习能力	创新思维能力　扩展知识　表达能力				
自我评价	收获提升					
	有待提高					
	感悟					

说明：评价分数为 1、2、3、4、5，5 分为满分

项目二　角度测量

项目引入

【项目描述】

根据水平角和竖直角测量基本原理,利用角度测量工具,布设目标点完成水平角和竖直角的角度测量外业工作。

【知识目标】

◆ 掌握水平角和竖直角测量原理;
◆ 掌握经纬仪和全站仪的构造及使用方法;
◆ 掌握水平角和竖直角测量的外业测量过程、技术要求和施测方法;
◆ 掌握电子经纬仪的检校方法及角度测量的误差来源。

【能力目标】

◆ 能够正确操作电子经纬仪;
◆ 能够独立使用电子经纬仪进行水平角观测和竖直角观测,完成电子经纬仪的检验与校正;
◆ 能够按照方向观测法相应等级的水平角观测标准完成水平角的测量,正确计算出水平角。

项目知识准备

通过以下问题,系统地掌握测量工作的基本任务、原则、角度测量相关知识。

1. 什么是角度测量?
2. 什么是水平角?水平角测量原理是什么?
3. 什么是竖直角?竖直角测量原理是什么?
4. 什么是正镜和倒镜?其特性是什么?

项目实施

任务1 电子经纬仪的使用

∵ 任务描述

架设调平电子经纬仪,并对目标点进行瞄准和读数

∵ 任务知识准备

1. 角度测量使用的仪器和工具
2. 电子经纬仪的组成部分
3. 电子经纬仪各部分名称及其作用
4. 通过调节架腿,实现圆水准气泡居中
5. 通过调节基座脚螺旋,实现管水准气泡居中
6. 电子经纬仪测水平角的操作步骤
7. 电子经纬仪测竖直角的操作步骤

∵ 任务步骤分解

▶ 步骤1:认识电子经纬仪各部分名称,并了解其用途

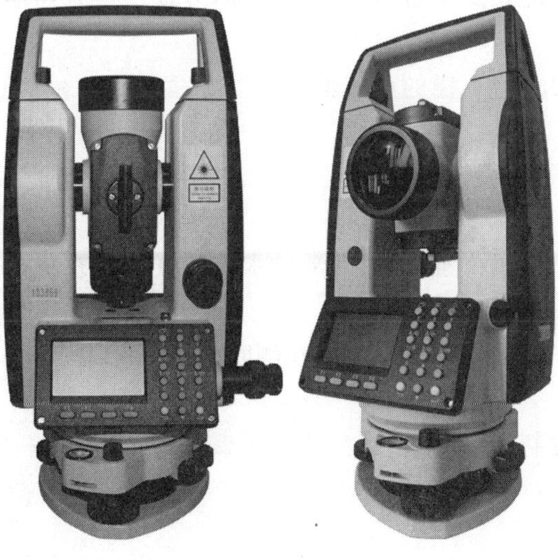

问题 2-1-1

请给出电子经纬仪各部分名称。

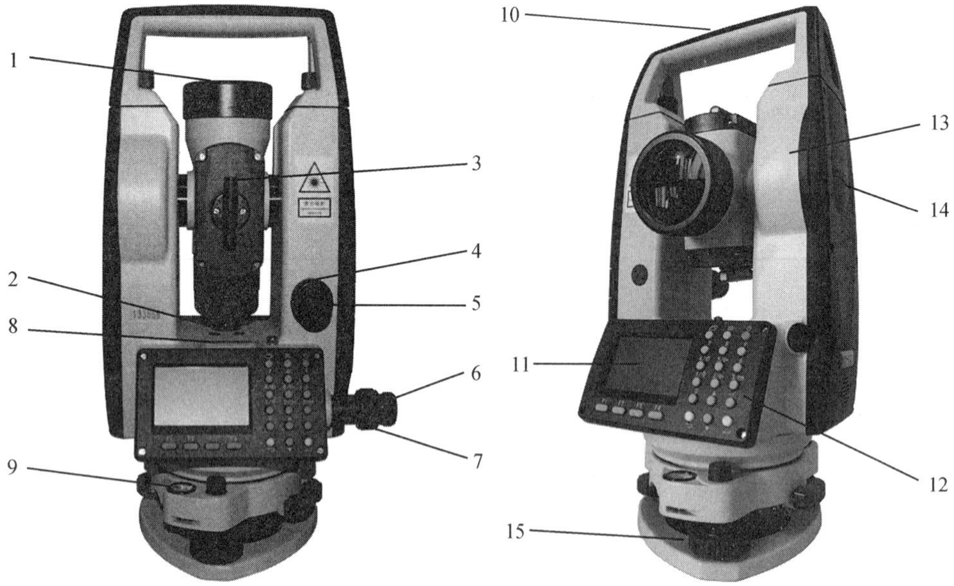

问题 2-1-2

望远镜由(　　)(　　)(　　)三个主要部分组成。

问题 2-1-3

电子经纬仪的主要几何轴线有(　　)(　　)(　　)(　　)。

问题 2-1-4

基座主要由(　　)(　　)(　　)组成。

问题 2-1-5

(　　)的主要作用是能使我们看清远处的目标,并提供一条照准读数用的视线。

问题 2-1-6

电子经纬仪的(　　)是望远镜的旋转轴。

问题 2-1-7

经纬仪各轴线间应满足下列几何关系(　　)、(　　)、(　　)、(　　)、(　　)。

问题 2-1-8

当经纬仪的竖轴位于铅垂位置时,照准部的水准管气泡应在任何位置都(　　)。

问题 2-1-9

电子经纬仪中竖盘在望远镜视线方向的左侧时我们称之为(　　)。

问题 2-1-10

电子经纬仪上有几对制动、微动螺旋?各起什么作用?

问题 2-1-11

电子经纬仪上的水平度盘是量测(　　)的计量器,水平度盘的质量直接影响(　　)的精度。

问题 2-1-12

下列构件中不属于电子经纬仪构件的是(　　)。

A. 脚螺旋　　B. 圆水准器　　C. 微倾螺旋　　D. 水准管

步骤 2:认识角度测量其他工具

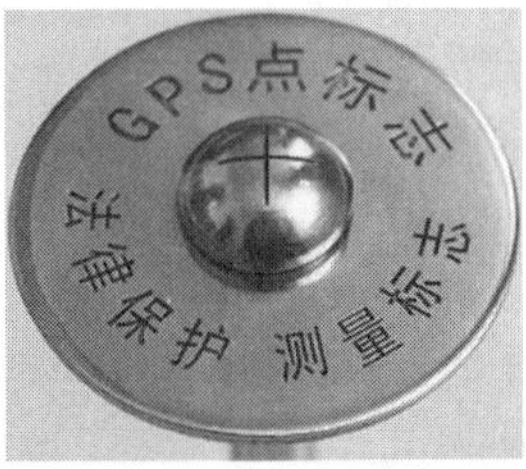

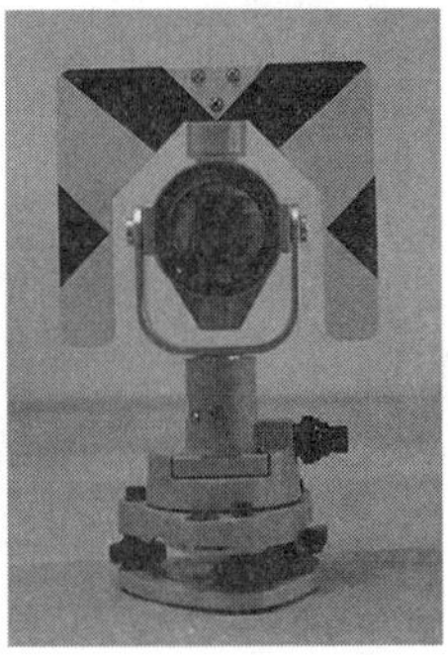

问题 2-1-13

常见的角度测量照准工具有(　　)、(　　)和(　　)。

问题 2-1-14

说出脚架的各部位名称。

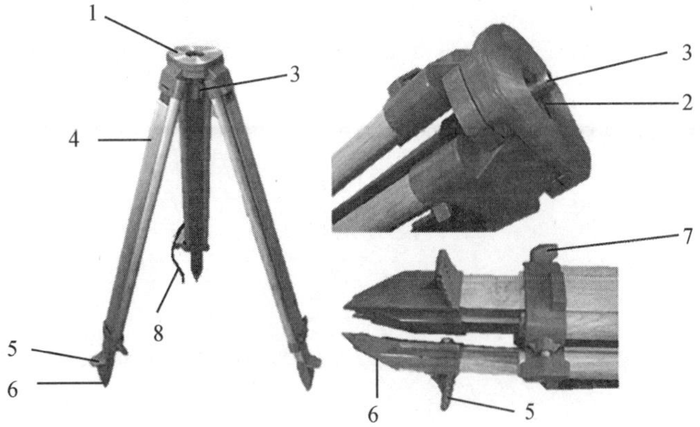

步骤3:使用电子经纬仪

问题 2-1-15

电子经纬仪安置工作有(　　)、(　　)两项。

问题 2-1-16

经纬仪安置过程中,整平的目的是(　　),对中的目的是使仪器(　　)与(　　)点位于同一铅垂线上。

问题 2-1-17

整平经纬仪时,先将水准管与一对脚螺旋连线(　　),转动两脚螺旋使气泡居中,再转动照准部(　　),调节另一脚螺旋使气泡居中。

问题 2-1-18

使用电子经纬仪照准目标时,需使像略微下移应调节(　　)。

A. 照准部微动螺旋　　B. 望远镜微动螺旋

C. 微倾螺旋　　D. 紧固螺旋

问题 2-1-19

水平制动螺旋经检查没有发现问题,但在观测过程中发现微动螺旋失效,其原因是(　　)。

问题 2-1-20

粗平是通过调整(　　),将(　　)居中,使(　　)处于铅垂位置。

问题 2-1-21

精平时调节脚螺旋,气泡移动的方向与(　　)手大拇指旋转方向一致。

问题 2-1-22

当经纬仪的竖轴位于铅垂位置时,照准部的水准管气泡应在任何位置都(　　)。

问题 2-1-23

电子经纬仪十字丝不清晰应调节(　　)。

A. 物镜对光螺旋　　B. 望远镜微动螺旋

C. 微倾螺旋　　D. 目镜对光螺旋

⁘ 任务实施

仪器检查记录表

序号	检查内容	检查结果		备注
		是	否	
1	仪器部件及附件是否齐全			
2	电子部件是否正常工作			
3	仪器各轴转动是否灵活，有无杂音			
4	各螺旋是否正常工作			
5	物镜、目镜有无裂纹或是否清晰			
6	脚架和仪器的连接螺旋是否配套			
7	仪器箱锁、提手是否牢固			
8	棱镜有无损坏			

电子经纬仪安置情况表

项目	要求	完成情况			备注
		顺利	有些困难	很难	
脚架架设	高度适中，牢固稳定				
仪器对中	激光对中器的激光对准地面点				
仪器粗平	各方向圆水准器居中				
仪器精平	各方向管水准器居中				
照准	目标清晰无视差				
读数	正确读取电子屏上数据				
竖立棱镜	棱镜架设要铅直，圆水准器居中，架设在相应地面点位上				

⁘ 任务活动总结

任务 1 电子经纬仪的使用任务完成清单

序号	实施步骤(简写)	是否完成	是否存在疑问	是否解决
1	认识电子经纬仪			
2	认识电子经纬仪照准工具			
3	电子经纬仪的使用			
学生签名：				
任务完成情况自评：(A、B、C、D、E)				

说明：等级评价为 A、B、C、D、E 五级，在评价的等级符号上画圈

任务1 电子经纬仪的使用任务完成评价单

考核主体	考核内容	考核项目	评分标准	分数	前一个任务平均分	是否进步
教师评价	知识内容	构造名称	准确描述电子经纬仪各部分名称及作用			
		辅助工具	正确描述角度测量各辅助工具名称及作用			
		架设技巧	脚架安置规范性 仪器架设规范性			
		读数	正确进行读数记录			
	任务完成	课内项目	完成时效 完成流畅度			
		拓展项目	完成时效 完成流畅度			
	职业素养	仪器设备管护	规范使用仪器 使用后仪器常规清洁、保养			
		劳动安全	正确穿戴工作服和工作鞋 测量大赛规范要求掌握			
组内评价	团队合作	服从组内安排 动手参与积极性				
	领导能力	统筹小组分工 设计作业方案				
	担当作用	乐于助人，对团队任务完成有帮助				
	学习能力	创新思维能力 扩展知识 表达能力				
自我评价	收获提升					
	有待提高					
	感悟					

说明：评价分数为1、2、3、4、5，5分为满分

任务2 测回法观测水平角

∵ 任务描述

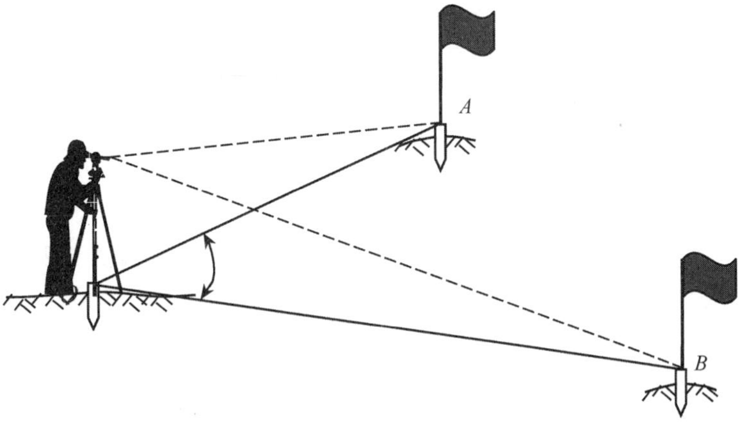

架设调平电子经纬仪，并对两个目标点上设立的棱镜（花杆）依次进行瞄准和读数。

∵ 任务知识准备

1. 水平角的概念
2. 水平角计算公式
3. 水平角测量原理
4. 正镜和倒镜的概念
5. 水平角的角度范围

∵ 任务步骤分解

▶ 步骤1：测回法观测水平角

问题 2-2-1

水平角观测，测回法适用于（　　）。

A. 两个方向之间的夹角　　B. 三个方向之间的夹角　　C. 多方向水平角

问题 2-2-2

水平角的角度范围是（　　）～360°。

问题 2-2-3

地面上两相交直线的水平角是(　　)的夹角。

A. 这两条直线的实际

B. 这两条直线在水平面的投影线

C. 这两条直线在同一竖直上的投影

问题 2-2-4

采用盘左、盘右的水平角观测方法,可以消除(　　)误差。

A. 对中　　B. 十字丝的竖丝不铅垂　　C. 2C

问题 2-2-5

用测回法观测水平角,测完上半测回后,发现水准管气泡偏离 2 格多,在此情况下应(　　)。

A. 继续观测下半测回　　B. 整平后观测下半测回　　C. 整平后全部重测

问题 2-2-6

叙述用测回法观测水平角的观测程序。

问题 2-2-7

(　　)的主要作用是能使我们看清远处的目标,并提供一条照准目标用的视线。

问题 2-2-8

精密测角时,观测前应认真调好焦距,消除(　　)。在一测回的观测过程中不得重新(　　),以免引起视准轴的变动。

问题 2-2-9

当经纬仪竖轴与目标点在同一竖面时,不同高度的水平度盘读数(　　)。

A. 相等　　B. 不相等　　C. 有时不相等

问题 2-2-10

测回法测单个水平角时,两半测回差值应小于等于(　　)。

问题 2-2-11

三测回法测单个水平角时,第三测回时应配置的水平度盘读数为(　　)。

步骤 2:记录、计算

问题 2-2-12

用测回法观测水平角,若右方目标的方向值 $\alpha_{右}$ 小于左方目标的方向值 $\alpha_{左}$ 时,水平角 β 的计算方法是(　　)。

A. $\beta=\alpha_{左}-\alpha_{右}$　　B. $\beta=\alpha_{右}-180°-\alpha_{左}$　　C. $\beta=\alpha_{右}+360°-\alpha_{左}$

问题 2-2-13

测站	竖盘位置	目标	水平度盘读数/(° ′ ″)	半测回角值/(° ′ ″)	一测回角值/(° ′ ″)	备注
O	盘左	A	179 59 54			
		B	78 30 24			
	盘右	B	258 30 30			
		A	0 00 06			

问题 2-2-14

在 B 点上安置电子经纬仪观测 A 和 C 两个方向，盘左位置先照准 A 点，后照准 C 点，水平度盘的读数为 6°23′30″和 95°48′00″；盘右位置照准 C 点，后照准 A 点，水平度盘读数分别为 275°48′18″和 186°23′18″，试将以上数据信息准确填写在下表中，并计算该测回角值是多少。

测站	盘位	目标	水平度盘的读数/(°　′　″)	半测回角值/(°　′　″)	一测回角值/(°　′　″)	备注

∵ 任务实施

测回法观测记录表

测站	盘位	目标	水平度盘的读数/(°　′　″)	半测回角值/(°　′　″)	一测回角值/(°　′　″)	备注

∵ 任务活动总结

任务 2 测回法测角任务完成清单

序号	实施步骤(简写)	是否完成	是否存在疑问	是否解决
1	测回法观测水平角			
2	记录、计算			
学生签名：				
任务完成情况自评：(A、B、C、D、E)				

说明：等级评价为 A、B、C、D、E 五级，在评价的等级符号上画圈

任务 2 测回法测角任务完成评价单

考核主体	考核内容	考核项目	评分标准	分数	前一个任务平均分	是否进步
教师评价	知识内容	观测程序	准确描述测回法观测水平角的步骤			
		读数	正确进行读数			
		记录	正确记录观测读数			
		计算	正确使用水平角计算公式			
	任务完成	课内项目	完成时效 完成流畅度			
		拓展项目	完成时效 完成流畅度			
	职业素养	仪器设备管护	规范使用仪器 使用后仪器常规清洁、保养			
		劳动安全	正确穿戴工作服和工作鞋 测量大赛规范要求掌握			
组内评价	团队合作	服从组内安排 动手参与积极性				
	领导能力	统筹小组分工 设计作业方案				
	担当作用	乐于助人，对团队任务完成有帮助				
	学习能力	创新思维能力 扩展知识 表达能力				
自我评价	收获提升					
	有待提高					
	感悟					

说明：评价分数为 1、2、3、4、5，5 分为满分

任务 3　方向观测法观测水平角

∵ 任务描述

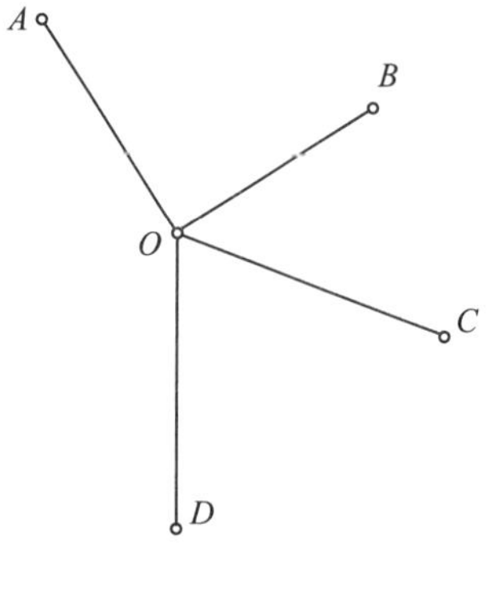

架设调平电子经纬仪，并对三个或三个以上目标点进行瞄准和读数。

❖ 任务知识准备

1. 半测回归零差的概念
2. 2C 值的概念，2C 值计算公式
3. 平均方向值的概念
4. 归零方向值的概念

❖ 任务步骤分解

▶ 步骤 1：方向法观测水平角

问题 2-3-1

观测水平角时，观测方向为三个或三个以上方向时，其观测方法采用（　　）测角。

问题 2-3-2

在方向观测法的观测中，同一盘位起始方向的两次读数之差叫（　　）。

问题 2-3-3

简述电子经纬仪方向观测法的操作步骤。

问题 2-3-4

方向观测法一测回中若仪器发生变动，应（　　）。

A. 重新架置仪器并重新置角　　B. 继续观测

C. 编造数据　　D. 只要圆水准器气泡在圈内即可

问题 2-3-5

（多选）水平角观测方法有测回法和方向观测法，其观测限差有所不同，方向观测法的限差有（　　）。

A. 半测回归零差　　B. 半测回较差　　C. 一测回 2C 互差

D. 同方向各测回互差　　E. 各测回角值互差

问题 2-3-6

当经纬仪竖轴与目标点在同一竖面时，不同高度的水平度盘读数（　　）。

A. 相等　　B. 不相等　　C. 有时不相等

问题 2-3-7

用方向观测法观测四个目标，共观测 6 测回，则第 4 测回零方向的水平度盘应配置（　　）左右。

问题 2-3-8

方向观测法若上半测回照准末方向 N 后，再继续顺时针转动照准部，重新照准一次起始方向 A，称为（　　）。

▶ 步骤 2：记录、计算

问题 2-3-9

方向观测法观测水平角，同一个方向盘左读数为 $203°12'06''$，盘右读数为 $23°12'12''$，则该方向观测的 2C 值为（　　）。

问题 2-3-10

采用方向观测法对 A、B、C 三个水平方向进行观测，起始方向为 A，其中 A 的起始方向盘左盘右平均读数为 $0°02'42''$，A 的归零方向盘左盘右平均读数为 $0°02'33''$，B 方向的盘左盘右平均读数为 60°18′36″，则 B 的归零方向值为（　　）。

问题 2-3-11

在方向观测法的记录表中，完成其记录的计算工作

测站	测回数	目标	水平度盘读数		2C/(″)	平均方向值/(° ′ ″)	归零方向值/(° ′ ″)
			盘　左/(° ′ ″)	盘　右/(° ′ ″)			
M	1	*A*	00　01　06	180　01　24			
		B	69　20　30	249　20　24			
		C	124　51　24	304　51　30			
		A	00　01　12	180　01　18			

❖ 任务实施

方向观测法观测记录表

测站	测回数	目标	水平度盘读数		2C/(″)	平均方向值/(° ′ ″)	归零方向值/(° ′ ″)	各测回归零方向值之平均值/(° ′ ″)
			盘　左/(° ′ ″)	盘　右/(° ′ ″)				

❖ 任务活动总结

任务 3 方向观测法观测水平角任务完成清单

序号	实施步骤（简写）	是否完成	是否存在疑问	是否解决
1	方向法观测水平角			
2	记录、计算			
学生签名：				
任务完成情况自评：(A、B、C、D、E)				

说明：等级评价为 A、B、C、D、E 五级，在评价的等级符号上画圈

任务3方向观测法观测水平角任务完成评价单

考核主体	考核内容	考核项目	评分标准	分数	前一个任务平均分	是否进步
教师评价	知识内容	观测程序	准确描述方向法观测水平角的步骤			
		读数	正确进行读数			
		记录	正确记录观测读数			
		计算	正确使用水平角计算公式			
	任务完成	课内项目	完成时效 完成流畅度			
		拓展项目	完成时效 完成流畅度			
	职业素养	仪器设备管护	规范使用仪器 使用后仪器常规清洁、保养			
		劳动安全	正确穿戴工作服和工作鞋 测量大赛规范要求掌握			
组内评价	团队合作	服从组内安排 动手参与积极性				
	领导能力	统筹小组分工 设计作业方案				
	担当作用	乐于助人，对团队任务完成有帮助				
	学习能力	创新思维能力 扩展知识 表达能力				
自我评价	收获提升					
	有待提高					
	感悟					

说明：评价分数为1、2、3、4、5，5分为满分

任务4　竖直角测量

∵ 任务描述

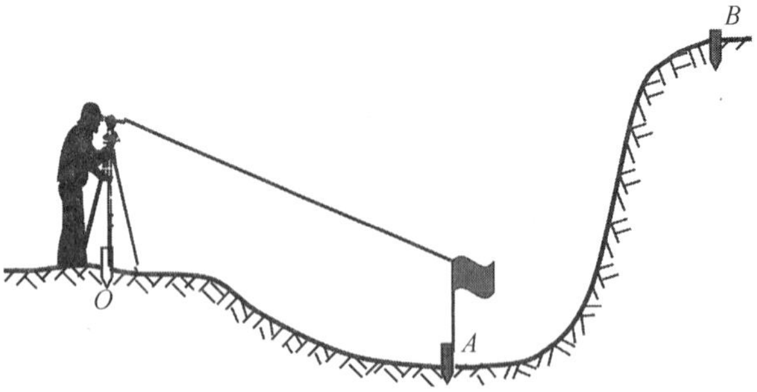

架设调平电子经纬仪，并对目标点进行瞄准、读数和计算

∵ 任务知识准备

1. 竖直角的概念
2. 竖直角计算公式
3. 竖直角测量原理
4. 竖直角的角度范围
5. 竖盘指标差的概念

∵ 任务步骤分解

▶ 步骤1：竖直角观测

问题2-4-1

竖直角就是在同一竖直面内，(　　)与(　　)之夹角。

问题2-4-2

竖直角有正、负之分，仰角为(　　)，俯角为(　　)。

问题2-4-3

当经纬仪的望远镜上下转动时，竖直度盘(　　)。

A. 与望远镜一起转动　　B. 与望远镜相对运动　　C. 不动

问题 2-4-4

电子经纬仪观测竖直角的操作步骤是什么?

问题 2-4-5

测定一点竖直角时,若仪器高度不同,但都瞄准目标同一位置,则所测竖直角(　　)。

A. 相同　　B. 不同　　C. 可能相同也可能不同

问题 2-4-6

用测回法测定某目标的竖直角,可消除(　　)误差的影响。

问题 2-4-7

竖盘指标差是指当(　　)水平,指标水准管气泡居中时,(　　)没指向(　　)所产生的读数差值。

问题 2-4-8

盘右,抬高物镜,若竖直度盘的读数减少,则竖直度盘为(　　)注记。

A. 顺时针　　B. 逆时针　　C. 不确定

问题 2-4-9

关于竖盘指标差,说法正确的是(　　)。

A. 竖盘指标差不影响水平角

B. 竖盘指标差影响水平角

C. 测竖直角时,竖盘指标差不可以通过盘左盘右观测,取平均值方法消除

D. 竖盘指标差小,不影响水平角观测结果;竖盘指标差大,则影响水平角观测结果

▶ 步骤 2:记录、计算

问题 2-4-10

电子经纬仪竖盘指标差计算公式为(　　)。

问题 2-4-11

经纬仪的竖盘按顺时针方向注记,当视线水平时,盘左竖盘读数为 90°,用该仪器观测一高处目标,盘左读数为 75°10′24″,则此目标的竖角为(　　)。

问题 2-4-12

经纬仪在盘左位置时将望远镜大致置平,使其竖盘读数在 0°左右,望远镜物镜端抬高时读数减少,其盘左的竖直角公式(　　)。

A. $\alpha_{左}=90°-L$　　B. $\alpha_{左}=0°-L$ 或 $\alpha_{左}=360°-L$　　C. $\alpha_{左}=L-0°$

问题 2-4-13

竖直度盘为逆时针方向注记的经纬仪,若测得盘左读数为 81°18′42″,则盘左竖直角的值为(　　)。

问题 2-4-14

观测某目标的竖直角(顺时针注记),盘左读数为 101°23′36″,盘右读数为 258°36′00″,则指标差为(　　)。

问题 2-4-15

下表是一竖直角观测记录,试计算目标 A、B 的竖直角及仪器的竖盘指标差。

测站	测点	盘位	竖盘读数 (° ′ ″)	半测回角值 (° ′ ″)	一测回角值 (° ′ ″)	指标差(x)
O	A	左	87 14 23			
		右	272 46 03			
	B	左	98 27 33			
		右	261 32 57			

问题 2-4-16

在 A 点上安置电子经纬仪观测 B 目标，盘左位置照准 B 点，竖直度盘的读数为 79°04′10″；盘右位置照准 B 点，竖直度盘的读数为 280°55′30″，试记录在测回法测角记录表中，并计算该测回角值及竖盘指标差是多少。

测站	测点	盘位	竖盘读数 (° ′ ″)	半测回角值 (° ′ ″)	一测回角值 (° ′ ″)	指标差(x)

∵ 任务实施

竖直角测量记录表(0°～90°划分)

测站	测点	盘位	竖盘读数 (° ′ ″)	半测回角值 (° ′ ″)	一测回角值 (° ′ ″)	指标差(x)

竖直角测量记录表(0°～360°划分)

测站	测点	盘位	半测回角值 (° ′ ″)	一测回角值 (° ′ ″)	指标差(x)

∵ 任务活动总结

任务 4 竖直角测量任务完成清单

序号	实施步骤(简写)	是否完成	是否存在疑问	是否解决
1	竖直角观测			
2	记录、计算			
学生签名：				
任务完成情况自评：(A、B、C、D、E)				

说明：等级评价为 A、B、C、D、E 五级，在评价的等级符号上画圈

任务4 竖直角测量任务完成评价单

<table>
<tr><th>考核主体</th><th>考核内容</th><th>考核项目</th><th>评分标准</th><th>分数</th><th>前一个任务平均分</th><th>是否进步</th></tr>
<tr><td rowspan="8">教师评价</td><td rowspan="4">知识内容</td><td>观测程序</td><td>准确描述竖直角观测步骤</td><td></td><td rowspan="4"></td><td></td></tr>
<tr><td>读数</td><td>正确进行读数</td><td></td><td></td></tr>
<tr><td>记录</td><td>正确记录读数</td><td></td><td></td></tr>
<tr><td>计算</td><td>正确使用计算公式</td><td></td><td></td></tr>
<tr><td rowspan="2">任务完成</td><td>课内项目</td><td>完成时效
完成流畅度</td><td></td><td rowspan="2"></td><td></td></tr>
<tr><td>拓展项目</td><td>完成时效
完成流畅度</td><td></td><td></td></tr>
<tr><td rowspan="2">职业素养</td><td>仪器设备管护</td><td>规范使用仪器
使用后仪器常规清洁、保养</td><td></td><td rowspan="2"></td><td></td></tr>
<tr><td>劳动安全</td><td>正确穿戴工作服和工作鞋
测量大赛规范要求掌握</td><td></td><td></td></tr>
<tr><td rowspan="4">组内评价</td><td>团队合作</td><td colspan="2">服从组内安排
动手参与积极性</td><td></td><td></td><td></td></tr>
<tr><td>领导能力</td><td colspan="2">统筹小组分工
设计作业方案</td><td></td><td></td><td></td></tr>
<tr><td>担当作用</td><td colspan="2">乐于助人，对团队任务完成有帮助</td><td></td><td></td><td></td></tr>
<tr><td>学习能力</td><td colspan="2">创新思维能力
扩展知识
表达能力</td><td></td><td></td><td></td></tr>
<tr><td rowspan="3">自我评价</td><td>收获提升</td><td colspan="5"></td></tr>
<tr><td>有待提高</td><td colspan="5"></td></tr>
<tr><td>感悟</td><td colspan="5"></td></tr>
</table>

说明：评价分数为1、2、3、4、5，5分为满分

任务5 角度测量误差分析

❖ 任务描述

仪器误差、观测误差、外界条件的影响

❖ 任务知识准备

1. 水准管轴的概念
2. 仪器竖轴的概念
3. 视准轴的概念
4. 横轴的概念

∴ 任务步骤分解

步骤 1:仪器误差

问题 2-5-1

用电子经纬仪观测水平角时,尽量照准目标的底部,其目的是消除(　　)误差对测角的影响。

A. 对中　　B. 照准　　C. 目标偏离中心

问题 2-5-2

若电子经纬仪的视准轴与横轴不垂直,在观测水平角时,其盘左盘右的误差影响(　　)。

A. 大小相等　　B. 大小相等,符号相同　　C. 大小不等,符号相同

问题 2-5-3

精密测角时,在上、下半测回之间倒转望远镜,以消除或减弱(　　)误差、(　　)误差等的影响。

问题 2-5-4

水平角测量时,盘左、盘右观测取平均值,不可以消除的误差是(　　)。

A. 视准轴误差　　B. 横轴误差　　C. 度盘偏心差　　D. 对中误差

问题 2-5-5

在竖直角观测中,取盘左、盘右角值的平均值,可以消除(　　)的影响,得到正确的竖直角。

问题 2-5-6

电子经纬仪各轴线间应满足下列几何关系(　　　　),(　　　　),(　　　　),(　　　　),(　　　　)。

问题 2-5-7

水平角观测过程中,各测回间改变零方向的度盘位置是为了削弱(　　)误差的影响。

A. 视准轴　　B. 横轴　　C. 度盘分划　　D. 指标差

问题 2-5-8

(多选)用测回法观测水平角,可以消除(　　)误差。

A. $2C$ 误差　　B. 横轴误差　　C. 指标差

D. 大气折光误差　　E. 对中误差

问题 2-5-9

电子经纬仪的视准轴误差是指视准轴不垂直于(　　)的误差。

步骤 2:观测误差

问题 2-5-10

用测回法测定某目标的竖直角,可消除(　　)误差的影响。

问题 2-5-11

要消除照准误差,应调节(　　)。

A. 物镜对光螺旋　　B. 目镜对光螺旋　　C. 脚螺旋

问题 2-5-12

消除视差的方法是仔细调节(　　),直至视差消除。

A. 目镜对光螺旋　　B. 透镜　　C. 物镜对光螺旋

问题 2-5-13

(多选)下列选项中,(　　)属于观测误差。

A. 对中误差　　B. 目标偏心误差　　C. 照准误差

D. 读数误差　　E. 视准轴误差

问题 2-5-14

水平角测量时,误差的大小与目标偏心差成(　　),与对中误差成(　　)。

问题 2-5-15

测站偏心误差是指(　　)。

步骤 3:外界条件的影响

问题 2-5-16

(多选)角度测量对外界条件影响的因素有(　　)。

A. 烈日暴晒　　B. 大气折光　　C. 脚架松动

D. 温度变化　　E. 风力影响

问题 2-5-17

(多选)下列关于外界条件对观测影响的叙述,正确的有(　　)。

A. 地面松软和大风影响仪器的稳定

B. 日照和温度影响水准管气泡的居中

C. 大气层受地面辐射热的影响会引起照准误差

D. 日照、温度、大风对角度观测没有影响

E. 可以选择阴天或空气清晰度好的晴天进行观测,以便提高观测成果的质量

问题 2-5-18

下列关于外界条件对观测影响的叙述中,(　　)是错误的。

A. 影响角度测量的外界因素很多

B. 安置电子经纬仪时注意踩紧三脚架

C. 阳光直射时必须撑太阳伞,刮风太大时应停止观测

D. 只要方法得当,外界因素对观测的影响是可以完全消除的

∴ 任务活动总结

任务 5 角度测量误差分析任务完成清单

序号	实施步骤(简写)	是否完成	是否存在疑问	是否解决
1	仪器误差			
2	观测误差			
3	外界条件的影响			
学生签名:				
任务完成情况自评:(A、B、C、D、E)				

说明:等级评价为 A、B、C、D、E 五级,在评价的等级符号上画圈

任务 5 角度测量误差分析任务完成评价单

<table>
<tr><th>考核主体</th><th>考核内容</th><th>考核项目</th><th>评分标准</th><th>分数</th><th>前一个任务平均分</th><th>是否进步</th></tr>
<tr><td rowspan="7">教师评价</td><td rowspan="3">知识内容</td><td>仪器误差</td><td>准确描述仪器误差有哪几项</td><td></td><td rowspan="3"></td><td></td></tr>
<tr><td>观测误差</td><td>准确描述观测误差有哪几项</td><td></td><td></td></tr>
<tr><td>外界条件的影响</td><td>正确列举五项外界条件的影响</td><td></td><td></td></tr>
<tr><td rowspan="2">任务完成</td><td>课内项目</td><td>完成时效
完成流畅度</td><td></td><td rowspan="2"></td><td></td></tr>
<tr><td>拓展项目</td><td>完成时效
完成流畅度</td><td></td><td></td></tr>
<tr><td rowspan="2">职业素养</td><td>仪器设备管护</td><td>规范使用仪器
使用后仪器常规清洁、保养</td><td></td><td rowspan="2"></td><td></td></tr>
<tr><td>劳动安全</td><td>正确穿戴工作服和工作鞋
测量大赛规范要求掌握</td><td></td><td></td></tr>
<tr><td rowspan="4">组内评价</td><td>团队合作</td><td colspan="2">服从组内安排
动手参与积极性</td><td></td><td></td><td></td></tr>
<tr><td>领导能力</td><td colspan="2">统筹小组分工
设计作业方案</td><td></td><td></td><td></td></tr>
<tr><td>担当作用</td><td colspan="2">乐于助人，对团队任务完成有帮助</td><td></td><td></td><td></td></tr>
<tr><td>学习能力</td><td colspan="2">创新思维能力
扩展知识
表达能力</td><td></td><td></td><td></td></tr>
<tr><td rowspan="3">自我评价</td><td>收获提升</td><td colspan="5"></td></tr>
<tr><td>有待提高</td><td colspan="5"></td></tr>
<tr><td>感悟</td><td colspan="5"></td></tr>
</table>

说明：评价分数为 1、2、3、4、5，5 分为满分

项目三　距离测量

项目引入

【项目描述】

运用距离测量工具，对两点间的直线距离进行测量，并且能够由直线上一点坐标，求解直线上另一点坐标。

【知识目标】

◆ 掌握钢尺量距的方法；
◆ 掌握光电测距的原理和方法；
◆ 掌握直线定向的方法。

【能力目标】

◆ 能够正确使用测距仪器；
◆ 能够独立正确进行钢尺的一般量距；
◆ 能够独立运用经纬仪正确进行视距测量；
◆ 能够描述直线定向及直线的标准方向。

项目知识准备

1. 距离测量的方法主要有哪几种？
2. 用钢尺丈量倾斜地面的距离有哪些方法？各适用于什么情况？
3. 何谓直线定线？目估定线通常是如何进行的？
4. 钢尺的名义长度与标准长度有何区别？
5. 为了保证一般距离丈量的精度，应注意哪些事项？
6. 距离丈量有哪些主要误差来源？
7. 直线定向的目的是什么？常用什么来表示直线方向？
8. 直线定向与直线定线有何区别？
9. 什么叫直线定向？标准方向有几种？什么是坐标方位角？
10. 何谓正、反方位角？

项目实施

任务1　钢尺量距

∴ 任务描述

用钢尺测 AB 两点间距离。

∴ 任务知识准备

1. 直线定线的方法
2. 常用距离测量的方法
3. 量距的工具
4. 平坦地面距离丈量的方法
5. 倾斜地面距离丈量的方法
6. 钢尺检定方法

∴ 任务步骤分解

步骤1:认识钢尺量距工具

问题 3-1-1

钢卷尺由于尺的零点位置不同,可以分为(　　)和(　　)。

问题 3-1-2

标出以下钢尺量距的辅助工具名称。

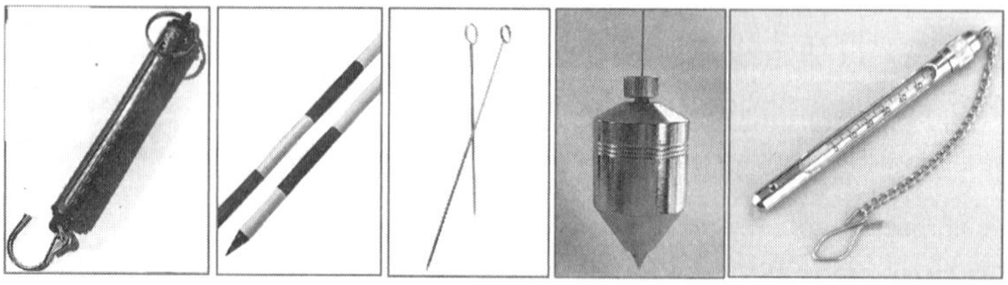

(　　)　(　　)　(　　)　(　　)　(　　)

步骤2:直线定线

问题 3-1-3

当地面两点之间的距离大于钢尺的一个尺段或地势起伏较大时,为方便量距工作,需分成若干尺段进行丈量,这就需要在直线的方向上插上一些标杆或测钎,在同一直线上定出若干点，这项工作被称为（ ）。

问题 3-1-4

直线定线的方法有（ ）（ ）（ ）。

▶ 步骤 3：量距

问题 3-1-5

平坦地面距离丈量的公式（ ）。

问题 3-1-6

倾斜地面距离丈量分为两种方法，分别为（ ）和（ ）。

问题 3-1-7

往返丈量的精度用相对误差 K 来衡量，计算公式为（ ）。

▶ 步骤 4：钢尺检定

问题 3-1-8

尺长方程式为（ ）。

问题 3-1-9

尺长检定的方法通常有两种，分别为（ ）（ ）。

∵ 任务实施

量距记录表

测线		整尺段/m	零尺段/m	总计/m	较差/m	精度	平均值/m	备注
AB	往							要求精度
	返							

∵ 任务活动总结

任务 1 钢尺量距任务完成清单

序号	实施步骤(简写)	是否完成	是否存在疑问	是否解决
1	认识钢尺量距工具			
2	直线定线			
3	量距			
4	钢尺检定			
学生签名：				
任务完成情况自评：（A、B、C、D、E）				

说明：等级评价为 A、B、C、D、E 五级，在评价的等级符号上画圈

任务1钢尺量距任务完成评价单

<table>
<tr><th>考核主体</th><th>考核内容</th><th>考核项目</th><th>评分标准</th><th>分数</th><th>前一个任务平均分</th><th>是否进步</th></tr>
<tr><td rowspan="8">教师评价</td><td rowspan="4">知识内容</td><td>认识钢尺量距工具</td><td>正确选择钢尺量距工具</td><td></td><td rowspan="4"></td><td></td></tr>
<tr><td>直线定线</td><td>定线方法恰当,定线准确合理</td><td></td><td></td></tr>
<tr><td>量距</td><td>距离丈量方法得当,记录表填写正确</td><td></td><td></td></tr>
<tr><td>钢尺检定</td><td>合理分析误差产生原因,并能够采取有效措施减弱误差影响</td><td></td><td></td></tr>
<tr><td rowspan="2">任务完成</td><td>课内项目</td><td>完成时效
完成流畅度</td><td></td><td rowspan="2"></td><td></td></tr>
<tr><td>拓展项目</td><td>完成时效
完成流畅度</td><td></td><td></td></tr>
<tr><td rowspan="2">职业素养</td><td>仪器设备管护</td><td>规范使用仪器
使用后仪器常规清洁、保养</td><td></td><td rowspan="2"></td><td></td></tr>
<tr><td>劳动安全</td><td>正确穿戴工作服和工作鞋
测量大赛规范要求掌握</td><td></td><td></td></tr>
<tr><td rowspan="4">组内评价</td><td>团队合作</td><td colspan="2">服从组内安排
动手参与积极性</td><td></td><td></td><td></td></tr>
<tr><td>领导能力</td><td colspan="2">统筹小组分工
设计作业方案</td><td></td><td></td><td></td></tr>
<tr><td>担当作用</td><td colspan="2">乐于助人,对团队任务完成有帮助</td><td></td><td></td><td></td></tr>
<tr><td>学习能力</td><td colspan="2">创新思维能力
扩展知识
表达能力</td><td></td><td></td><td></td></tr>
<tr><td rowspan="3">自我评价</td><td>收获提升</td><td colspan="5"></td></tr>
<tr><td>有待提高</td><td colspan="5"></td></tr>
<tr><td>感悟</td><td colspan="5"></td></tr>
</table>

说明:评价分数为1、2、3、4、5,5分为满分

任务 2　视距量距

∴ 任务描述

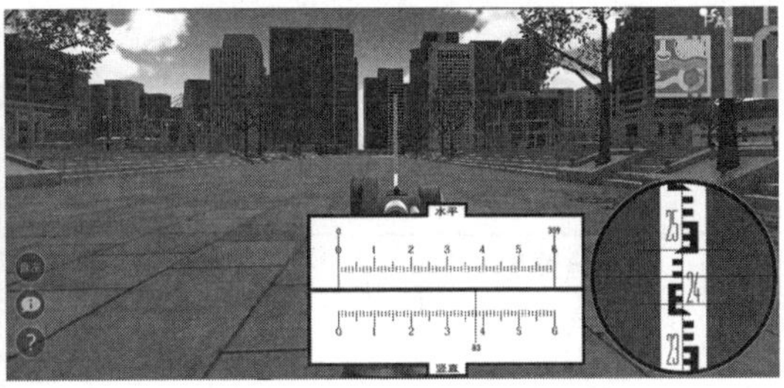

用经纬仪(或全站仪)测出地面上两点间的距离。

∴ 任务知识准备

1. 视距测量的概念
2. 视距测量的原理
3. 视距测量的观测方法
4. 视距测量的计算

∴ 任务步骤分解

▶ 步骤 1:调整视线

问题 3-2-1

视线水平时,水平距离公式为(　　),式中的 l 如何求得?

问题 3-2-2

视线水平时,两点间的高差公式为(　　),分别指出字母的含义。

问题 3-2-3

视线倾斜时,水平距离公式为(　　)。

问题 3-2-4

视线倾斜时,两点间的高差公式为(　　)。

▶ 步骤 2:观测

问题 3-2-5

在测站点 A 上安置仪器,对中、整平后,量取(　　)高。

问题 3-2-6

在(　　)(A. 待测点,B. 已知点)上竖立视距尺,尺面对准仪器。

问题 3-2-7

倾斜地面距离丈量分为两种方法,分别为(　　)和(　　)。

问题 3-2-8

以盘左位置照准视距尺,在望远镜中读取(　　)读数。(A. 上丝 B. 下丝 C. 中丝)

▶ 步骤 3:计算及误差分析

问题 3-2-9

视距计算的公式是在视距尺严格(　　)的条件下得到的。如果视距尺发生(　　),将给测量带来不可忽视的误差影响,故测量时立尺要尽量(　　)。

问题 3-2-10

通常认定视距乘常数 $K=$(　　),但由于视距丝间隔有误差,视距尺有系统性刻划误差,以及仪器检定的各种因素影响,都会使 K 值不为(　　)。K 值一旦确定,误差对视距的影响是系统性的。

∴ 任务实施

视距量距记录表

特征点号	下丝读数 上丝读数 视距间隔	中丝读数 v/m	竖盘读数 L/(° ′ ″)	竖直角 δ/(° ′ ″)	水平距离 D/m	高差 H/m	高程/m

∴ 任务活动总结

任务 2 视距量距任务完成清单

序号	实施步骤(简写)	是否完成	是否存在疑问	是否解决
1	调整视线			
2	观测			
3	计算及误差分析			
学生签名:				
任务完成情况自评:(A、B、C、D、E)				

说明:等级评价为 A、B、C、D、E 五级,在评价的等级符号上画圈

任务 2 视距量距任务完成评价单

考核主体	考核内容	考核项目	评分标准	分数	前一个任务平均分	是否进步
教师评价	知识内容	调整视线	竖直角读取准确			
		观测	仪器操作规范,数据获取准确			
		计算及误差分析	计算准确,误差分析符合实际情况,且能够有效减弱			
	任务完成	课内项目	完成时效 完成流畅度			
		拓展项目	完成时效 完成流畅度			
	职业素养	仪器设备管护	规范使用仪器 使用后仪器常规清洁、保养			
		劳动安全	正确穿戴工作服和工作鞋 测量大赛规范要求掌握			

续表

考核主体	考核内容	考核项目	评分标准	分数	前一个任务平均分	是否进步
组内评价	团队合作	服从组内安排 动手参与积极性				
	领导能力	统筹小组分工 设计作业方案				
	担当作用	乐于助人，对团队任务完成有帮助				
	学习能力	创新思维能力 扩展知识 表达能力				
自我评价	收获提升					
	有待提高					
	感悟					

说明：评价分数为 1、2、3、4、5，5 分为满分

任务 3　直线定向

任务描述

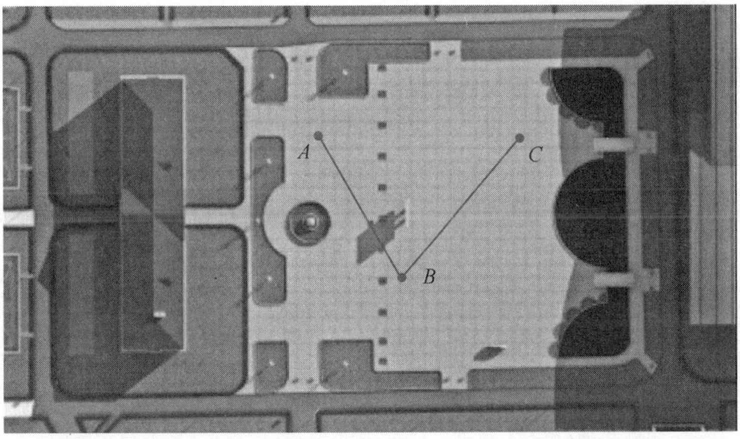

已知 A、B 两点坐标，通过距离测量，角度测量，求 C 点坐标。

任务知识准备

1. 坐标方位角概念
2. 坐标方位角取值范围
3. 坐标方位角推算
4. 坐标正反算

∴ 任务步骤分解

步骤 1:求已知方位角

问题 3-3-1

坐标反算需要已知(　　),求(　　)和(　　)。

问题 3-3-2

方位角的取值范围为(　　)。

问题 3-3-3

坐标反算如果用计算器的中的 pol 键如何计算?

步骤 2:坐标方位角推算

问题 3-3-4

坐标方位角推算公式为(　　)。

问题 3-3-5

如何判断坐标方位角推算公式中的左角和右角?

问题 3-3-6

正、反坐标方位角是什么关系?

步骤 3:求未知点坐标

问题 3-3-7

坐标正算已知(　　)和(　　)求(　　)。

问题 3-3-8

坐标正算公式是(　　)。

∴ 任务实施

坐标计算表

点号	角度	距离	坐标方位角	坐标

∴ 任务活动总结

任务 3 直线定向任务完成清单

序号	实施步骤(简写)	是否完成	是否存在疑问	是否解决
1	求已知方位角			
2	坐标方位角推算			
3	求未知点坐标			
学生签名:				
任务完成情况自评:(A、B、C、D、E)				

说明:等级评价为 A、B、C、D、E 五级,在评价的等级符号上画圈

任务3直线定向任务完成评价单

<table>
<tr><th>考核主体</th><th>考核内容</th><th>考核项目</th><th>评分标准</th><th>分数</th><th>前一个任务平均分</th><th>是否进步</th></tr>
<tr><td rowspan="7">教师评价</td><td rowspan="3">知识内容</td><td>求已知方位角</td><td>能够运用计算器进行坐标反算</td><td></td><td rowspan="3"></td><td></td></tr>
<tr><td>坐标方位角推算</td><td>能准确判断左、右角，计算准确</td><td></td><td></td></tr>
<tr><td>求未知点坐标</td><td>能够运用坐标正算，准确求未知点坐标，精度符合要求</td><td></td><td></td></tr>
<tr><td rowspan="2">任务完成</td><td>课内项目</td><td>完成时效
完成流畅度</td><td></td><td rowspan="2"></td><td></td></tr>
<tr><td>拓展项目</td><td>完成时效
完成流畅度</td><td></td><td></td></tr>
<tr><td rowspan="2">职业素养</td><td>仪器设备管护</td><td>规范使用仪器
使用后仪器常规清洁、保养</td><td></td><td rowspan="2"></td><td></td></tr>
<tr><td>劳动安全</td><td>正确穿戴工作服和工作鞋
测量大赛规范要求掌握</td><td></td><td></td></tr>
<tr><td rowspan="4">组内评价</td><td>团队合作</td><td colspan="2">服从组内安排
动手参与积极性</td><td></td><td></td><td></td></tr>
<tr><td>领导能力</td><td colspan="2">统筹小组分工
设计作业方案</td><td></td><td></td><td></td></tr>
<tr><td>担当作用</td><td colspan="2">乐于助人，对团队任务完成有帮助</td><td></td><td></td><td></td></tr>
<tr><td>学习能力</td><td colspan="2">创新思维能力
扩展知识
表达能力</td><td></td><td></td><td></td></tr>
<tr><td rowspan="3">自我评价</td><td>收获提升</td><td colspan="5"></td></tr>
<tr><td>有待提高</td><td colspan="5"></td></tr>
<tr><td>感悟</td><td colspan="5"></td></tr>
</table>

说明：评价分数为1、2、3、4、5，5分为满分

项目四　全站仪的应用

项目引入

【项目描述】

会使用全站仪进行角度、距离、高差的基本测量，以及使用全站仪进行数据采集和放样的工作。

【知识目标】

◆ 掌握全站仪的构造及使用方法；
◆ 掌握全站仪基本测量的方法；
◆ 掌握全站仪数据采集的方法；
◆ 掌握全站仪放样的方法。

【能力目标】

◆ 能够正确操作全站仪进行角度、距离、高差的基本测量；
◆ 能够独立使用全站仪进行数据采集工作；
◆ 能够独立使用全站仪进行放样工作。

项目知识准备

通过以下问题，系统掌握全站仪的应用。

1. 全站仪的安置工作中，粗略整平是通过怎样操作使圆水准器气泡居中的？
2. 全站仪的安置工作包括哪些步骤？
3. 根据全站仪坐标测量的原理，在测站点瞄准后视点后方向值应设置，为什么？
4. 全站仪中 HR 一般代表什么？
5. 全站仪中 SD 一般代表什么？
6. 全站仪中北向坐标用什么字母表示？
7. 全站仪中高差用什么字母表示？

项目实施

任务 1　全站仪认识与使用

∵ 任务描述

架设对中整平全站仪,并认识各部件名称和作用。

∵ 任务知识准备

1. 全站仪名称的含义
2. 全站仪各部分名称以及作用
3. 全站仪的主要特点
4. 全站仪的用途

∵ 任务步骤分解

▶ 步骤 1:认识全站仪各部分名称,并了解其用途

问题 4-1-1

请给出全站仪各部分名称。

▶ 步骤 2:认识全站仪其他工具

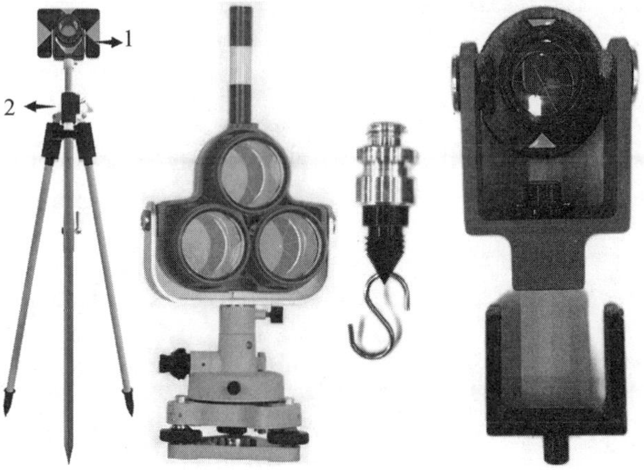

问题 4-1-2

常见的棱镜有(　　)、(　　)和(　　)三种。

问题 4-1-3

全站仪合作目标键,可设置目标为(　　)、棱镜或无合作三种。

问题 4-1-4

全站仪☆键为快捷功能键,包含(　　)、十字丝照明、(　　)、温度气压设置。

步骤 3:使用全站仪

问题 4-1-5

在全站仪的安置工作中,粗略整平通过(　　)使圆水准器气泡居中。

A. 调节脚螺旋

B. 伸缩架腿长度

C. 调节微动螺旋

D. 调节制动螺旋

问题 4-1-6

下列关于全站仪使用时注意事项的叙述,错误的是(　　)。

A. 全站仪的物镜不可对着阳光或其他强光源

B. 全站仪的测线应远离变压器高压线等

C. 全站仪应避免测线两侧及镜站后方有反光物体

D. 安置全站仪时,不需要整平仪器

问题 4-1-7

全站仪中 HD 一般代表(　　)。

A. 水平距离　　B. 水平右角　　C. 水平左角　　D. 高差

问题 4-1-8

全站仪中 Z 一般代表(　　)。

A. 高程　　B. 高差　　C. 东向坐标　　D. 北向坐标

问题 4-1-9

全站仪中以米为单位的字母表示是(　　)。

A. mm　　B. m　　C. ft　　D. fi

任务实施

仪器检查记录表

序号	检查内容	检查结果		备注
		是	否	
1	仪器部件及附件是否齐全			
2	仪器各轴转动是否灵活,有无杂音			
3	各螺旋是否正常工作			
4	物镜、目镜有无裂纹或是否清晰			
5	脚架和仪器的连接螺旋是否配套			
6	仪器箱锁、提手是否牢固			
7	棱镜是否破损			
8	全站仪显示屏是否破损			

全站仪认识使用情况表

项目	要求	完成情况			备注
		顺利	有些困难	很难	
测前准备	检查全站仪各项指标正常、电源电量充足				
安置仪器	进行对中、整平				
基本设置	基本参数设置正确				
字母含义	字母含义对应准确清晰				
棱镜架设	棱镜架设正确				

任务活动总结

任务1 全站仪的认识与使用任务完成清单

序号	实施步骤(简写)	是否完成	是否存在疑问	是否解决
1	认识全站仪			
2	认识全站仪其他工具			
3	全站仪的使用			
学生签名:				
任务完成情况自评:(A、B、C、D、E)				

说明:等级评价为A、B、C、D、E五级,在评价的等级符号上画圈

任务1全站仪的认识与使用任务完成评价单

考核主体	考核内容	考核项目	评分标准	分数	前一个任务平均分	是否进步
教师评价	知识内容	构造名称	准确描述全站仪各部分名称作用			
		辅助工具	正确描述全站仪各辅助工具名称及作用			
		架设技巧	全站仪对中操作规范性 全站仪整平操作规范性			
	任务完成	课内项目	完成时效 完成流畅度			
		拓展项目	完成时效 完成流畅度			
	职业素养	仪器设备管护	规范使用仪器 使用后仪器常规清洁、保养			
		劳动安全	正确穿戴工作服和工作鞋 测量大赛规范要求掌握			
组内评价	团队合作	服从组内安排 动手参与积极性				
	领导能力	统筹小组分工 设计作业方案				
	担当作用	乐于助人，对团队任务完成有帮助				
	学习能力	创新思维能力 扩展知识 表达能力				
自我评价	收获提升					
	有待提高					
	感悟					

说明：评价分数为1、2、3、4、5，5分为满分

任务2　全站仪基本测量

❖ 任务描述

1. 用全站仪进行水平角、竖直角的测量。
2. 用全站仪进行水平距离、垂直距离、高差的测量。
3. 用全站仪进行坐标测量。

✧ 任务知识准备

1. 水平角的概念
2. HR 与 HL 的区别、转换
3. 垂直角的字母表示
4. 垂直角与斜率 V%的转换
5. 水平距离的字母表示
6. 高差的字母表示
7. N 代表的含义
8. E 代表的含义
9. Z 代表的含义

✧ 任务步骤分解

▶ 步骤 1:测前准备

问题 4-2-1

全站仪进行距离或者坐标测量前,需要进行(　　)设置和(　　)设置。

▶ 步骤 2:架设仪器

问题 4-2-2

用全站仪进行激光对中,如何打开激光对点器?

问题 4-2-3

全站仪测量水平距离时应确认仪器处于(　　)测量模块。

问题 4-2-4

全站仪测量水平角时应确认仪器处于(　　)测量模块。

▶ 步骤 3:测量水平角和垂直角

问题 4-2-5

全站仪中 HR 与 HL 的区别,水平角测量常用哪一个?

问题 4-2-6

用置零和置盘两种方式设置 00°00′00″。

问题 4-2-7

垂直角与斜率百分比如何切换?

问题 4-2-8

由下图知，用全站仪测水平角，将观测数据填入表中。

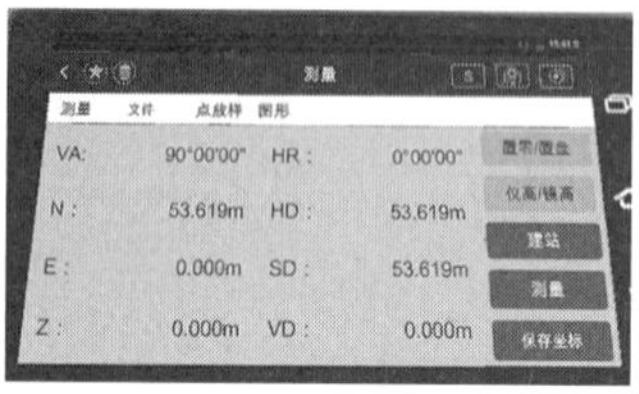

盘左左侧读数

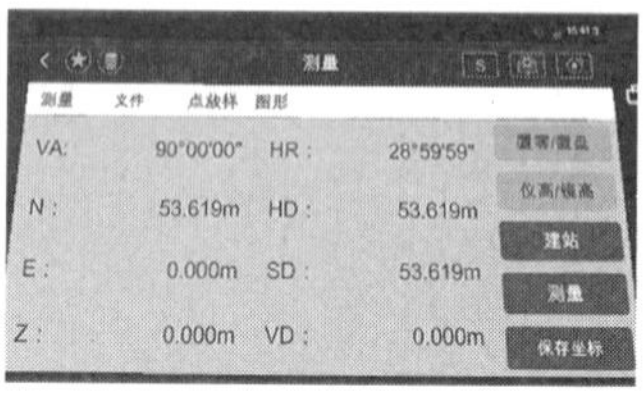

盘左右侧读数

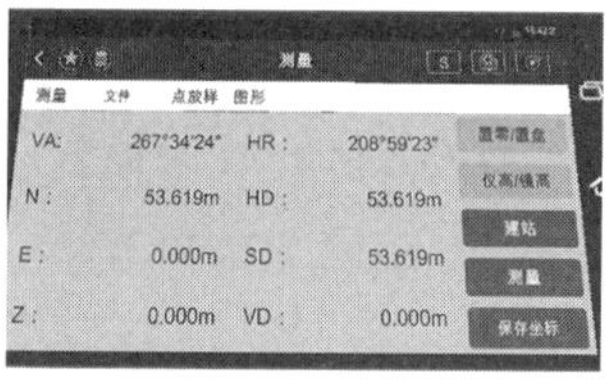

盘右右侧读数

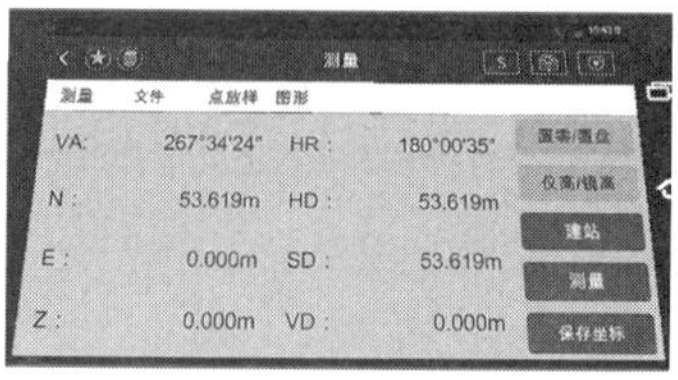

盘右左侧读数

水平角观测记录(测回法)

测站	目标	竖盘位置	水平度盘读数	半测回角值	一测回平均角值	备注
O	A	左				
	B					
	A	右				
	B					

步骤 4：测量距离

问题 4-2-9

HD 代表(　　)、SD 代表(　　)、VD 代表(　　)。

问题 4-2-10

如果测距后不显示数据，有可能出现的问题是（　　）。

问题 4-2-11

由下图知，用全站仪测距离，将观测数据填入表中。

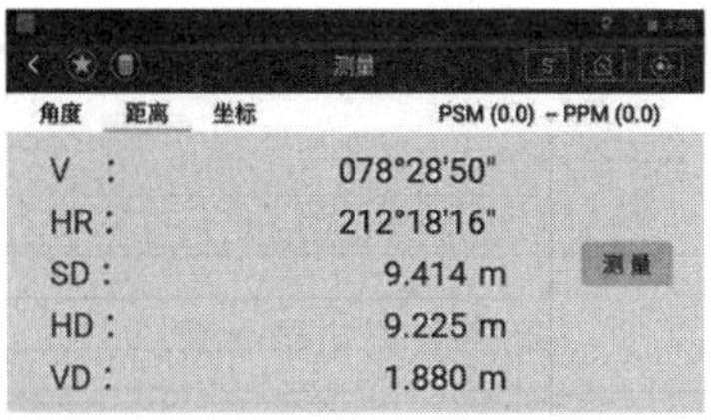

水平距离	高差	垂直距离

步骤 5：测量坐标

问题 4-2-12

建站界面内需要进行（　　）和（　　）的设置。

任务实施

仪器检查记录表

序号	检查内容	检查结果		备注
		是	否	
1	仪器部件及附件是否齐全			
2	仪器各轴转动是否灵活，有无杂音			
3	各螺旋是否正常工作			
4	物镜、目镜有无裂纹或是否清晰			
5	脚架和仪器的连接螺旋是否配套			
6	仪器箱锁、提手是否牢固			
7	棱镜是否破损			
8	全站仪显示屏是否破损			

全站仪基本测量情况表

项目	要求	完成情况			备注
		顺利	有些困难	很难	
测前准备	检查全站仪各项指标正常、电源电量充足				
架设仪器	进行对中、整平、基本设置正确				
测量水平角、竖直角	水平角、竖直角观测记录正确				
测量距离	水平距离、垂直距离、高差观测记录正确				
测量坐标	N、E、Z 测量正确				

水平角观测记录手簿(测回法)

测站	目标	竖盘位置	水平度盘读数/(° ′ ″)	半测回角值/(° ′ ″)	一测回平均角值/(° ′ ″)	备注
O	*A*	左				
	B					
	A	右				
	B					

距离观测记录手簿

点号	水平距离/m	倾斜距离/m	高差/m
1			
2			

坐标观测记录手簿

点号	$N(X)$/m	$E(Y)$/m	$Z(H)$/m
1			
2			

∵ 任务活动总结

任务 2 全站仪基本测量任务完成清单

序号	实施步骤(简写)	是否完成	是否存在疑问	是否解决
1	角度测量			
2	距离测量			
3	坐标测量			
学生签名:				
任务完成情况自评:(A、B、C、D、E)				

说明:等级评价为 A、B、C、D、E 五级,在评价的等级符号上画圈

任务 2 全站仪基本测量任务完成评价单

考核主体	考核内容	考核项目	评分标准	分数	前一个任务平均分	是否进步
教师评价	知识内容	角度测量	准确进行角度测量			
		距离测量	准确进行距离测量			
		坐标测量	准确进行坐标测量			
	任务完成	课内项目	完成时效 完成流畅度			
		拓展项目	完成时效 完成流畅度			

续表

考核主体	考核内容	考核项目	评分标准	分数	前一个任务平均分	是否进步
教师评价	职业素养	仪器设备管护	规范使用仪器 使用后仪器常规清洁、保养			
		劳动安全	正确穿戴工作服和工作鞋 测量大赛规范要求掌握			
组内评价	团队合作	服从组内安排 动手参与积极性				
	领导能力	统筹小组分工 设计作业方案				
	担当作用	乐于助人，对团队任务完成有帮助				
	学习能力	创新思维能力 扩展知识 表达能力				
自我评价	收获提升					
	有待提高					
	感悟					

说明：评价分数为1、2、3、4、5，5分为满分

任务3　全站仪数据采集

∵ 任务描述

在实训场地任意选择已知的一个测站点 A 和一个后视点 B，然后进行待测点的数据采集工作。

∵ 任务知识准备

1. 全站仪数据采集的步骤
2. 建站中的步骤
3. 选择坐标数据的两种形式

∵ 任务步骤分解

▶ 步骤1：建站

问题4-3-1

测站坐标选择有(　　　　　)(　　　　　)两种形式。

问题 4-3-2

仪器高和镜高对 N、E、Z 哪个量有影响？

问题 4-3-3

后视点定向可以通过哪两种方式确定？

步骤 2:采集

问题 4-3-4

主菜单按完采集键后按哪个键进入数据采集？

问题 4-3-5

保存和测存的区别是什么？

问题 4-3-6

按(　　)键可以看到测量的详细信息。

问题 4-3-7

按(　　)键显示当前坐标点的图形。

∴ 任务实施

仪器检查记录表

序号	检查内容	检查结果		备注
		是	否	
1	仪器部件及附件是否齐全			
2	仪器各轴转动是否灵活,有无杂音			
3	各螺旋是否正常工作			
4	物镜、目镜有无裂纹或是否清晰			
5	脚架和仪器的连接螺旋是否配套			
6	仪器箱锁、提手是否牢固			
7	棱镜是否破损			
8	全站仪显示屏是否破损			

全站仪数据采集情况表

项目	要求	完成情况			备注
		顺利	有些困难	很难	
建站	建站步骤正确				
采集	采集步骤正确				

全站仪数据采集成果记录表

序号	点名	x/m	y/m	H/m	备注
					测站点
					后视点
					待测点 1
					待测点 2
					待测点 3
					待测点 4

∴ 任务活动总结

任务 3 全站仪数据采集任务完成清单

序号	实施步骤(简写)	是否完成	是否存在疑问	是否解决
1	建站			
2	采集			
学生签名:				
任务完成情况自评:(A、B、C、D、E)				

说明:等级评价为 A、B、C、D、E 五级,在评价的等级符号上画圈

任务 3 全站仪数据采集任务完成评价单

考核主体	考核内容	考核项目	评分标准	分数	前一个任务平均分	是否进步
教师评价	知识内容	建站	准确进行建站操作			
		采集	准确进行采集操作			
	任务完成	课内项目	完成时效 完成流畅度			
		拓展项目	完成时效 完成流畅度			
	职业素养	仪器设备管护	规范使用仪器 使用后仪器常规清洁、保养			
		劳动安全	正确穿戴工作服和工作鞋 测量大赛规范要求掌握			
组内评价	团队合作	服从组内安排 动手参与积极性				
	领导能力	统筹小组分工 设计作业方案				
	担当作用	乐于助人,对团队任务完成有帮助				
	学习能力	创新思维能力 扩展知识 表达能力				
自我评价	收获提升					
	有待提高					
	感悟					

说明:评价分数为 1、2、3、4、5,5 分为满分

任务4　全站仪放样(全国职业院校技能大赛赛项)

∵ 任务描述

竞赛试题:场地为硬化地面,场地面积为(100～150) m×(100～150) m。利用 2″级全站仪及配套的棱镜(含基座)2 个和脚架 3 个进行测设、放样。

学校练习:教师可根据现实情况给出已知测站点、定向点和检核点的坐标,再给出放样点的坐标。

∵ 任务知识准备

1. 全站仪放样的步骤
2. 建站中的步骤
3. 全站仪放样中 HD、HA 以及 Z 的含义

∵ 任务步骤分解

步骤 1:建站

问题 4-4-1

建站坐标选择有(　　　　)(　　　　)两种形式。

步骤 2:放样

问题 4-4-2

主菜单按完放样菜单后按(　　)进入点的坐标放样。

问题 4-4-3

放样计算数据 dHA 代表的含义?

问题 4-4-4

面板中填挖栏后面的数据指挥棱镜应该如何移动?

问题 4-4-5

面板中远近栏后面的数据指挥棱镜应该如何移动?

∵ 任务实施

1. 按规定完成规定的计算。

2. 放样开始,在测站点整置仪器、定向,至少用一个检查点检查定向。然后开始放样指定点。

3. 放样完成后,各组请求老师发给测站点、定向点和检查点的坐标进行检核测量,并记录检测数据。

4. 检查结束后应将仪器装箱,脚架收好,上交成果,计时结束。

∵ 任务活动总结

任务 4 全站仪放样任务完成清单

<table>
<tr><td>序号</td><td>实施步骤(简写)</td><td>是否完成
(精度在 5 mm 之内)</td><td>是否存在疑问</td><td>是否解决</td></tr>
<tr><td>1</td><td>建站</td><td></td><td></td><td></td></tr>
<tr><td>2</td><td>放样</td><td></td><td></td><td></td></tr>
<tr><td colspan="5">学生签名:</td></tr>
<tr><td colspan="5">任务完成情况自评:(A、B、C、D、E)</td></tr>
</table>

说明:等级评价为 A、B、C、D、E 五级,在评价的等级符号上画圈

任务 4 全站仪放样任务完成评价单

<table>
<tr><td>考核
主体</td><td>考核
内容</td><td>考核项目</td><td>评分标准</td><td>分数</td><td>前一个任
务平均分</td><td>是否
进步</td></tr>
<tr><td rowspan="6">教师
评价</td><td rowspan="2">知识内容</td><td>建站</td><td>准确进行建站操作</td><td></td><td rowspan="2"></td><td></td></tr>
<tr><td>放样</td><td>准确进行放样操作</td><td></td><td></td></tr>
<tr><td rowspan="2">任务完成</td><td>课内项目</td><td>完成时效
完成流畅度</td><td></td><td rowspan="2"></td><td></td></tr>
<tr><td>拓展项目</td><td>完成时效
完成流畅度</td><td></td><td></td></tr>
<tr><td rowspan="2">职业素养</td><td>仪器设备
管护</td><td>规范使用仪器
使用后仪器常规清洁、保养</td><td></td><td rowspan="2"></td><td></td></tr>
<tr><td>劳动安全</td><td>正确穿戴工作服和工作鞋
测量大赛规范要求掌握</td><td></td><td></td></tr>
<tr><td rowspan="4">组内
评价</td><td>团队合作</td><td colspan="2">服从组内安排
动手参与积极性</td><td></td><td></td><td></td></tr>
<tr><td>领导能力</td><td colspan="2">统筹小组分工
设计作业方案</td><td></td><td></td><td></td></tr>
<tr><td>担当作用</td><td colspan="2">乐于助人,对团队任务完成有帮助</td><td></td><td></td><td></td></tr>
<tr><td>学习能力</td><td colspan="2">创新思维能力
扩展知识
表达能力</td><td></td><td></td><td></td></tr>
<tr><td rowspan="3">自我
评价</td><td>收获提升</td><td colspan="5"></td></tr>
<tr><td>有待提高</td><td colspan="5"></td></tr>
<tr><td>感悟</td><td colspan="5"></td></tr>
</table>

说明:评价分数为 1、2、3、4、5,5 分为满分

项目五　控制测量

项目引入

【项目描述】

控制测量是实施其他测量工作的基础，包括国家级控制网的测量以及在工程中应用最多也更为灵活的小区域控制测量。主要对控制测量的基本内容，高程控制测量的方法，以及如何进行导线测量的布设、选点、外业施测、内业数据处理以及三角高程测量的原理和全球导航卫星系统控制测量等知识进行学习。

【知识目标】

◆ 了解控制测量的分类、建网原则、布网方式、精度等级，及其适用范围；
◆ 掌握二等水准测量方法及其平差计算；掌握三角高程测量的方法；
◆ 掌握导线的布设形式；掌握导线的外业测量方法；
◆ 掌握闭合导线测量内业计算的方法；
◆ 掌握附合导线测量内业计算的方法；
◆ 了解全球导航卫星系统控制测量的相关知识。

【能力目标】

◆ 能够独立使用水准仪进行二等水准测量；
◆ 能够独立布设导线并进行外业测量；
◆ 能够运用不同的导线形式的外业测量数据，进行闭合、附合导线的内业计算。

项目知识准备

通过以下问题，系统掌握控制测量的相关知识。

1. 控制测量的种类与作用有哪些？
2. 导线的布设形式有哪些？
3. 导线测量外业工作包括哪些内容？导线点的选择应注意哪些问题？
4. 闭合导线与附合导线在坐标计算上有哪些不同点？
5. GNSS 控制网与传统控制网的区别是什么？
6. GNSS 定位的误差来源是什么？

项目实施

任务1　高程控制测量(全国职业院校技能大赛赛项)

∵ 任务描述

二等水准测量，水准路线为闭合路线，全长约 1.2 km，1 个已知点和 3 个待定点，分为 4 个测段。(长度可根据实际长度调整)

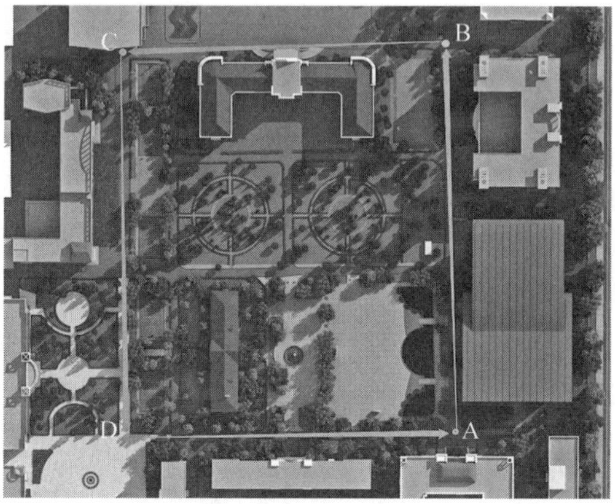

∵ 任务知识准备

1. 二等水准测量测站观测技术要求
2. 二等水准测量的偶数站、奇数站的观测顺序
3. 二等水准测量闭合差限差

∵ 任务步骤分解

▶ 步骤 1：第 1 测站

问题 5-1-1

(　　)≥视线长度≥(　　)。

问题 5-1-2

前后视距差小于或等于(　　)。

问题 5-1-3

每个测段的测站数须为(　　)。(A. 奇数，B. 偶数，C. 无要求)

问题 5-1-4

二等水准测量的奇数站观测顺序为(　　)。

问题 5-1-5

(　　)≥视线高度≥(　　)。

▶ 步骤 2：第 2 测站及以后各测站

问题 5-1-6

上一测站的前视点处的尺垫，在转站后(　　)移动。(A. 能，B. 不能)

问题 5-1-7

前一测站的后尺是下一测站的前尺，两个水准尺(　　)交换。(A. 能，B. 不能)

问题 5-1-8

二等水准测量视距累计差不超过(　　)。

问题 5-1-9

二等水准测量的偶数站观测顺序为(　　)。

步骤 3：测站计算与检核

问题 5-1-10

两次读数所得高差之差≤(　　)mm。

步骤 4：计算测段高差与测段长度

问题 5-1-11

测段高差＝(　　)。

问题 5-1-12

测段长度＝(　　)。

步骤 5：高程误差配赋

问题 5-1-13

测段闭合差≤(　　)。

任务实施

二等水准测量手簿

测站编号	后距	前距	方向及尺号	标尺读数		两次读数之差	备注
	视距差	累积视距差		第一次读数	第二次读数		
1			后 A1				观测:A 记录:B
			前				
			后－前				
			h				
2			后				
			前				
			后－前				
			h				
3			后				
			前				
			后－前				
			h				
4			后				
			前 B1				
			后－前				
			h				

注：高差要写正负号，高差中数保留 6 位小数，测段高差按“奇进偶不进”保留 5 位小数

水准测量高程误差配赋表

点名	测段编号	距离/m	观测高差/m	改正数/m	改正后高差/m	高程/m
$A1$						
	1					
$B1$						
	2					
$C1$						
	3					
$D1$						
	4					
$A1$						
$\sum$						
$W=$　　mm　　$W_{允}=$　　mm						

注：高差和改正数保留 5 位小数，待定点高程推算后保留 3 位小数

∴ 任务活动总结

任务 1 二等水准测量外业实施任务完成清单

序号	实施步骤	是否完成	是否存在疑问	是否解决
1	第 1 测站			
2	第 2 测站及以后各测站			
3	测站计算与检核			
4	计算测段高差与测段长度			
5	高程误差配赋			
学生签名：				
任务完成情况自评：(A、B、C、D、E)				

说明：等级评价为 A、B、C、D、E 五级，在评价的等级符号上画圈

任务1二等水准测量外业实施任务评价单

考核主体	考核内容	考核项目	评分标准	分数	前一个任务平均分	是否进步
教师评价	知识内容	技术要求	视距长、视距差、高差读数差等符合二等水准测量技术要求			
		手簿记录	记录完整,记录的数字与文字清晰,整洁,不得潦草;按测量顺序记录,不空栏;划改后注明原因			
		外业观测	观测动作标准,不得骑在脚架腿上观测,测站重测要变换仪器高度			
		迁站	测站记录计算未完成不得迁站,未测完尺垫不得移动			
	任务完成	课内项目	完成时效 完成流畅度			
		拓展项目	完成时效 完成流畅度			
	职业素养	仪器设备管护	规范使用仪器 使用后仪器常规清洁、保养			
		劳动安全	正确穿戴工作服和工作鞋 测量大赛规范要求掌握			
组内评价	团队合作	服从组内安排 动手参与积极性				
	领导能力	统筹小组分工 设计作业方案				
	担当作用	乐于助人,对团队任务完成有帮助				
	学习能力	创新思维能力 扩展知识 表达能力				
自我评价	收获提升					
	有待提高					
	感悟					

说明:评价分数为1、2、3、4、5,5分为满分

任务2 闭合导线测量内业计算

∵ 任务描述

布设一条闭合导线，利用全站仪测量出水平角和水平距离并进行内业坐标计算，由已知点的坐标和方位角，求解三个待求点坐标。

∵ 任务知识准备

1. 导线的布设形式
2. 导线外业工作的步骤
3. 选点的注意事项
4. 坐标增量的计算和闭合差调整的方法

∵ 任务步骤分解

▶ 步骤1：布设导线

问题 5-2-1

导线根据测区的地形和测区内控制点的分布情况，可布设成(　　　　)(　　　　)(　　　　)三种形式。

问题 5-2-2

导线测量外业工作的步骤是什么？

▶ 步骤2：外业观测

问题 5-2-3

踏勘选点的注意事项是什么？

问题 5-2-4

量边的精度要求是什么？

问题 5-2-5

测角的精度要求是什么？

问题 5-2-6

连测的方式有(　　)和(　　)。

步骤 3:内业计算

问题 5-2-7

闭合导线角度闭合差理论值(　　)。

问题 5-2-8

闭合导线角度闭合差公式(　　)。

问题 5-2-9

闭合差在允许值范围之外则需要(　　)。

问题 5-2-10

角度闭合差改正数公式为(　　),并且要取整数。

问题 5-2-11

推算各边方位角公式(　　)。

问题 5-2-12

坐标增量 ΔX 公式(　　)、ΔY 公式(　　)。

问题 5-2-13

闭合导线全长闭合差公式(　　)。

问题 5-2-14

相对误差 K 公式(　　)。

问题 5-2-15

坐标增量改正数公式(　　)。

问题 5-2-16

改正数总和与闭合差大小相等、符号(　　)。

问题 5-2-17

计算各点坐标公式(　　)。

任务实施

仪器检查记录表

序号	检查内容	检查结果		备注
		是	否	
1	仪器部件及附件是否齐全			
2	仪器各轴转动是否灵活,有无杂音			
3	各螺旋是否正常工作			
4	物镜、目镜有无裂纹或是否清晰			
5	脚架和仪器的连接螺旋是否配套			
6	仪器箱锁、提手是否牢固			
7	钢尺是否弯曲			
8	钢尺刻度是否清晰			
9	棱镜是否有破损			
10	全站仪显示屏是否破损			

闭合导线坐标计算表

点 号	观测角	改 正 后角值	坐 标 方位角	距离	ΔX 计算值	ΔY 计算值	ΔX 改正值	ΔY 改正值	坐标 X	坐标 Y
$\sum$										
辅助计算										

⁘ 任务活动总结

任务 2 闭合导线测量及内业计算任务完成清单

序号	实施步骤	是否完成	是否存在疑问	是否解决
1	布设导线			
2	外业观测			
3	内业计算			
学生签名：				
任务完成情况自评：(A、B、C、D、E)				

说明：等级评价为 A、B、C、D、E 五级，在评价的等级符号上画圈

任务2 闭合导线测量及内业计算任务完成评价单

考核主体	考核内容	考核项目	评分标准	分数	前一个任务平均分	是否进步
教师评价	知识内容	布设导线	导线布设合理,标记清晰			
		外业观测	外业记录整洁、规范,仪器操作快速,动作标准			
		内业计算	计算结果准确,计算思路清晰			
	任务完成	课内项目	完成时效 完成流畅度			
		拓展项目	完成时效 完成流畅度			
	职业素养	仪器设备管护	规范使用仪器 使用后仪器常规清洁、保养			
		劳动安全	正确穿戴工作服和工作鞋 测量大赛规范要求掌握			
组内评价	团队合作	服从组内安排 动手参与积极性				
	领导能力	统筹小组分工 设计作业方案				
	担当作用	乐于助人,对团队任务完成有帮助				
	学习能力	创新思维能力 扩展知识 表达能力				
自我评价	收获提升					
	有待提高					
	感悟					

说明:评价分数为1、2、3、4、5,5分为满分

任务3 附合导线测量内业计算(全国职业院校技能大赛赛项)

❖ 任务描述

竞赛试题:如图所示一级附合导线,其中 A、B 为已知点,$P1$、$P2$ 为待定点,测算待定点坐标,测算要求按技术规范,导线边长约100 m。

∴ 任务知识准备

1. 一级导线基本测量技术要求
2. 一级导线测角方法及要求
3. 一级导线测边方法及要求
4. 坐标反算方位角的方法

∴ 任务步骤分解

▶ 步骤 1:布设导线

问题 5-3-1

导线根据测区的地形和测区内控制点的分布情况,可布设成(　　)(　　)(　　)三种形式。

问题 5-3-2

导线测量外业工作的步骤。

▶ 步骤 2:外业观测

问题 5-3-3

一级导线水平角测量测回数(　　)。

问题 5-3-4

一级导线水平角同一方向值各测回较差不超过(　　)。

问题 5-3-5

一级导线水平角一测回内 2C 较差不超过(　　)。

问题 5-3-6

一级导线距离测量测回数(　　)读数(　　)次,读数差不超过(　　)。

▶ 步骤 3:内业计算

问题 5-3-7

附合导线角度闭合差理论值(　　)。

问题 5-3-8

附合导线角度闭合差公式(　　)。

问题 5-3-9

闭合差在允许值范围之外则需要(　　)。

问题 5-3-10

角度闭合差改正数公式为(　　),并且要取整数。

问题 5-3-11

推算各边方位角公式(　　)。

问题 5-3-12

方位角闭合差不超过(　　)。

问题 5-3-13

坐标增量 ΔX 公式(　　　　)、ΔY 公式(　　　　)。

问题 5-3-14

附合导线导线全长闭合差公式(　　　　)。

问题 5-3-15

相对误差 K 公式(　　　　)。

问题 5-3-16

一级导线相对闭合差不超过(　　)。

问题 5-3-17

坐标增量改正数公式(　　　　)。

问题 5-3-18

改正数总和与闭合差大小相等、符号(　　)。

问题 5-3-19

计算各点坐标公式(　　)。

∵ 任务实施

导线观测手薄(参考)

观测日期：　　年　　月　　日　　　　　　测站

<table>
<tr><td rowspan="2"></td><td rowspan="2">觇点</td><td colspan="2">读　数</td><td>2C</td><td rowspan="2">半测回方向</td><td rowspan="2">一测回方向</td><td rowspan="2">各测回平均方向</td><td rowspan="2">附　注</td></tr>
<tr><td>盘　左</td><td>盘　右</td><td></td></tr>
<tr><td rowspan="8">水平角观测</td><td rowspan="2"></td><td rowspan="2"></td><td rowspan="2"></td><td rowspan="2"></td><td></td><td></td><td rowspan="2"></td><td rowspan="2"></td></tr>
<tr><td></td><td></td></tr>
<tr><td rowspan="2"></td><td rowspan="2"></td><td rowspan="2"></td><td rowspan="2"></td><td></td><td></td><td rowspan="2"></td><td rowspan="2"></td></tr>
<tr><td></td><td></td></tr>
<tr><td rowspan="2"></td><td rowspan="2"></td><td rowspan="2"></td><td rowspan="2"></td><td></td><td></td><td rowspan="2"></td><td rowspan="2"></td></tr>
<tr><td></td><td></td></tr>
<tr><td rowspan="2"></td><td rowspan="2"></td><td rowspan="2"></td><td rowspan="2"></td><td></td><td></td><td rowspan="2"></td><td rowspan="2"></td></tr>
<tr><td></td><td></td></tr>
</table>

<table>
<tr><td>边长</td><td colspan="2">平距观测值</td><td>平距中数</td><td>边长</td><td colspan="2">平距观测值</td><td>平距中数</td></tr>
<tr><td rowspan="4"></td><td>1</td><td></td><td></td><td rowspan="4"></td><td>1</td><td></td><td></td></tr>
<tr><td>2</td><td></td><td></td><td>2</td><td></td><td></td></tr>
<tr><td>3</td><td></td><td></td><td>3</td><td></td><td></td></tr>
<tr><td>4</td><td></td><td></td><td>4</td><td></td><td></td></tr>
</table>

导线近似平差计算示例

序号	点名	观测角	方位角	边长	v_x ΔX_i	X_i	v_y ΔY_i	Y_i
1								
2								
3								
4								
5								
6								
	$\Sigma\beta$							
		$f_\beta=$	$f_x=$			$f_y=$		$f_s=$

$f_{\beta允}=\pm10''\sqrt{4}=\pm20''$	导线略图	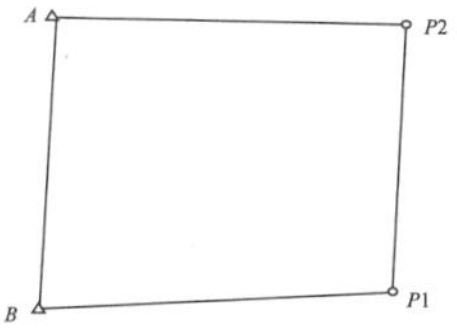

坐标计算：角度及角度改正数取位至整秒，边长、坐标增量及 其改正数、坐标计算结果均取位至 0.001m

∵ 任务活动总结

任务 3 附合导线测量及内业计算任务完成清单

序号	实施步骤	是否完成	是否存在疑问	是否解决
1	布设导线			
2	外业观测			
3	内业计算			
学生签名：				
任务完成情况自评：(A、B、C、D、E)				

说明：等级评价为 A、B、C、D、E 五级，在评价的等级符号上画圈。

任务3 附合导线测量及内业计算任务评价单

考核主体	考核内容	考核项目	评分标准	分数	前一个任务平均分	是否进步
教师评价	知识内容	布设导线	导线布设合理,标记清晰			
		外业观测	外业记录整洁、规范,仪器操作快速,动作标准			
		内业计算	计算结果准确,计算思路清晰			
	任务完成	课内项目	完成时效 完成流畅度			
		拓展项目	完成时效 完成流畅度			
	职业素养	仪器设备管护	规范使用仪器 使用后仪器常规清洁、保养			
		劳动安全	正确穿戴工作服和工作鞋 测量大赛规范要求掌握			
组内评价	团队合作		服从组内安排 动手参与积极性			
	领导能力		统筹小组分工 设计作业方案			
	担当作用		乐于助人,对团队任务完成有帮助			
	学习能力		创新思维能力 扩展知识 表达能力			
自我评价	收获提升					
	有待提高					
	感悟					

说明:评价分数为1、2、3、4、5,5分为满分

项目六 大比例尺地形图测绘(全国职业院校技能大赛赛项)

项目引入

【项目描述】

根据控制网基本原理和碎部点选取原则，利用全站仪进行实地测量，将野外采集的数据自动传输到全站仪电子手簿或计算机中，按照规定的比例尺，利用内业成图软件，将获取的每一个地物特征点的三维坐标信息测绘到图纸上，完成地形图测绘的成图任务。

【知识目标】

◆ 掌握碎部点的测量基本方法；
◆ 掌握地物及地貌特征点选取方法；
◆ 掌握全站仪数字测图的外业测量过程与内业成图的处理方法；
◆ 掌握内业成图软件的使用方法。

【能力目标】

◆ 能够正确操作全站仪；
◆ 能够独立、正确绘制测区草图；
◆ 能够根据测区情况快速进行全站仪的测站点选择和架设；
◆ 能够独立开展地物、地貌特征点数据的采集工作；
◆ 能够根据比例尺要求，进行地形图地物连绘处理。

项目知识准备

通过以下问题，系统地掌握数字地形图的基本概念、生产流程、编制原则及相关应用的知识。

1. 什么是比例尺？什么是比例尺精度？比例尺精度的意义有哪些？

2. 平面图、地形图如何区分？地物、地貌如何区分？

3. 地形图的图外注记基本内容包括哪些？图名、图号、图廓信息、接图表信息的意义和表达方式如何？

4. 等高线的概念及意义是什么？

5. 地形图的符号包括什么？地物符号、地貌符号的表达方式是什么？

6. 全站仪数字测图的步骤是什么？

7. 数字测图的内业处理方法如何？数字化成图软件的具体使用方法是什么？
8. 数字地形图的工程应用领域有哪些？

项目实施

任务1　野外数据采集

∵ 任务描述

架设调平全站仪，正确设置测站、后视、精度检核，开始外业数据采集工作。

∵ 任务知识准备

1. 测图比例尺的大小对于测量任务安排的影响
2. 全站仪测站点设置的操作方法
3. 进行自由设站的方法
4. 地物碎部点的选择方法
5. 数字化测图数据采集目前主要方法
6. 数字测图前所需准备的工作内容
7. 绘制草图的原则
8. 利用全站仪进行数据采集的操作步骤
9. 地面数字测图外业采集数据包括内容

∵ 任务步骤分解

▶ 步骤1：测站设置

问题6-1-1

全站仪设站，应该架设在已知的(　　　　　　)点上。

问题 6-1-2

全站仪架设的合理高度应该与(　　　　　)高度相适应。

问题 6-1-3

设置测站的第一步需要在全站仪中选择(　　　　　)功能。

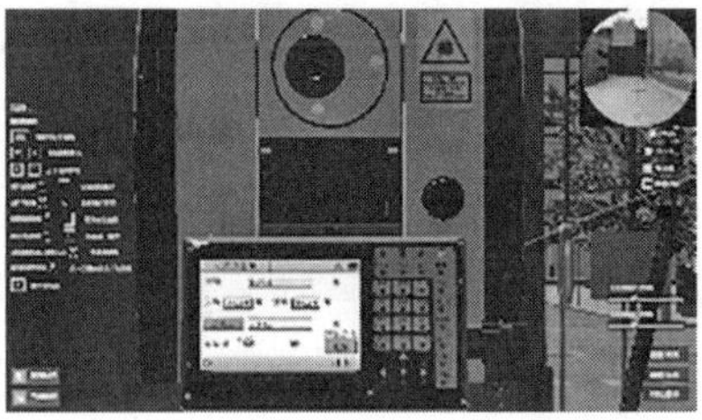

问题 6-1-4

设置测站的第二步需要在全站仪中首先建立一个工程文件，工程文件的命名一般按照(　　　　　)惯例设置。

问题 6-1-5

选择全站仪中的测站设置功能后，输入(　　　　　)坐标数据分别为：(　　　　　)，(　　　　　)，(　　　　　)。

问题 6-1-6

测站点设置过程中还需要量取(　　　)高度，并输入仪器中。

问题 6-1-7

进行后视点设置的过程，需要输入(　　　)坐标数据分别为：(　　　　)，(　　　　)，(　　　　)，并需要量取(　　　　)高度，并输入仪器中。

问题 6-1-8

后视检查操作过程中，需要将仪器照准后视点(　　　　)中心，同时点击测量，进行后视检查，当测量精度高于规定标准后，设置完毕。

▶ **步骤 2：碎部点判别**

问题 6-1-9

作业区内有(　　　)类地物，分别是(　　　)(　　　)(　　　)(　　　)(　　　)……

问题 6-1-10

居民地采集主要采集建筑物的(　　)点。

问题 6-1-11

道路属性可以分为(　　)种。

问题 6-1-12

植被中可以具体再分为(　　)(　　)(　　)(　　)(　　)(　　)……

步骤 3：碎部点采集

问题 6-1-13

依比例的规则建(构)筑物只需测出(　　)点，第(　　)点可由计算机来完成。

问题 6-1-14

面对不规则地貌在点位采集过程中应尽量(　　)采集碎部点(填写“多”或“少”)。

问题 6-1-15

桥梁、广告牌等最好能按(　　)进行测量。

问题 6-1-16

测图单元的划分，尽量以(　　)为界，如河流、道路等，以便于地形图的施测，也减少了接边的问题。

问题 6-1-17

绘图员应与跑尺员进行必要沟通，便于合理绘制(　　)，可对跑尺员规定基本的跑尺路线。

问题 6-1-18

可以采取多种方式记录地形及地物信息，用连线标点的方式(有时结合丈量标注尺寸)来表示有关联的线状地物，即画草图，画草图时采用图式规定的线型并在(　　)、(　　)、(　　)、(　　)、(　　)……草图的相应位置标明植被类型、材料、楼层数等信息。

问题 6-1-19

相对独立的地物可用文字结合(　　)单独记录，可在草图纸的某一位置集中记录重复出现的一些独立地物如路灯、井盖、电杆(　　)、(　　)、(　　)等。成排或相连的电杆应记录在一起。

问题 6-1-20

测量过程中遇到遮挡问题，司镜员及立尺员应根据目标遮挡情况积极寻求(　　)的办法。立尺员每次立好棱镜后都应注意看一下从棱镜位置是否能直接看到仪器镜头，以确保两者之间相互通视。棱镜面应(　　)镜头方向，随时掌握仪器所在方位。

问题 6-1-21

司镜员应对所使用仪器的数据采集菜单模式了然于胸，不可盲目进行。每一测站进站后，必须进行(　　)，检校通过后再继续采集碎部点。同时应做好该站数据采集(　　)

点和(　　　　)点的记录,以便数据出错后进行查对和纠正。

问题 6-1-22

人员和仪器的安全应放在头等重要的位置,测站应避免设在(　　　　)和人流密集的地方。立尺员和绘图员应注意地面是否有隐秘的(　　　　)、(　　　　)等,如沼气池、苕窖、窨井等。在一些杂草茂密的地方,可用镜杆先探测一下再通过。

任务实施

仪器检查记录表

序号	检查内容	检查结果		备注
		是	否	
1	仪器外观是否完好,有无损坏			
2	仪器键盘按键是否灵活			
3	仪器电池状态是否饱满			
4	仪器照准部分是否清晰			
5	仪器对中部件是否工作状态良好			
6	仪器配套部件(脚架、对中杆)是否正常			
7	脚架螺母是否可固定			
8	棱镜镜面是否完整			

测站点作业记录表

序号	测站点点名	测站点坐标值			备注
		X	Y	Z	
1					
2					
3					
4					
5					
6					
7					

任务活动总结

任务 1 野外数据采集任务完成清单

序号	实施步骤	是否完成	是否存在疑问	是否解决
1	测站的设置			
2	碎部点的判别			
3	碎部点的采集			
学生签名:				
任务完成情况自评:(A、B、C、D、E)				

说明:等级评价为 A、B、C、D、E 五级,在评价的等级符号上画圈

任务 1 野外数据采集任务完成评价单

考核主体	考核内容	考核项目	评分标准	分数	前一个任务平均分	是否进步
教师评价	知识内容	测站的架设	快速进行测站点选择和架设			
		仪器操作	正确使用全站仪进行测站建立			
		碎部点识别	地物碎部点正确分类判别 地貌碎部点正确分类判别			
		外业数据采集	准确进行数据快速采集			
	任务完成	课内项目	完成时效 完成流畅度			
		拓展项目	完成时效 完成流畅度			
	职业素养	仪器设备管护	规范使用仪器 使用后仪器常规清洁、保养			
		劳动安全	正确穿戴工作服和工作鞋 测量大赛规范要求掌握			
组内评价	团队合作	和谐作业 实践参与度				
	领导能力	组内规划能力 方案设计能力				
	担当作用	责任意识培养，团队担当作用				
	学习能力	创新思维能力 分析问题解决问题能力				
自我评价	收获提升					
	有待提高					
	学习感悟					

说明：评价分数为 1、2、3、4、5，5 分为满分

任务 2　内业数据处理

❖ 任务描述

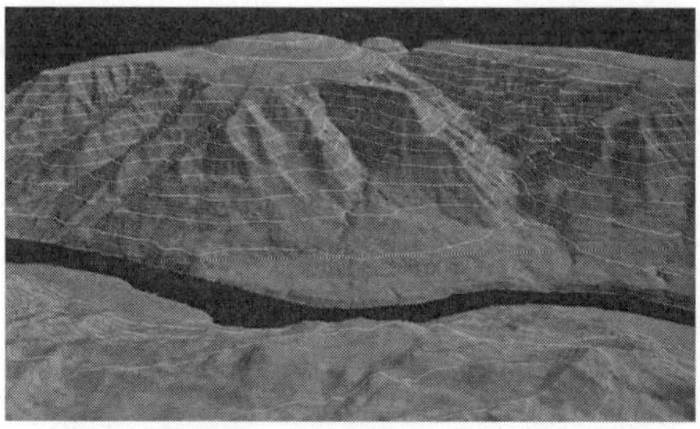

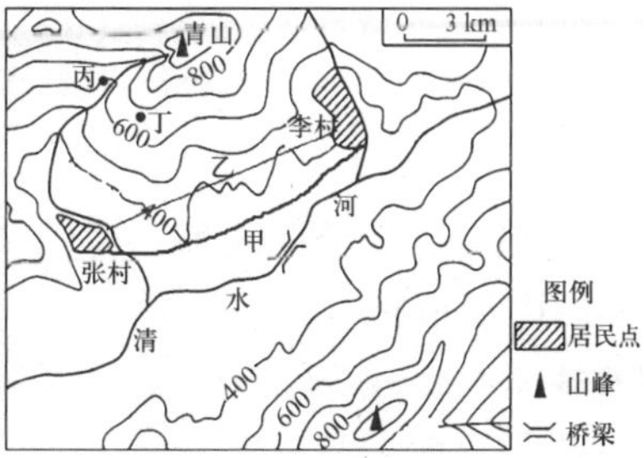

根据外业采集数据，结合采集过程中的数据草图，将测量数据导入到绘图处理软件中，进行展点、连绘、等高线信息处理、图廓信息处理等地形图编辑操作，形成符合要求的标准地形图。

∵ 任务知识准备

1. 比例尺符号、非比例尺符号、半比例尺符号
2. 利用 CASS 进行数据编辑的操作步骤
3. CASS 软件的界面主要功能
4. 展点功能能展的点
5. 坐标定位和点号定位的成图法基本操作
6. 坐标定位和点号定位的优缺点
7. 巧妙地利用屏幕右侧菜单进行地物绘制
8. CASS 属性面板的灵活应用
9. CASS 软件等高线生成过程
10. 地形图图幅要素包含内容
11. 数字化测图的内业处理的内容

∵ 任务步骤分解

步骤 1：数据传输

问题 6-2-1

野外实测数据传输至计算机的方法可以应用数据线、(　　　　　　)、蓝牙等多种方式。数据转存至计算机并生成原始数据文件，并对原始数据进行(　　　　　　)。

问题 6-2-2

数据传输过程中注意文件格式的选择。不同品牌的全站仪数据传输的方式略有差别，注意下载各自型号匹配的(　　　　　　)。

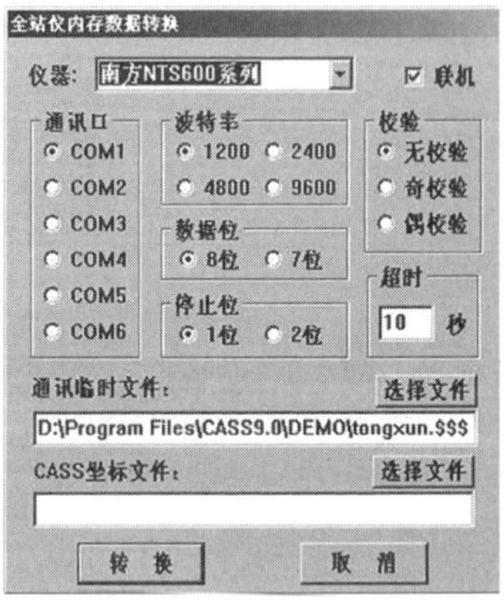

问题 6-2-3

坐标数据文件是 CASS 最基础的数据文件，扩展名是(　　　　)。

步骤 2：图形绘制

问题 6-2-4

CASS 的操作界面主要分：(　　　　　　)、(　　　　　　)、(　　　　　　)、(　　　　　　)。

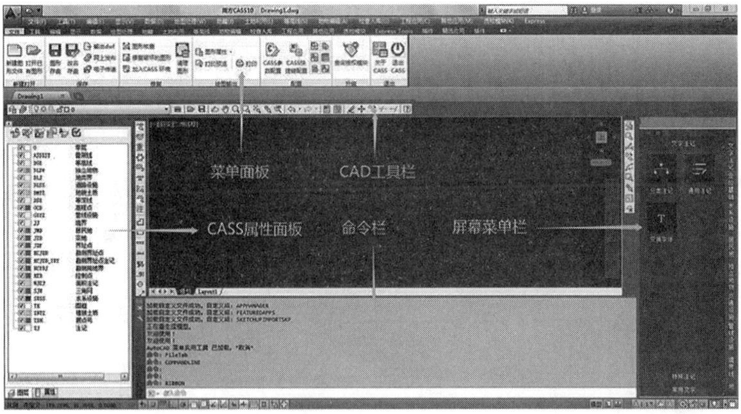

问题 6-2-5

作一幅新图形时，应该通过给定坐标数据文件定出图形的显示区域。或者在之后的作图过程中通过“缩放全图”按钮（命令：　　　　　）实现全图显示。

问题 6-2-6

CASS 根据输入的比例尺调整图形实体，具体为修改（　　　　）的大小、线型的比例，并且会根据骨架线重构复杂实体。有时带线型的线状实体，如陡坎，会显示成一根实线，这并不是图形出错，而只是显示的原因，要想恢复线型的显示，只需输入（　　　　）命令即可。

问题 6-2-7

展高程点过程中，注记的距离即是展点的距离，即任意两高程点间的最小距离，此距离决定了点位（　　　　）。

问题 6-2-8

内业成图的方法主要有“草图法”和“简码法”两种方法。“草图法”在内业工作时，根据作业方式的不同，分为（　　　　）定位、（　　　　）定位和“编码引导”三种方法。

问题 6-2-9

在进行绘图处理之前，应该首先进行展野外测点点号，具体步骤：选择绘图处理菜单下的（　　　　），根据软件提示进行绘图（　　　　）的输入，再根据软件提示进行测量文件的选择。

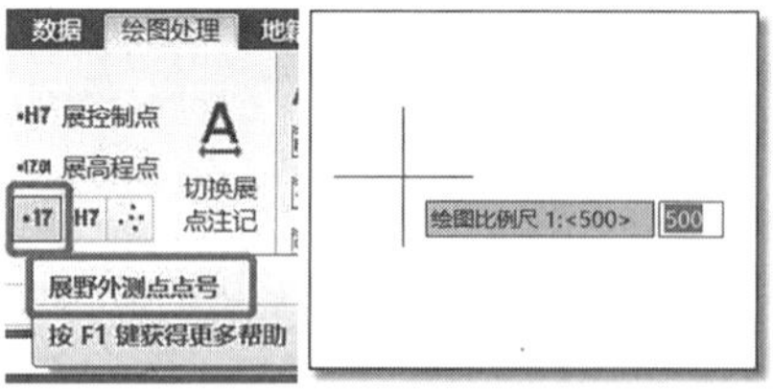

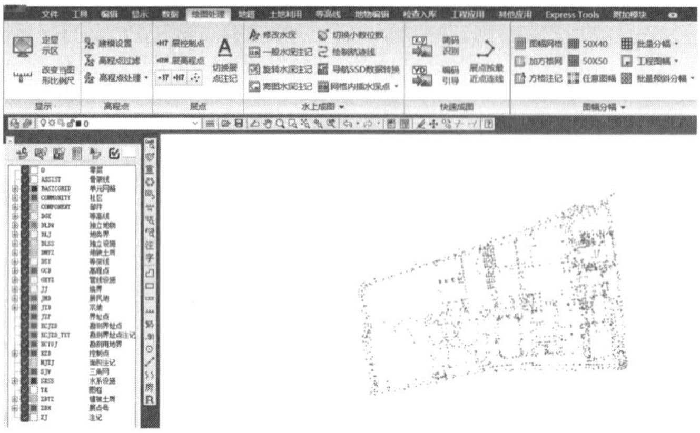

问题 6-2-10

在实际绘图中,可以选择(　　　　)和(　　　　)两种连绘方式,具体可以在屏幕右侧菜单区中进行选择。其中对(　　　　)定位方法,需要根据系统提示进行测量数据的二次导入,具体可根据软件提示,进行操作。

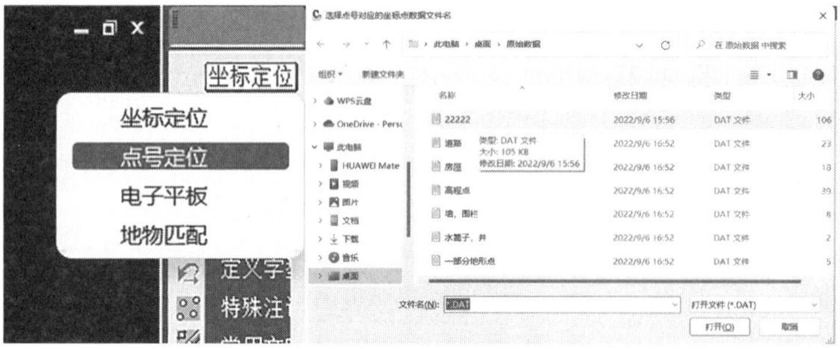

问题 6-2-11

根据野外作业时绘制的(　　　　),移动鼠标至屏幕右侧菜单区选择相应的地形图图式符号,然后在屏幕中将所有的地物绘制出来。系统中所有地形图图式符号都是按照(　　　　)来划分的,例如所有表示测量控制点的符号都放在(　　　　)一层,所有表示独立地物的符号都放在(　　　　)一层,所有表示植被的符号都放在(　　　　)一层。

问题 6-2-12

根据外业草图，选择相应的地图图式符号在屏幕上将平面图绘出来。如图 1 所示，由 33、34、35 号点连成一间普通房屋。移动鼠标至右侧菜单(　　　　)处按左键，系统便弹出如图 2 所示的对话框。再移动鼠标到“四点一般房屋”的图标处按(　　　　)。

具体操作步骤请扫描二维码进行学习。

问题 6-2-12 具体操作文件

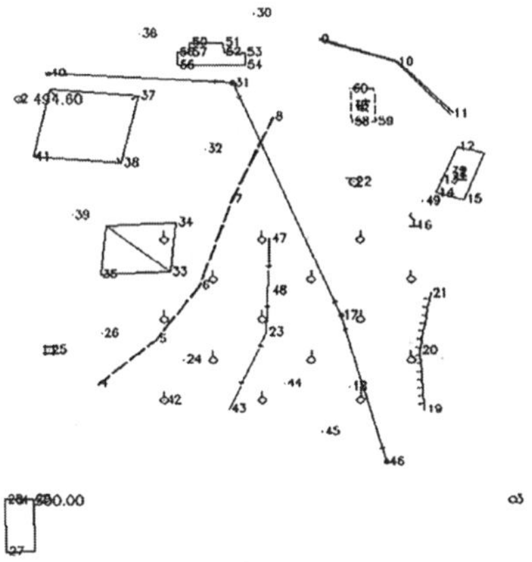

图 1

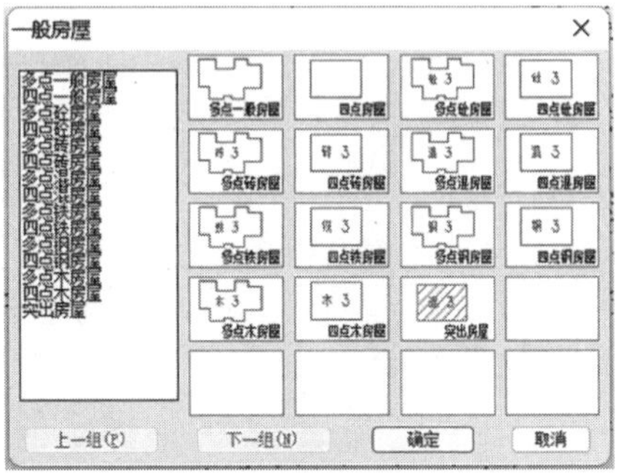

图 2

问题 6-2-13

通过菜单可建立(　　　　)模型，计算并绘制等高线或等深线，自动切除穿过建筑物、陡坎、高程注记的等高线。

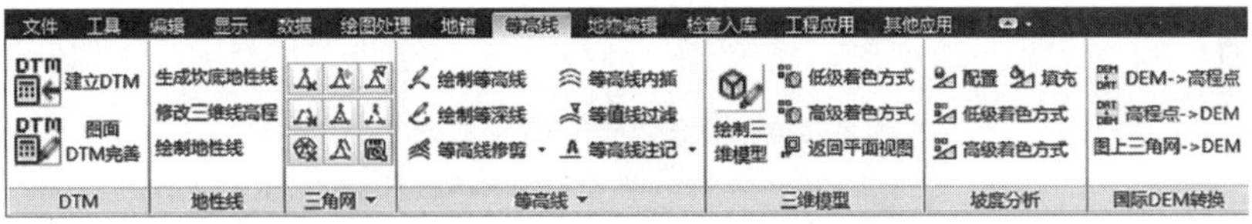

问题 6-2-14

进行等高线绘制过程的具体步骤是：1.(　　　　　　　　　　)；2.(　　　　　　　　　　)；3.(　　　　　　　　　　)；4.(　　　　　　　　　　)…

▶ 步骤 3：整饰输出

问题 6-2-15

地形图整饰包括(　　　　)和(　　　　)。整饰的次序是先图内后(　　　　)，图内应先注记后(　　　　)，先地物后地貌，并按规定的图式进行整饰。各种文字、数字注记均应字头向(　　　　)，以规定大小标注；等高线计曲线应进行(　　　　)，应在等高线稀疏位置或有必要清楚标注位置，字头朝向(　　　　)处，与等高线中间平行注记(注记位置处等高线可断开)。

问题 6-2-16

按图式规定进行内外图廓的整饰。应画出(　　　　)、坐标网线、(　　　　)。并按规定位置和大小注记图名、图号，测图采用的(　　　　)和(　　　　)，基本等高距，测图比例尺，测绘机关名称，测绘日期，测量员、绘图员、检查员的姓名等。

问题 6-2-17

把图形分幅时所保存的图形打开，选择"文件"的"打开已有图形…"项，在对话框中输入文件名，确认后图形即被打开，选择(　　　　)中"标准图幅(50 cm×50 cm)"项显示如图所示的对话框。输入图幅的(　　　　)、(　　　　)、批注，在左下角坐标的"东""北"栏内输入相应坐标，例如此处输入 40000，30000，回车。在"删除图框外实体"前打勾则可删除(　　　　)，按实际要求选择。

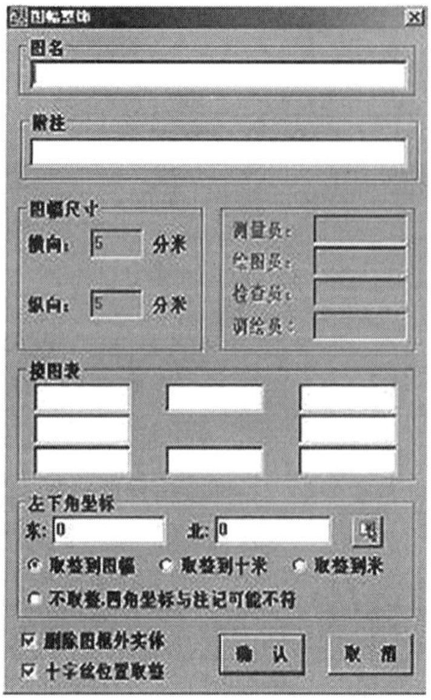

❖ 任务实施

软件检查记录表

序号	检查内容	检查结果		备注
		是	否	
1	电脑内存是否够用			
2	电脑操作系统是否卡顿			
3	外接设备如键盘、鼠标是否灵活			
4	传输接口是否可用			
5	软件版本是否为最新版			
6	配套 CAD 版本是否合理			
7	导入数据是否完整			

❖ 任务活动总结

任务 2 内业数据处理任务完成清单

序号	实施步骤	是否完成	是否存在疑问	是否解决
1	数据传输			
2	图形绘制			
3	整饰输出			
学生签名:				
任务完成情况自评:(A、B、C、D、E)				

说明:等级评价为 A、B、C、D、E 五级,在评价的等级符号上画圈

任务 2 内业数据处理任务完成评价单

考核主体	考核内容	考核项目	评分标准	分数	前一个任务平均分	是否进步
教师评价	知识内容	数据传输	选择高效的数据传输方法			
		图形绘制	地物信息展点快速、准确 地貌信息展绘准确			
		等高线绘制	绘制快速 等高线修饰			
		图幅整饰	图幅内容完整、准确			
	任务完成	课内项目	完成时效 完成流畅度			
		拓展项目	完成时效 完成流畅度			
	职业素养	数据安全	规范管理测量数据 机房使用后进行维护和打扫			
		劳动安全	正确穿戴工作服和工作鞋 测量大赛规范要求掌握			

续表

考核主体	考核内容	考核项目	评分标准	分数	前一个任务平均分	是否进步
组内评价	团队合作	和谐作业 作业参与度				
	领导能力	组内规划能力 方案设计能力				
	担当作用	责任意识培养,团队担当作用				
	学习能力	创新思维能力 分析问题解决问题能力				
自我评价	收获提升					
	有待提高					
	学习感悟					

说明:评价分数为1、2、3、4、5,5分为满分

第二部分　知识手册

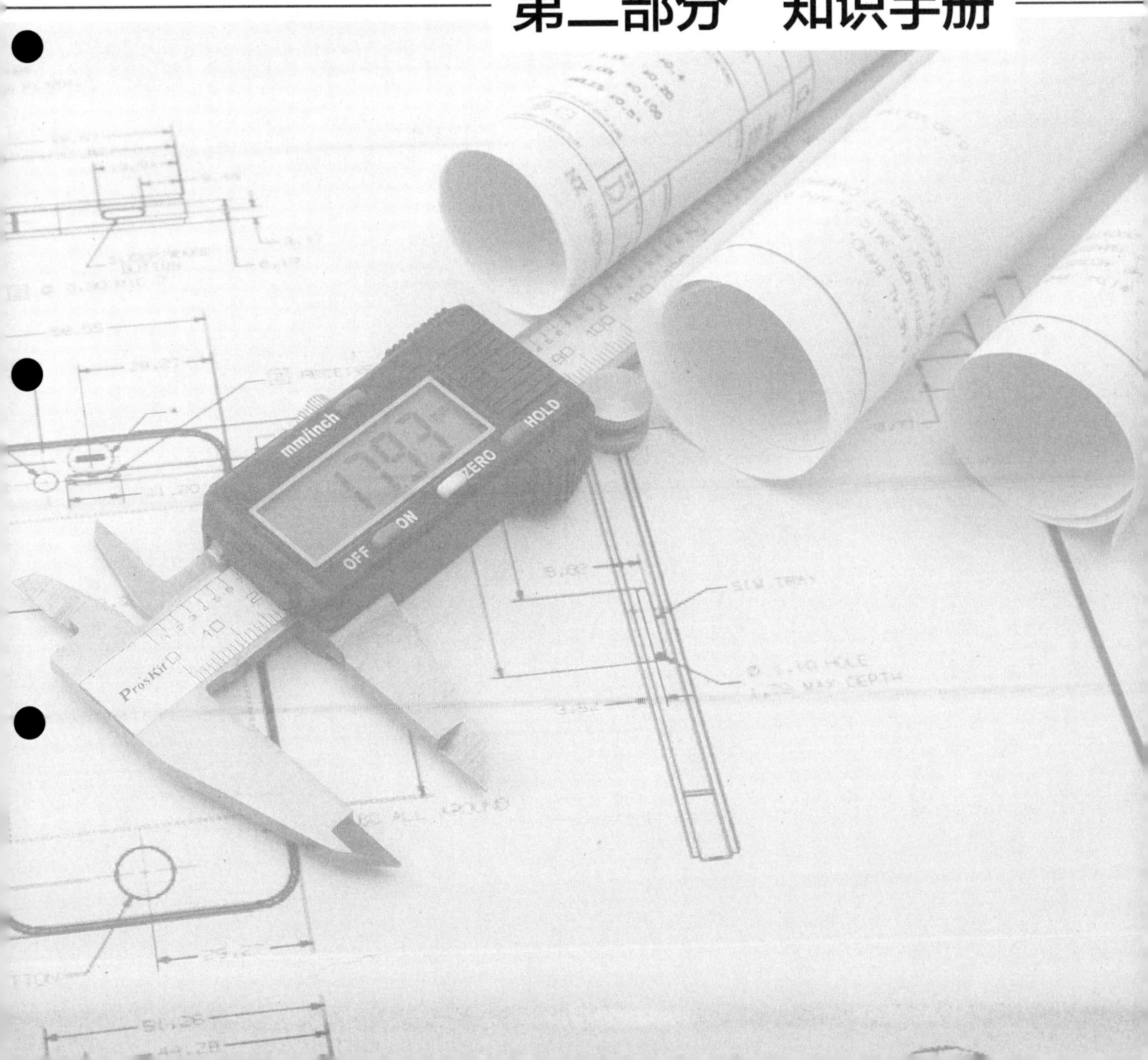

项目一　高程测量

知识点1　测量学任务及作用

知识结构线划图

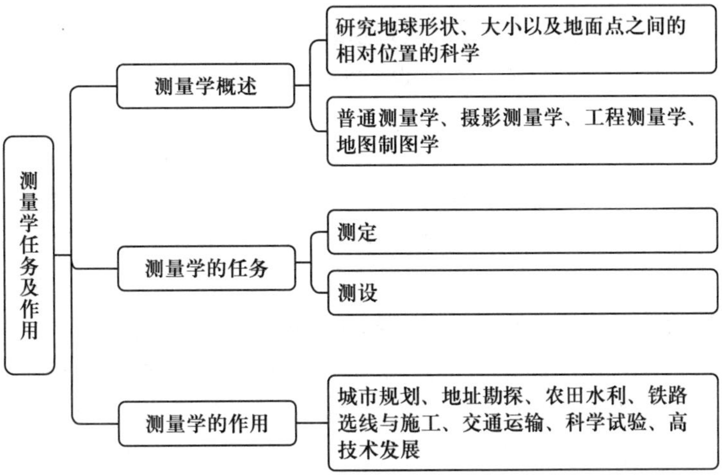

要点1　测量学概述

测量学是测绘科学的重要组成部分，是研究地球的形状和大小以及确定地球表面(含空间、地表、地下和海洋)物体的空间位置，并对这些空间位置信息进行处理、储存、管理的科学。

测绘科学是人类各种活动及各类工程建设的"眼睛"和"指南针"，按研究范围和对象及采用技术的不同，测量学可以分为以下多个学科。

1. 大地测量学

大地测量学是研究和确定地球的形状、大小、重力场、整体与局部运动和地表面点的几何位置及其变化的理论和技术的学科。

2. 摄影测量与遥感学

摄影测量与遥感学是研究利用电磁波传感器获取目标物的影像数据，从中提取语义和非语义信息，并用图形、图象和数字形式表达的一门学科。

3. 地图制图学

地图制图学是研究模拟和数字地图的基础理论、设计、编绘、复制的技术方法以及应用的学科。

4. 工程测量学

工程测量学是研究工程建设和自然资源开发中，在规划、勘测设计、施工和运营管理各个阶段进行的控制测量、大比例尺地形测绘、地籍测绘、施工放样、设备安装、变形监测及分析与预报等理论和技术的学科。

5. 海洋测绘学

海洋测绘学是以海洋水体和海底为对象，研究海洋定位、测定海洋大地水准面和平均海面、海底和海面地形、海洋重力、海洋磁力、海洋环境等自然和社会信息的地理分布，及编制各种海图的理论和技术的学科。

要点 2　测量学的任务

测量学的任务有两个：测定和测设。利用测量仪器和工具，通过测量地面点的有关数据，按一定的方法将地表形态及其信息绘制成图，这项工作称为地形图测绘，简称测定或测图。利用测量仪器和工具，将在图纸上设计好的建筑物或构筑物的位置在地面上标定出来，这项工作称为施工放样，简称测设。可见，测定与测设的工作过程是相反的。

要点 3　测量学的作用

测绘科学技术的应用范围非常广阔，测绘科学技术在国民经济建设、国防建设以及科学研究等领域，都占有重要的地位，对国家可持续发展发挥着越来越重要的作用。

测绘工作常被人们称为建设的尖兵，不论是国民经济建设还是国防建设，其勘测、设计、施工、竣工及运营等阶段都需要测绘工作，而且都要求测绘工作“先行”。

(1)在国民经济建设方面，测绘信息是国民经济和社会发展规划中最重要的基础信息之一。测绘工作为国土资源开发利用，工程设计和施工，城市建设、工业、农业、交通、水利、林业、通信、地矿等部门的规划和管理提供地形图和测绘资料。土地利用和土壤改良、地籍管理、环境保护、旅游开发等等都需要测绘工作，需要应用测绘工作成果。

(2)在国防建设方面，测绘工作为打赢现代化战争提供测绘保障。各种国防工程的规划、设计和施工需要测绘工作，战略部署、战役指挥离不开地形图，现代测绘科学技术对保障远程导弹、人造卫星或航天器的发射及精确入轨起着非常重要的作用，现代军事科学技术与现代测绘科学技术已经紧密结合在一起。

(3)在科学研究方面，诸如航天技术、地壳形变、地震预报、气象预报、滑坡监测、灾害预测和防治、环境保护、资源调查以及其他科学研究中，都要应用测绘科学技术，需要测绘工作的配合。地理信息系统(GIS)、数字城市、数字中国、数字地球的建设，都需要现代测绘科学技术提供基础数据信息。

近十几年来，随着空间科学、信息科学的飞速发展，全球卫星定位技术(GNSS)、遥感(RS)、地理信息系统(GIS)技术已成为当前测绘工作的核心技术。计算机和网络通信技术的普遍采用，测绘领域早已从陆地扩展到海洋、空间，由地球表面延伸到地球内部；测绘技术体系从模拟转向数字、从地面转向空间、从静态转向动态，并进一步向网络化和智能化方向发展；测绘成果已从三维发展到四维、从静态到动态。随着新的理论、方法、仪器和

视频 1　RTK 技术

技术手段不断涌现及国际间测绘学术交流合作日益密切，我国的测绘事业必将取得更多更大的成就。每个测绘工作者有责任兢兢业业，不避艰辛，努力当好国民经济建设的尖兵，为我国的经济建设和社会发展多做贡献。

【测绘史话】

测绘是一门有着古老历史的科学①

测量与制图这门科学，在科学技术界可算得上是“老资格”了。远在六千多年以前，埃及人为了治理尼罗河，与自然灾害做斗争时就应用了测量技术。据记载，尼罗河每年定期泛滥一次，河流两岸的土地界址被冲刷掉了，怎样重新划分地界就成了一个大问题。当时人们借用河边的高地作为标记，测量出各家农民原有土地的界址，这就产生了许多不识字的“测量学家”。积年累月，测量技术就在生产实践中得到了发展。

无疑，测量技术起源于生产实践。在我国，应用测量技术与制图技术也有数千年的历史了。更早的情况，由于“书契未兴”，无史可证。在四千多年前，黄河两岸居住着夏部落，他们已懂得天文历法知识。传说在尧帝的时候，天下洪水成灾，尧请鲧治水，大概这个鲧缺乏治水本领（恐怕也不懂得测量），九年都没成绩。尧把鲧杀了，任用鲧的儿子禹治水。这个禹治水十三年，取得了显著成效。司马迁《史记·夏本纪》记载：“（禹）陆行乘车，水行乘舟，泥行乘橇，山行乘撵，左准绳，右规矩，载四行，以开九州，通九道。”司马迁在这里把禹带领测量队治水的事描写得多么生动具体！你看，禹带着测量队员，肩扛测量仪器，准、绳、规、矩样样具备。他们有时在陆地坐车行进，有时在水上乘船破浪，有时在泥泞的沼泽地里坐着木橇，蠕蠕慢行，有时穿着带铁钉的鞋登山（“山行乘撵”，撵，一作梮音ju），是用铁制的一种锥头，长约半寸，安装在鞋底下，爬山不至磋跌。又《中华全史演义》写作“山行乘辇”，即把“撵”写作“辇”。《说文》段玉裁注，辇，“谓人挽以行之车也”，大概是指王室用的人拉的一种车子。由此可见，禹从事的测量工作是极其艰难困苦的。据史料记载，禹治水“相地势之高下，定疏凿宣泄之法”，这个“相”就是察看，或者叫踏勘，并且包括了大规模的测量、制图工作，这便是禹治水“定疏凿宣泄之法”的依据。所以说：没有测量技术，没有测量仪器，没有一支精悍的测量队伍进行艰苦卓绝的工作，禹要在十三年内尽治九州之水，完成“开九州、通九道”的任务是根本不可能的。

我国劳动人民深受洪水之害，所以，几千年都崇敬为人民治水的禹，并且创作了许多美好的传说故事，表示对这位“神”的怀念。

我们把埃及人治水的故事和禹治水的故事联系起来看，其共同特点都是在古代治水中使用测量技术，可见，测量是一门有着极其古老历史的科学了。

① 摘自《中国古代测绘史话》

知识点 2　地面点位的确定

知识结构线划图

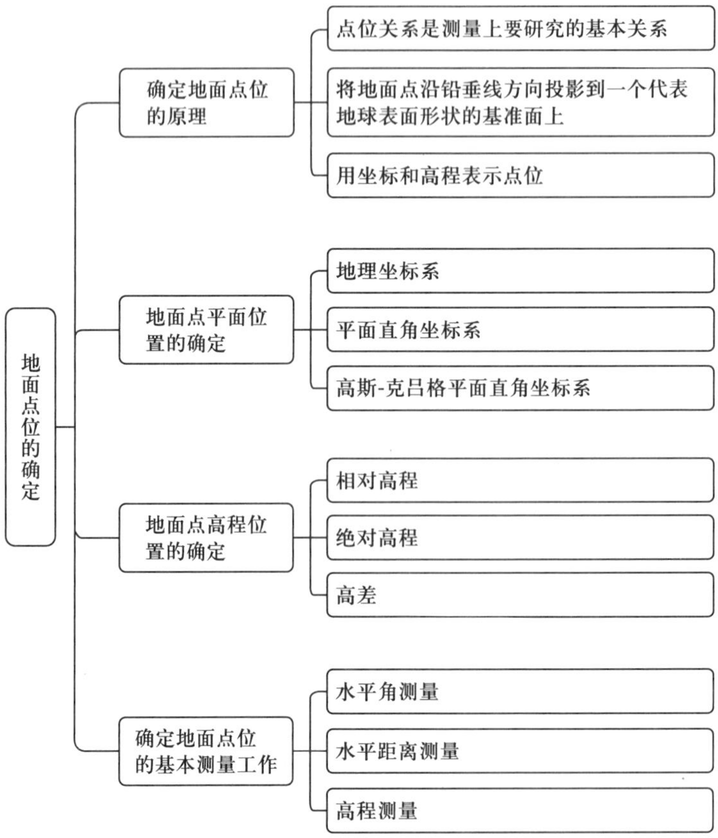

要点 1　确定地面点位的原理

1. 地球的物理形状

由于地球表面上陆地仅占 29%，而海洋却占 71%，所以我们可以将地球总的形状看作是一个被海水包围的球体。如图 1-2-1 所示：设想由静止的海水面延伸进大陆和岛屿后包围整个地球的连续表面，称为水准面。由于海水时高时低，故水准面有无数个，其中与静止的平均海水面重合的闭合曲面叫大地水准面。大地水准面只有一个，大地水准面是测量工作的基准面。与之正交的铅垂线(即重力线)是野外观测的基准线。大地水准面所包围的地球形体，称为大地体。

因为大地水准面是不可能准确建立的，只能建立一个接近于它的替代品，这个替代品就是国家水准面。国家水准面，就是符合国家基本地理特征和需求的水准面，具有国家唯一性，国家水准面是一个国家统一的高程起算面。我国目前采用的高程基准是 1985 国家高程基准，是

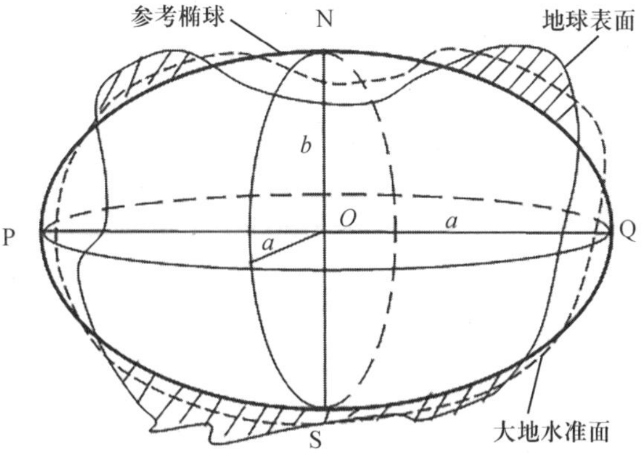

图 1-2-1 参考椭球面

利用青岛大港验潮站 1952—1979 年的观测资料所计算的黄海平均海水面，作为全国高程的统一起算面，水准原点的高程是 72.260 m。

2. 地球的数学形状

长期测量数据表明，大地体近似于一个以赤道半径为长半轴，以地轴为短轴的椭圆，以短轴为旋转轴，旋转形成椭球体，所以测绘工作便取大小与大地体很接近的旋转椭球作为地球的参考形状和大小，如图 1-2-2 所示。

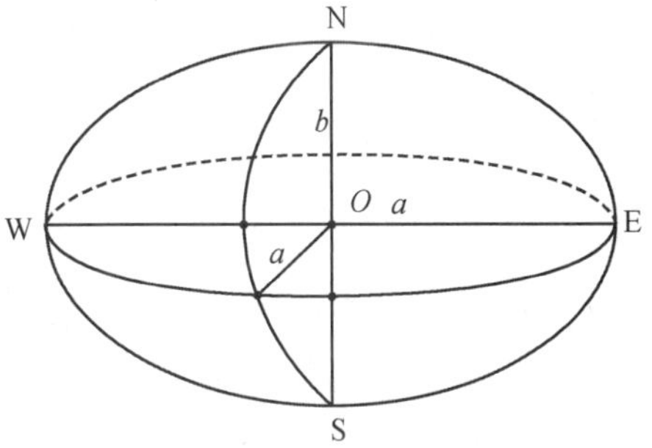

图 1-2-2 地球椭球体

1954 年我国决定采用的国家大地坐标系，实质上是以苏联普尔科沃（现俄罗斯境内）为原点、以克拉索夫斯基参数为椭球参数的坐标系的延伸，称为 1954 年北京坐标系。目前，采用的 1980 西安坐标系，是以 1975 国际大地测量与地球物理联合会（IUGG）推荐的参数为椭球参数，其坐标原点在陕西省泾阳县永乐镇，称为国家大地原点。旋转椭球体的参数值为：

长半径 $a=6\ 378\ 140$ m

短半径 $b=6\ 356\ 755$ m

$$扁率\ \alpha=\frac{a-b}{a}=1:298.257$$

由于旋转椭球的扁率很小，在地形测量技术的范围内可将均半径 R 按下式计算：

$$R=\frac{1}{3}(2a+b) \tag{1-2-1}$$

在测量精度要求不高时，其近似值为 6 371 km。

经国务院批准，根据《中华人民共和国测绘法》，我国自 2008 年 7 月 1 日起启用 2000 国家大地坐标系（简称 2000 坐标系）。

要点 2　地面点平面位置的确定

1. 地理坐标系

当我们研究大区域或者整个地球的时候，地面点在地球椭球体面上的投影位置通常是用地理坐标系中的经度和纬度来表示的。某点的经度和纬度称为该点地理坐标(图 1-2-3)。图 1-2-3 中，PP_1 为地球的自转轴，称为地轴；地球的中心 O 称为球心；地轴与地球表面的交点 P、P_1，分别成为北极与南极；垂直于地轴的平面与地球表面的交线称为赤道；通过地轴与地面上任意一点 A 的平面 $PAKP_1$，称为 A 点的子午面，该面与地球表面的交线称为子午线又称经线；国际上规定通过英国格林尼治天文台的子午面为首子午面，以首子午面作为计算经度的起始面。

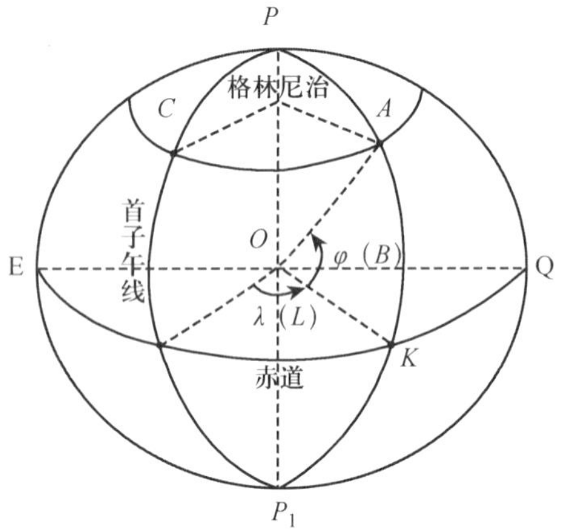

图 1-2-3　地理坐标

A 点的经度是该点的子午面与首子午面所构成的二面角，以 λ 表示；经度由首子午面起向东、向西度量，各由 0°～180°，在首子午面以东称为东经，以西称为西经。A 点的纬度是通过该点的铅垂线与赤道面之间的夹角，以 ϕ 表示；纬度以赤道平面为基准向北、向南度量，各由 0°～90°，在赤道平面以北称为北纬，以南称为南纬。例如：北京某点的地理坐标(λ,ϕ)为东经 116°23′，北纬 39°54′。

以上说的经纬度是用天文方法观测得到的，所以又称为天文经纬度或者天文地理坐标。另外，还有一种以地球椭球面为基准面，以通过地面点的地球椭球法线与赤道面的交角确定纬度的球面坐标称为大地地理坐标，简称大地坐标。地面点的大地地理坐标用大地经度 L 和大地纬度 B 来表示。

大地经度和纬度是根据大地原点的起算数据，再按照大地测量得到的数据推算而得到的。我国曾采用 1954 年北京坐标系，并于 1987 年废止，现以陕西省泾阳县永乐镇某点为国家大地原点，由此建立新的统一坐标系，称为 1980 年国家大地坐标系。

2. 平面直角坐标系

在小区域内进行测量时，用经纬度表示点的平面位置不方便，但如果把局部椭球面看作一个水平面，在这样的水平面上建立起平面直角坐标系，则点的平面位置就可用该点在平面直角坐标系中的直角坐标(x,y)来表示。

在测量学中，平面直角坐标系的安排与数学中常用的笛卡儿坐标系不同，它以南北方向为 x 轴，向北为正；而以东西方向为 y 轴，向东为正。象限顺序按顺时针方向计，如图 1-2-4 所示。这种安排与笛卡儿坐标系的坐标轴和象限顺序正好相反。这是因为在测量中南北方向是最重要的基本方向，直线的方向也都是从正北方向开始按顺时针方向计量的，但这种改变并不影响三角函数的应用。

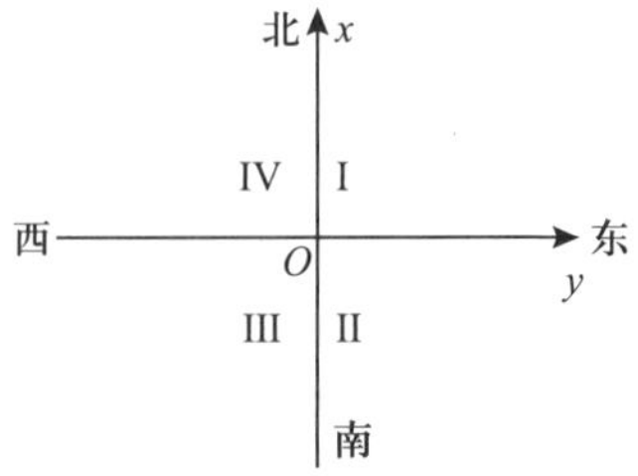

图 1-2-4　平面直角坐标系

3. 高斯-克吕格平面直角坐标系

当测区的范围较大时，由于存在较大的差异，就不能把水准面直接当作水平面了。此时需要把地球椭球面上的图形绘到平面上来，这样必然会产生变形，而工程设计与计算一般也是在平面上进行的。因此，应将地面点投影到椭球面上，再按一定的条件投影到平面上，形成统一的平面直角坐标系。

(1)高斯投影的概念

我国现采用的是高斯-克吕格投影的方法。它是由德国测量学家高斯于 1825—1830 年首先提出来的，1912 年由德国测量学家克吕格推导出实用的坐标投影公式。如图 1-2-5 所示，将地球视为一个圆球，设想用一个横圆柱体套在地球外面，并使横圆柱的轴心通过地球的中心，让圆柱面与圆球面上的某一子午线(该子午线称为中央子午线)相切，然后按照一定的数学法则，将中央子午线东西两侧球面上的图形投影到圆柱面上，再将圆柱面沿其母线剪开，展成平面，这个平面称为高斯投影面，如图 1-2-6 所示。

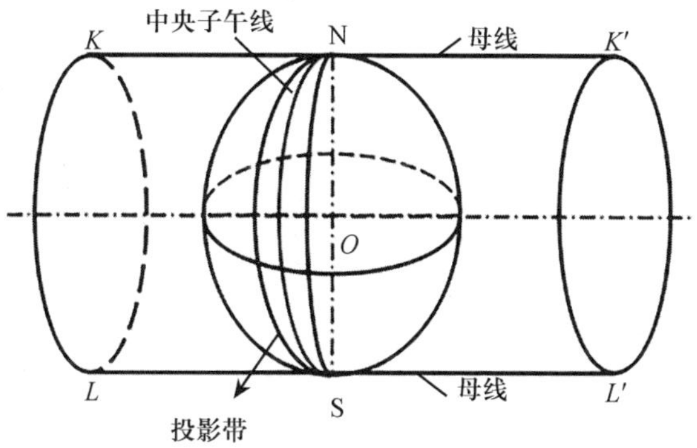

图 1-2-5 高斯投影原理

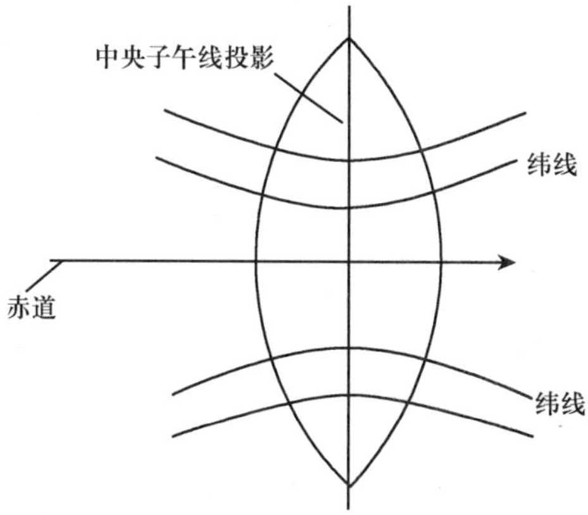

图 1-2-6 高斯投影面

高斯投影法的规律有以下 4 个特点：

中央子午线的投影为一条直线，且投影之后的长度无变形；其余子午线的投影均为凹向中央子午线的曲线，且以中央子午线为对称轴，离对称轴越远，其长度变形也就越大。赤道的投影为直线，其余纬线的投影为凸向赤道的曲线，并以赤道为对称轴。经纬线投影后仍保持相互正交的关系，即投影后无角度变形。中央子午线和赤道的投影互相垂直。

(2)投影带的划分

高斯投影中，除了中央子午线外，其他各点都发生了长度变形，离开中央子午线越远，其长度投影变形就越大。为了控制长度变形，将地球椭球面按一定的经度差分成若干个范围不大的瓜瓣形地带，称为投影带。如图 1-2-7 所示，投影带从首子午线起，每 6°经差划为一带，称为 6°带，自西向东将整个地球划分为经差相等的 60 带，带号依次为 1，2，3，4，…，60，位于各带中央的子午线称为各带的中央子午线(或称轴子午线)，第一个 6°带的中央子午线是东经 3°。

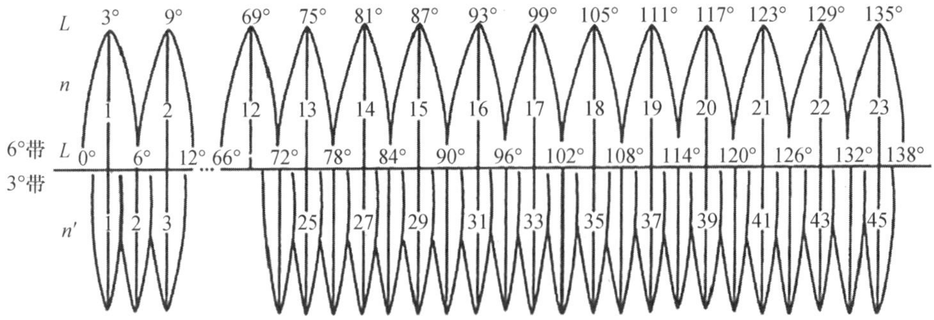

图 1-2-7　高斯投影分带

6°带中任意带的中央子午线经度 L 为

$$L=6N-3 \tag{1-2-2}$$

式中，N 为 6°投影带的带号。

3°带是在 6°带的基础上分成的，它是从东经 1.5°子午线起，每隔经差 3°自西向东将整个地球分成 120 个投影带，应 1～120 依次编号。

3°带中任意带的中央子午线经度 L' 为

$$L'=3n \tag{1-2-3}$$

式中，n 为 3°投影带的带号。

如已知某点的经度，则该点所在 6°带的带号以及 3°带的带号分别为：

$$N=\mathrm{int}\,\frac{L}{6^\circ}+1 \tag{1-2-4}$$

$$N=\mathrm{int}\,\frac{L'-1.5^\circ}{3^\circ}+1 \tag{1-2-5}$$

式中，int 取整。

我国的经度范围是西起 73°，东至 135°，可分为 6°带，最西的一带为 13 带，最东的一带为 23 带，共 11 带；3°带是从第 24 带到 45 带，共 22 带。

当然为了满足大比例尺测图的需要，也可划分任意带。

要点 3　地面点高程位置的确定

地面点到高度起算面的垂直距离称为高程。高度起算面又称高程基准面。选用不同的面作高程基准面，可得到不同的高程系统。在一般测量工作中是以大地水准面作为高程基准面。

视频 2　高程的概念

1. 绝对高程

地面上某点到大地水准面的铅垂距离，称为该点的绝对高程，又称海拔，用 H 表示，如图 1-2-8 所示。

A、B 两点的绝对高程为 H_A、H_B。由于受海潮、风浪等影响，海水面的高低时刻在变化，国家高程系统的建立通常是在海边设立验潮站，经过长期观测推算出平均海水面的高度，并以此为基准在陆地上设立稳定的国家水准原点。我国曾采用青岛验潮站1950—1956年观测资料推算黄海平均海水面作为高程基准面，称为“1956年黄海高程系”，并在青岛观象山的一个山洞里建立了国家水准原点，其高程为72.289 m。由于验潮资料不足等原因，我国自1987年启用“1985年国家高程基准”。这是采用青岛大港验潮站1952—1979年的潮汐观测资料计算的平均海水面，依此推算的国家水准原点高程为72.260 m。在使用测量资料时，一定要注意新旧高程系以及系统间的正确换算。

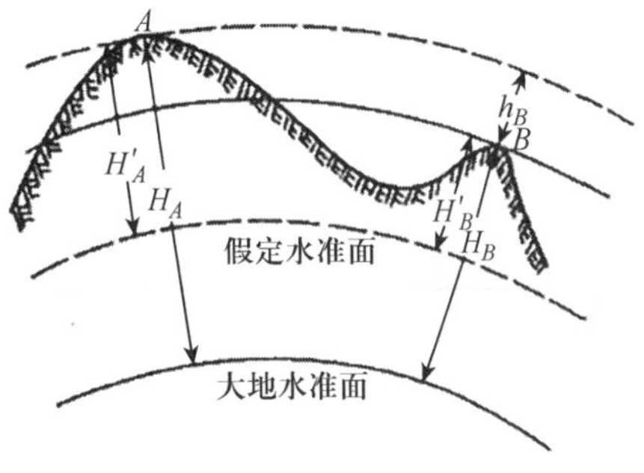

图1-2-8 高程和高差

2. 相对高程

地面上某点到任意水准面的铅垂距离，称为该点的假定高程或相对高程。如图1-2-8所示，A、B两点的相对高程分别为H'_A、H'_B。

3. 高差

两点的高程之差称为高差，用h表示。图1-2-8中A、B两点的高差为

$$h_{AB}=H_B-H_A=H'_B-H'_A \tag{1-2-6}$$

视频3 绝对高程、相对高程、高差

要点4 地面点位的基本测量工作

1. 测量的基本工作

测量工作的基本目的是确定地面点的空间位置。地面点的空间位置通常用坐标和高程表示，而坐标和高程是通过测定待定点相对已知点之间的距离、角度和高程(高差)，经过计算获得。距离、角度和高程称为确定地面点位的基本定位元素。所以，测量的基本工作包括水平距离测量、水平角度测量和高程测量。

2. 测量工作的基本原则

为保证测量成果满足精度要求，测量工作必须遵循一定的基本原则：“由整体到局部，先控制后碎部，由高级到低级，步步有校核”。这一原则是针对控制布局、工作次序、精度要求、测量过程而言的，可全面地指导整个测绘工作。

遵循测量工作的基本原则，既可以保证测区控制的整体精度，杜绝错误，又防止测量误差积累而保证碎部测量的精度。另外，在完成整体控制测量后，把整个测区划分成若干局部，各个局部可以同时展开测图工作，从而加速工作进度，提高作业效率。

【拓展知识】

用水平面代替水准面的限度。

当测区范围较小时，可以把水准面看作水平面。探讨用水平面代替水准面对距离、角度和高差的影响，以便给出限制水平面代替水准面的限度。

1. 对距离的影响

如图1-2-9所示，地面上A、B两点在大地水准面上的投影点是a、b，用过a点的水平面代替大地水准面，则B点在水平面上的投影为b'。

设ab的弧长为D，ab'的长度为D'，球面半径为R，D所对圆心角为θ，则以水平长度D'

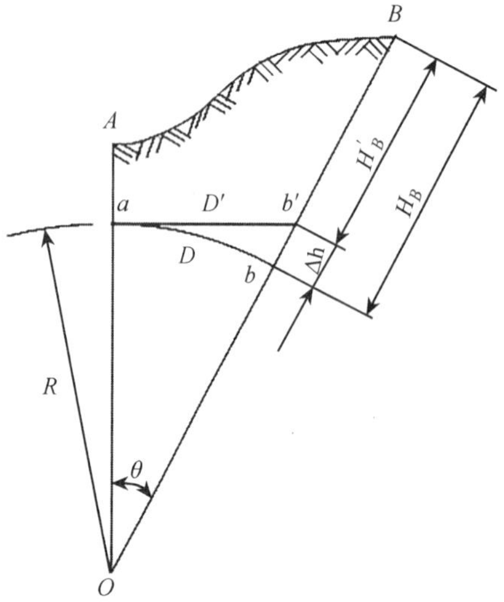

图 1-2-9　用水平面代替水准面对距离和高程的影响

代替弧长 D 所产生的误差 ΔD 为：

$$\Delta D = D' - D = R\tan\theta - R\theta = R(\tan\theta - \theta) \tag{1-2-7}$$

将 $\tan\theta$ 用级数展开为：

$$\tan\theta = \theta + \frac{1}{3}\theta^3 + \frac{5}{12}\theta^5 + \cdots \tag{1-2-8}$$

因为 θ 角很小，所以只取前两项代入式(1-2-8)得：

$$\Delta D = R\left(\theta + \frac{1}{3}\theta^3 - \theta\right) = \frac{1}{3}R\theta^3 \tag{1-2-9}$$

又因 $\theta = \frac{D}{R}$，则

$$\Delta D = \frac{D^3}{3R^2} \tag{1-2-10}$$

$$\frac{\Delta D}{D} = \frac{D^2}{3R^2} \tag{1-2-11}$$

取地球半径 $R=6\ 371$ km，并以不同的距离 D 值代入式(1-2-10)和式(1-2-11)，则可求出距离误差 ΔD 和相对误差 $\Delta D/D$，如表 1-2-1 所示。

表 1-2-1　水平面代替水准面的距离误差和相对误差

距离 D/km	距离误差 ΔD/mm	相对误差 $\Delta D/D$
10	8	1∶1 220 000
20	128	1∶200 000
50	1 026	1∶49 000
100	8 212	1∶12 000

结论：在半径为 10 km 的范围内，进行距离测量时，可以用水平面代替水准面，而不必考虑地球曲率对距离的影响。

2. 对水平角的影响

从球面三角学可知，同一空间多边形在球面上投影的各内角和，比在平面上投影的各内角和大一个球面角超值 ε。

$$\varepsilon=\rho\frac{P}{R^2} \tag{1-2-12}$$

式中　ε——球面角超值（″）；

P——球面多边形的面积（km^2）；

R——地球半径（km）；

ρ——一弧度的秒值，$\rho=206\ 265''$。

以不同的面积 P 代入式（1-2-12），可求出球面角超值，如表 1-2-2 所示。

表 1-2-2　水平面代替水准面的水平角误差

球面多边形面积 P/km^2	球面角超值 ε/（″）
10	0.05
50	0.25
100	0.51
300	1.52

结论：当面积 P 为 100 km^2 时，进行水平角测量时，可以用水平面代替水准面，而不必考虑地球曲率对距离的影响。

【测绘史话】

1985 国家高程基准的由来

新中国成立后的 1956 年，我国根据基本验潮站应具备的条件，认为青岛验潮站位置适中，地处我国海岸线的中部，而且青岛验潮站所在港口是有代表性的规律性半日潮港，又避开了江河入海口，外海海面开阔，无密集岛屿和浅滩，海底平坦，水深在 10 m 以上等有利条件。因此，在 1957 年确定青岛验潮站为我国基本验潮站，验潮井建在地质结构稳定的花岗石基岩上，以该站 1950 年至 1956 年 7 年间的潮汐资料推求的平均海水面作为我国的高程基准面。以此高程基准面作为我国统一起算面的高程系统，名谓“1956 黄海高程系统”。

“1956 黄海高程系统”的高程基准面的确立，对统一全国高程有其重要的历史意义，对国防和经济建设、科学研究等方面都起了重要的作用。但从潮汐变化周期来看，确立“1956 黄海高程系统”的平均海水面所采用的验潮资料时间较短，还不到潮汐变化的一个周期（一个周期一般为 18.61 年），同时又发现验潮资料中含有粗差，因此有必要重新确定新的国家高程基准。新的国家高程基准面是根据青岛验潮站 1952—1979 年 27 年间的验潮资料计算确定，根据这个高程基准面作为全国高程的统一起算面，称为“1985 国家高程基准”。图 1-2-10 是国家水准零点。

图 1-2-10　国家水准零点

知识点 3　测量误差的基本知识

知识结构线划图

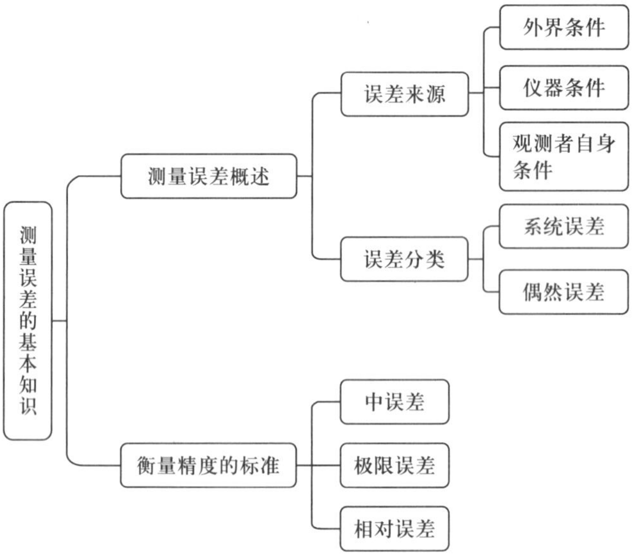

要点 1　测量误差概述

1. 误差来源

在实际测量中，对某一未知量进行多次观测时，无论使用的测量仪器多么精密，也无论观测者多么细心，其结果总是存在差异。例如对一段距离进行多次观测，会发现每次测量的结果通常都不一致。但是只要不出现错误，每次的观测结果是非常接近的，他们的值与所观测量的

真值相差无几。我们把观测值与其真值或应有值之间的差异称为观测误差，也称真误差。即

真误差＝观测值－真值

一般来说，误差是不可避免的。我们通过研究观测误差的来源及其规律，可以采取各种措施来减小误差。误差产生的原因很多，但任何测量都是由人操作仪器或工具在一定条件下进行的。因此测量误差的产生可归纳为以下三方面：

(1)外界条件

主要指观测环境中气温、气压、空气湿度和清晰度、风力以及大气折光等因素的不断变化，导致测量结果中带有误差。

(2)仪器条件

仪器在加工和装配等工艺过程中，不能保证仪器的结构能满足各种几何关系，这样的仪器必然会给测量带来误差。

(3)观测者的自身条件

由于观测者感官鉴别能力所限以及技术熟练程度不同，也会在仪器对中、整平和瞄准等方面产生误差。

2. 误差分类

根据性质不同，测量误差可分为系统误差、偶然误差和粗差。因此，测量误差可认为是这三类误差的综合。

(1)系统误差

在一定的观测条件下进行系列观测时，符号和大小保持不变或按一定规律变化的误差，称为系统误差。系统误差对观测结果危害很大，由于误差具有规律性，常常具有累积作用，严重影响测量成果的精确度，因此应设法将它消除或减弱。一种办法是在观测方法和观测程序上采用必要的措施，限制或削弱系统误差的影响；另一种办法是寻找产生系统误差的原因和规律，对观测值进行改正。

(2)偶然误差

在一定的观测条件下进行系列观测，如果误差的大小和符号均呈现偶然性(随机性)，即从表象看没有规律性，这样的误差称为偶然误差，也称为随机误差。偶然误差影响测量成果的精密度，简称精度。偶然误差不可避免，产生的原因往往是不固定和难以控制的。大量实验统计结果表明，特别是当观测次数较多时，可以总结出偶然误差具有如下特性：

①在一定观测条件下，偶然误差的绝对值不会超过一定的限度；

②绝对值小的误差比绝对值大的误差出现的可能性大；

③绝对值相等的正误差与负误差，其出现的可能性相等；

④当观测次数无限增多时，偶然误差的算术平均值趋近于零。

第四个特性是由第三个特性导出来的。从第三个特性可知，在大量的偶然误差中，正误差与负误差出现的可能性相等，因此在求全部误差总和时，正误差与负误差就有互相抵消的可能。当误差个数无限增大时，真误差的算术平均值将趋于零。所以，为了提高观测成果的质量，常用的方法是采用多余观测结果的算术平均值作为最后的观测结果。

在测量过程中，除了上述两种类型的误差，有时还会出现粗差，亦称过失或错误。例如测错、记错、算错等。粗差是由观测者粗心大意造成的，这在测量中是绝对不允许的，凡有粗差的

观测值舍去不用。测量中的误差则是不可避免的,要严格区分误差和粗差的界线。

要点 2　衡量精度的标准

所谓精度,就是指误差分布的密集或离散的程度。在实际测量工作中,由于观测结果存在偶然误差,同一量的多次观测结果会不相同,为了说明观测结果的精确程度,评定其精度是否符合要求,必须建立一个统一的衡量精度标准来衡量测量成果的精度。

1. 中误差

在相同的观测条件下,作一系列的观测,并以各个真误差的平方和的平均值的平方根作为评定观测质量的标准,称为中误差 m,即

$$m=\pm\sqrt{\frac{[\Delta\Delta]}{n}} \tag{1-3-1}$$

由式(1-3-1)可见,中误差不等于真误差,它仅是一组真误差的代表值,中误差的大小反映了该组观测值精度的高低。因此,通常称中误差为观测值的中误差。

2. 极限误差

偶然误差第一特性表明,在一定的观测条件下,误差的绝对值不会超过一定的限值。如果某个观测值的误差超过这个限值,就会认为这次观测的质量差或出现错误而舍弃不用。这个限值称为极限误差(或称容许误差)。

根据大量实验统计证明,绝对值大于 2 倍中误差的偶然误差,出现的机会只有 5%;大于 3 倍中误差的偶然误差,出现的机会仅 0.3%。在实际测量中,观测次数是不多的,故大于 3 倍中误差的偶然误差实际上是不会出现的。一般就取 3 倍中误差作为极限误差,即:

$$\Delta_{极}=3m \tag{1-3-2}$$

3. 相对误差

中误差和真误差都是绝对误差,误差的大小与观测量的大小无关。然而,有些量如长度,绝对误差不能全面反映观测精度,因为长度丈量的误差与长度大小有关。例如:分别丈量了两段不同长度的距离,一段为 200 m,另一段为 300 m,但中误差皆为±0.01 m。显然不能认为这两段距离观测成果的精度相同。为此,需要引入“相对误差”的概念,以便能更客观地反映实际测量精度。

相对误差的定义为:中误差的绝对值与相应观测值之比,用 K 表示。相对误差习惯于用分子为 1 的分数形式表示,分母愈大,表示相对误差愈小,精度也就愈高。

【工匠故事】

精益求精,塑测量匠心①

林鸿,1963 年生,本科毕业于中南大学,国务院特殊津贴专家、广州市优秀专家,现任广州市城市规划勘测设计研究院(以下简称“广州规划院”)副院长(兼总测量师)。

主持完成了广州地铁精密控制网测量、广州市白云国际机场建设工程测量、广州市超

① 中国测绘学会

高层建筑(东塔、西塔)施工监测、广州市地下管线普查等数百项重大工程测量项目。先后荣获省部级以上科技奖、工程奖120余项。作为主要起草人参与十几项国家标准、行业标准、地方标准的起草工作。从事工程测量三十年间,林鸿经常说:“精益求精,就是测量人的魂。”

林鸿主持了广州市所有地铁线路(已运营线路15条,在建11条)控制网建设测量工作,为解决已运营路线和在建路线控制网衔接难的问题,提出了“骨架网+加密网”总体方案,并在地铁平面控制网中引入CORS(连续运行卫星定位服务参考站)技术,解决了投影带跨带控制网精度不均衡的技术难题,保障地铁精确贯通的同时控制了与邻近建筑的安全距离。林鸿说:“测量人,就是在钻那一厘米、两厘米的细节。”

当初,他和武汉大学潘正风教授合作,将“主辅站+高低双棱镜”方法第一次用在地铁高程控制网测量中,实现精密三角高程测量代替二等水准测量。

在广州西塔超高层建筑智能监测项目中,“起初我们按照传统方法实施,但是超过50层,塔体出现了摆动的情况。”日照、风、施工震动等因素直接影响了超高层建筑施工控制网竖向传递的准确性,当时尚无可借鉴案例。林鸿了解到武汉大学徐亚明教授团队应用数字正垂仪在水库坝体监测项目中的成熟经验,果断创新应用。他戴着安全帽,挂上安全绳,踩着脚手架,扎根一线查看测量进度和效果。最后成功将数字正垂仪应用于广州西塔施工测量第三方检测,保障了全高垂直度允许偏差符合国家标准要求的高精度超高层建筑智能监测。而东塔更高,林鸿带领团队在西塔方案上进一步创新,出色地完成了项目任务。

知识点4 水准测量原理

知识结构线划图

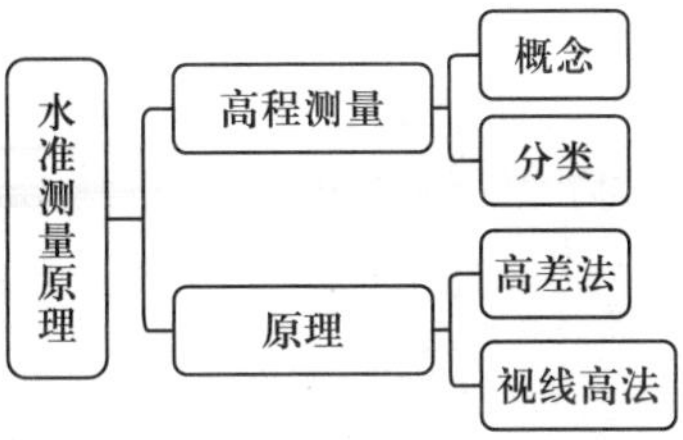

要点1 高程测量

测量工作的本质是地面点空间位置的确定,包括平面坐标和高程,这需要通过测定两点间水平距离、两个方向间水平角度和两点间高差三个基本要素确定。高程是测量工作中三个基本量之一。测定地球表面上各点高程的工作称为高程测量。高程测量根据仪器和测量方法的不同,分为水准测量、三角高程测量、气压高程测量和GPS定位测量等。其中,水准测量的精度最高。

要点 2　水准测量的原理

水准测量的原理是利用仪器提供的水平视线测得两点之间的高差，然后由已知点的高程推算出未知点的高程。

如图 1-4-1 所示，地面上有两点 A 和 B，设已知 A 点的高程为 H_A，若能测定出 A、B 两点之间的高差，则 B 点的高程 H_B 就可由高程 H_A 和高差 h_{AB} 推算出来。为此，在 A、B 两点上分别竖立一根尺子，并在其间安置一台能提供水平视线的仪器，即水准仪，各自在 A、B 两点的尺子上读取读数 a、b，则 A、B 两点间的高差为：

$$h_{AB}=a-b=H_B-H_A \tag{1-4-1}$$

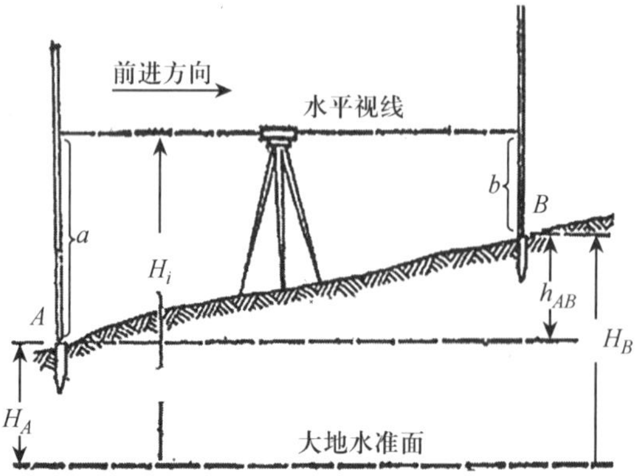

图 1-4-1　水准测量的原理

(1)高差法

若测定高差的工作是从已知高程点 A 向待测点 B 方向进行的，则称 A 点为后视点，其读数 a 称后视读数；B 点则称为前视点，读数 b 为前视读数。当读数 $a>b$ 时，高差为正值，说明地面上 B 点高于 A 点；反之，当读数 $a<b$ 时，则高差为负值，说明 B 点低于 A 点。

为了避免在计算中发生正负符号的错误，在书写高差 h_{AB} 的符号时，必须注意 h 的下标。h_{AB} 表示由 A 到 B 的高差；h_{BA} 则是由 B 到 A 的高差。

测得高差 h_{AB} 后，由图 1-4-1 并结合公式(1-4-1)可知，待测点 B 的高程为：

$$H_b=H_a+h_{AB}=H_a+(a-b) \tag{1-4-2}$$

公式(1-4-2)是直接利用高差推算高程的方法，称为高差法。

(2)视线高法

根据图 1-4-1，公式(1-4-2)也可写成：

$$H_b=H_i-b=(H_A+a)-b \tag{1-4-3}$$

式中，H_i 为水准仪的水平视线高程。

公式(1-4-3)是利用视线高程来计算 B 点高程的，称为视线高程法。当安置一次仪器需要测出多个前视点的高程时，应用视线高程法比较简便。

水准测量的方法分为：中间水准测量，向前水准测量。

将仪器安置在两标尺之间进行水准测量，叫作中间水准测量，主要用于高程控制测量，图 1-4-1 就是中间水准测量。将仪器安置在 A、B 两点中的任何一点上来进行测量时，叫作向前水准测量，这一方法多用于工程测量的高程放样中。

【中国智慧】

中国珠穆朗玛峰测量史①

2020 年 5 月 27 日上午 11 时整，中国 2020 珠峰高程测量登山队 8 名队员登顶“地球之巅”珠穆朗玛峰，为珠峰“量身高”。五星红旗，又一次飘扬在珠峰峰顶。测出珠峰新高度为 8 848.86 m。

45 年前的同一天，中国测绘工作者与登山运动员第一次将觇标设置在珠峰峰顶，8 848.13 这一当时精确数据，很快得到世界各国的承认，为人类文明史增添了一组熠熠闪光的数字。

对珠穆朗玛峰的观察与早期测绘，最早可以追溯到康熙年间。康熙四十七年(1708 年)，康熙皇帝为绘制全国地图《皇舆全览图》，派人随军从四川进藏，以目视画图。然而当时在华的法国耶稣会会士雷孝思阅读后，认为无法与内地测图拼合。因此，1714 年，康熙皇帝再次派遣具有数学测量功底的喇嘛楚儿沁藏布兰木占巴、理藩院主事胜住，从青海步行入藏重新测图，实测从西宁经拉萨到恒河源头一段，据传他们曾深入珠穆朗玛峰脚下，对它的位置和高度进行了初步的测量，后因战乱，不少地方没有来得及进行测量，因此错误较多，这是人类第一次向地球之巅发起的追问，《皇舆全览图》也是有关世界最高峰最早的文献记载。

为了弥补这个遗憾，乾隆十五年(1750 年)，乾隆皇帝派兵入藏平定叛乱，并对西藏地图重新实测，绘制新地图。1760 年到 1770 年的《乾隆内府舆图》(又称《乾隆十三排地图》)首次使用“珠穆朗玛阿林”名称。

遗憾的是，限于当时的测量技术手段，康熙与乾隆年间的两次测量，都没有留下关于珠穆朗玛峰的高程数据。

时间来到 20 世纪，中国科学院组织了科学考察队，对珠穆朗玛峰开展包括自然地理，地质，气象水文，以及植物动物等方面的考察。自 1958 年起，到 1973 年期间，组织了数次登山科考，并于 1966—1968 年间，对珠穆朗玛峰及周边地区进行了大规模的综合科学考察，在珠穆朗玛峰地区建立了高水平高质量的测量控制网，开展了三角、水准、天文、重力、物理测距、折光试验等测量工作，最终算得的珠峰高程为 8 849.75 m(雪顶高度)，最大互差为 3.01 m。遗憾的是，由于没有在珠峰顶端设置测量觇标，此次测量数据并未予以公布。不过，这次测量，却为第一次真正意义上的珠峰测量打下了坚实的基础。

2005 年，我国再次测量珠峰。5 月 24 日凌晨，装载着宝贵数据的 GPS 接收机和雪深探测雷达经过 37 个小时不间断的传递，送达珠峰大本营。数据质量良好。2005 年 10 月 9 日，国家测绘局正式公布 2005 年珠峰高程测量数据：珠穆朗玛峰峰顶岩石面高度为 8 844.43 m。

同 2005 年相比，2020 珠峰高程测量的科学性、可靠性、创新性都有了明显提高。2020 珠峰高程测量，将我国自主研制的北斗卫星导航系统首次应用于珠峰峰顶大地高的计算，获取了

① 中科院地质地球所

更长观测时间、更多卫星观测数量的数据；GNSS接收机、长测程全站仪、重力仪等国产仪器全面担纲，指标精度达到了世界先进水平。

知识点5　水准仪的构造和使用

知识结构线划图

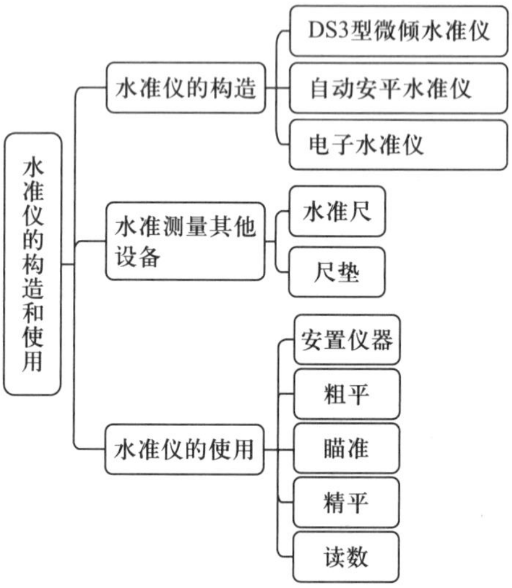

要点1　水准仪的构造

水准测量所使用的仪器为水准仪，工具主要有水准尺和尺垫。

水准仪按其精度等级分为DS_{05}、DS_1、DS_3、DS_{10}等几种型号。"D""S"分别为"大地测量""水准仪"的汉语拼音第一个字母，下标数字表示精度等级。如DS_3型水准仪的"3"表示该仪器每千米往、返观测高差中误差为±3 mm。DS_{05}、DS_1型为精密水准仪，DS_3、DS_{10}型为工程水准仪。

视频4　微倾水准仪

1. DS_3型微倾水准仪

DS_3型微倾水准仪主要由望远镜、水准器和基座三部分组成，其构造如图1-5-1所示。

(1)望远镜

望远镜是用来精确瞄准目标并对水准尺进行读数的，DS_3型水准仪望远镜的构造如图1-5-2(a)所示，它主要由物镜、目镜、调焦透镜和十字丝分划板等组成。

①物镜和目镜：物镜的作用是使物体在物镜的另一侧构成一个倒立的实像；目镜的作用是使这一实像在同一侧形成一个放大的虚像。为了使物像清晰并消除单透镜的一些缺陷，物镜和目镜都是用两种不同材料的透镜

视频5　DS_3型水准仪认识

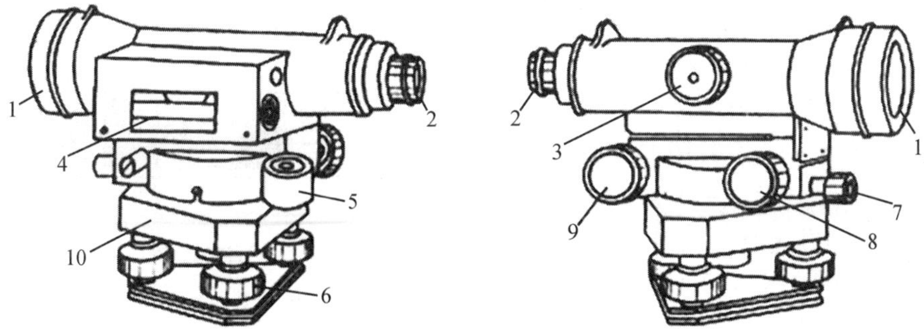

图 1-5-1 DS_3 型微倾水准仪

1-物镜;2-目镜;3-调焦螺旋;4-管水准器;5-圆水准器;6-脚螺旋;7-制动螺旋;8-微动螺旋;9-微倾螺旋;10-基座

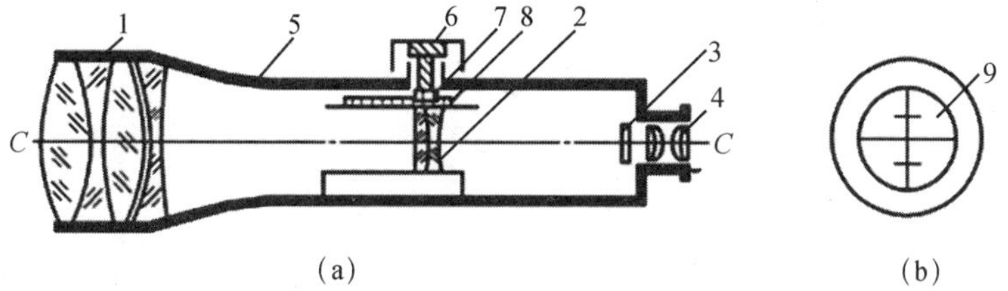

图 1-5-2 望远镜的构造

1-物镜;2-物镜调焦透镜;3-十字丝分划板;4-目镜;5-物镜筒;6-物镜调焦螺旋;
7-齿轮;8-齿条;9-十字丝影像

组合而成。

②十字丝分划板:望远镜内有一个十字丝分划板,它是刻在玻璃片上的一组十字丝,安装在望远镜筒内靠近目镜的一端。十字丝构造如图 1-5-2(b)所示,竖的一条称为竖丝,用来瞄准目标;横的一条称为中丝,用来截取水准尺上的读数。在中丝的上、下方还有两条对称的短横丝,称为视矩丝。

③视准轴:十字丝交点和物镜光心的连线称为视准轴,如图 1-5-2(a)中的 CC,视准轴的延长线也就是视线。视准轴是水准仪的主要轴线之一。

(2)水准器

水准器是用以整平仪器的一种装置,是测量仪器上的重要部件。可用它来指示视准轴是否水平,仪器的竖轴是否竖直。水准器分为圆水准器、管水准器和符合水准器三种:

①圆水准器:圆水准器安装在水准仪基座上,用于粗略整平仪器。

如图 1-5-3 所示,圆水准器是一个封闭的圆形玻璃容器,顶盖的内表面为一球面,半径可自 0.12 m 至 0.86 m,容器内盛乙醚类液体,留有一小圆气泡。容器顶盖中央刻有一小圈,小圈的中心是圆水准器的零点。

通过零点的球面法线 $L'L'$ 是圆水准器轴,当圆水准器的气泡居中时,圆水准器轴位于铅垂位置。当圆水准器的气泡不居中

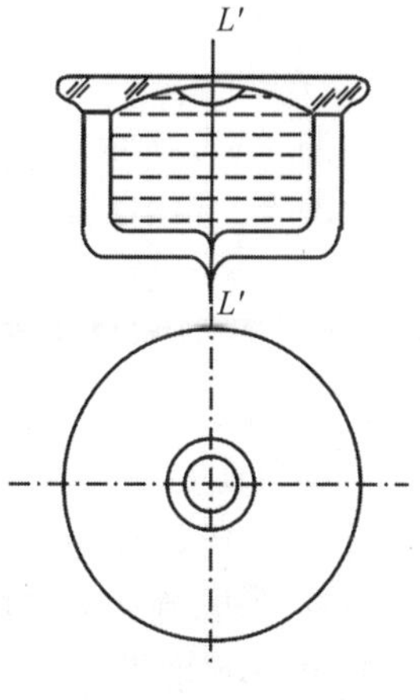

图 1-5-3 圆水准器

时，气泡中心偏离零点 2 mm 时竖轴所倾斜的角值称为圆水准器的分划值，水准仪上圆水准器的分划值为 8′至 10′，精度较低。

②管水准器：管水准器又称水准管，用于精确整平仪器。它是一个封闭的玻璃管，管的内壁在纵向磨成圆弧形。管内盛酒精或乙醚或两者的混合液体，并留有一气泡，如图 1-5-4 所示。由于气泡较轻，它恒处于管内最高位置。

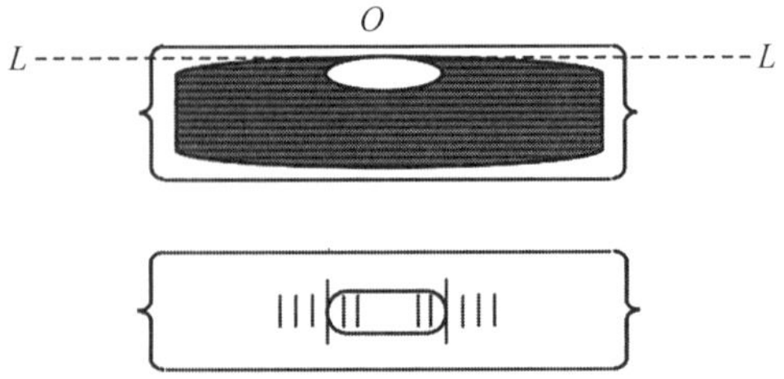

图 1-5-4　管水准器

水准管上刻有间隔为 2 mm 的分划线，分划的中点 O 称水准管的零点。过零点与圆弧纵向相切的直线 LL 称水准管轴。当气泡的中心点与零点重合时，气泡居中，此时水准管轴位于水平位置。

水准管上 2 mm 圆弧所对应的圆心角 τ 称为水准管的分划值。即：

$$\tau = \frac{2}{R}\rho \tag{1-5-1}$$

式中，$\rho = 206\ 265''$；R 为圆弧半径，单位 mm。

显然，圆弧半径越大，水准管的分划值越小，灵敏度越高，用其整平仪器的精度也越高。DS_3 型水准仪的水准管分划值为 20″/2 mm。

③符合水准器：为了提高水准管气泡居中的精度和速度，水准管上方安装了一套符合棱镜系统，如图 1-5-5 所示，将气泡同侧两端的半个气泡影像反映到望远镜旁的观察镜中。当气泡不居中时，两端气泡影像相互错开；转动微倾螺旋（左侧气泡移动方向与螺旋转动方向一致），望远镜在竖直面内倾斜，使气泡影像吻合形成一光滑圆弧，表示气泡居中。这种水准器称为符合水准器。

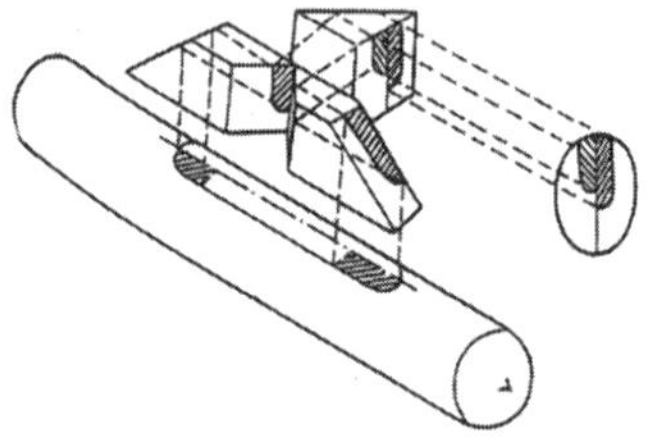
图 1-5-5　符合水准器

（3）基座

基座的作用是支撑仪器的上部，并通过连接螺旋与三脚架相连。它主要由轴座、脚螺旋和连接板组成。

2. 自动安平水准仪

（1）结构特点

如图 1-5-6 所示，自动安平水准仪是在望远镜内安装一个自动补偿器代替水准管。仪器经粗平后，由于补偿器的作用，无须精平即可通过中丝获得视线水平时的读数。简化了操作，提高了观测速度；同时还补偿了如温度、风力、震动等对测量成果一定限度的影响，从而提高了观测精度。

视频 6　自动安平水准仪

（2）使用方法

使用自动安平水准仪时，首先将圆水准器气泡居中，然后瞄准水准尺，等待 2～4 s 后，即可进行读数。有的自动安平水准仪配有一个补偿器检查按钮，每次读数前按一下该按钮，确认补偿器能正常使用再读数。

3. 电子水准仪

如图 1-5-7 所示，电子水准仪是集光学、图像处理、计算技术于一体的当代最先进的水准

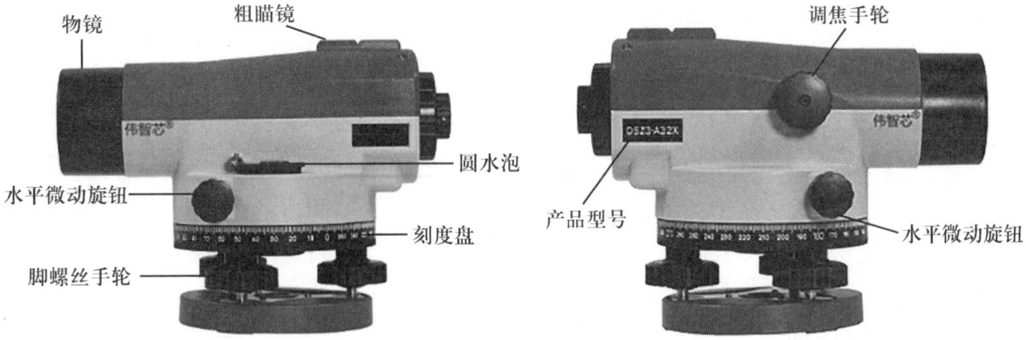

图 1-5-6　自动安平水准仪

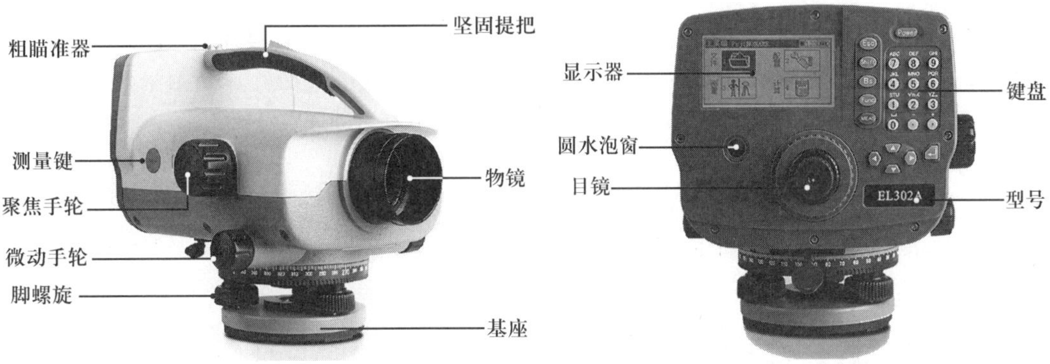

图 1-5-7　电子水准仪

测量仪器。

(1)电子水准仪的主要优点

① 操作简捷,自动观测和记录,并立即用数字显示测量结果。

② 整个观测过程在几秒钟内即可完成,大大减少观测错误和误差。

③ 仪器还附有数据处理器及与之配套的软件,从而可将观测结果输入计算机进行后处理,实现测量工作自动化和流水线作业,大大提高功效。

视频 7　电子水准仪

(2)电子水准仪测量原理简述

与电子水准仪配套使用的水准尺为条形编码尺,通常由玻璃纤维或铟钢制成。在电子水准仪中装置有行阵传感器,它可识别水准标尺上的条形编码。电子水准仪摄入条形编码后,经处理器转变为相应的数字,再通过信号转换和数据化,在显示屏上直接显示中丝读数和视距。

(3)电子水准仪的使用

观测时,电子水准仪在人工完成安置与粗平、瞄准目标(条形编码水准尺)后,按下测量键后 3～4 s 即显示出测量结果。其测量结果可贮存在电子水准仪内或通过电缆连接存入机内记录器中。

另外,观测中如水准标尺条形编码被局部遮挡<30%,仍可进行观测。

要点2　水准测量其他设备

1. 水准尺

水准尺又称标尺，有双面尺、塔尺、条码尺三种，如图1-5-8所示。

(1)双面尺

双面尺一般用不易变形的干燥优质木材制成，全长3 m。两根尺为一对。尺的双面均有刻画，一面为黑白相间，称为黑面尺(也称主尺)；另一面为红白相间，称为红面尺(也称辅尺)。两面的刻画均为1 cm，在分米处注有数字。两根尺的黑面尺尺底均从零开始，而红面尺尺底，一根从4.687 m开始，另一根从4.787 m开始。在视线高度不变的情况下，同一根水准尺的红面和黑面读数之差应等于常数4.687 m或4.787 m，这个常数称为尺常数，用K来表示，以此可以检核读数是否正确。

视频8　水准尺的分类

(2)塔尺

塔尺一般用玻璃钢、铝合金或优质木材制成。一般由三节尺段套接而成，全长5 m。尺面为5 mm或10 mm分划，每10 cm加一注记，超过1 m在注记上加红点表示米数，它携带方便，但尺段接头易损坏，对接易出差错，常用于精度要求不高的水准测量。

(3)条码水准尺

通过数字编码水准仪的探测器来识别水准尺上的条形码，再经过数字影像处理，给出水准尺上的读数，取代了在水准尺上的目视读数。

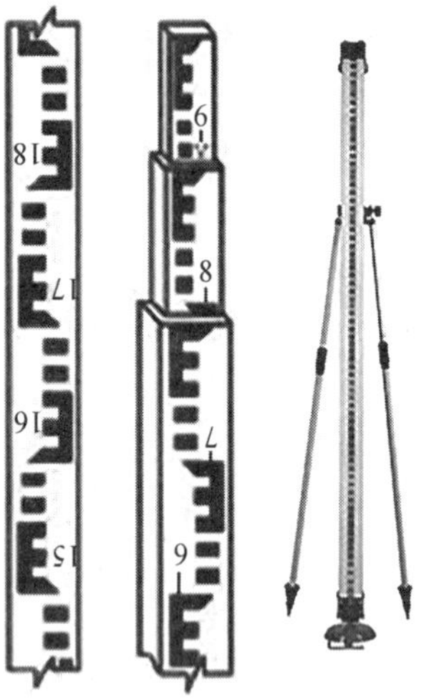

图1-5-8　水准尺

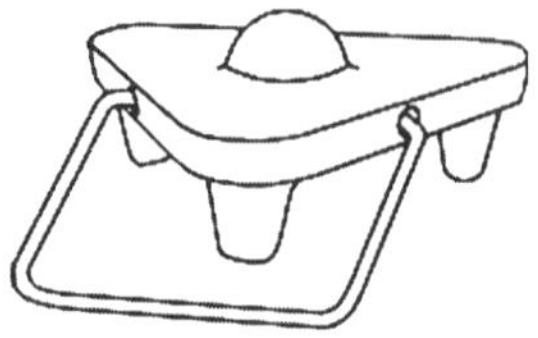

图1-5-9　尺垫

视频9　尺垫

2. 尺垫

尺垫由生铁铸成，如图1-5-9所示，呈三角形，下方有三个尖脚，以利于稳定地放置在地面上或插入土中。上方中央有一突出半球体，供立尺用，它用于高程传递的转点上，防止水准尺下沉。

要点3　水准仪的使用

微倾水准仪的操作步骤为：安置仪器→粗略整平→瞄准水准尺→精确整平→读数。

自动安平水准仪的操作步骤为：安置仪器→粗略整平→瞄准水准尺→读数。

电子水平仪的操作步骤为：安置仪器→粗略整平→设置参数→建立文件→瞄准水准尺→测量→数据传输。

1. 安置仪器

(1)在测站上松开三脚架架腿的固定螺旋，按需要的高度调整架腿长度，再拧紧固定螺旋，张开三脚架将架腿踩实，并使三脚架架头大致水平。

(2)从仪器箱中取出水准仪，用连接螺旋将水准仪固定在三脚架架头上，一手握住仪器，另一手将中心连接螺旋与水准仪基座连接并拧紧。

视频 10　自动安平水准仪安置和调平

2. 粗略整平

粗平时应调节脚螺旋，使圆水准器气泡居中。

(1)原则

左手大拇指指示气泡运动方向；左、右手转动脚螺旋的方向对称。

(2)步骤

如图 1-5-10 所示。

①任选两个脚螺旋，双手相向等速转动这对脚螺旋，使气泡移动至这两个脚螺旋连线的垂线上。

②左手按箭头方向转动另一个脚螺旋，使气泡位于分划圈中间。

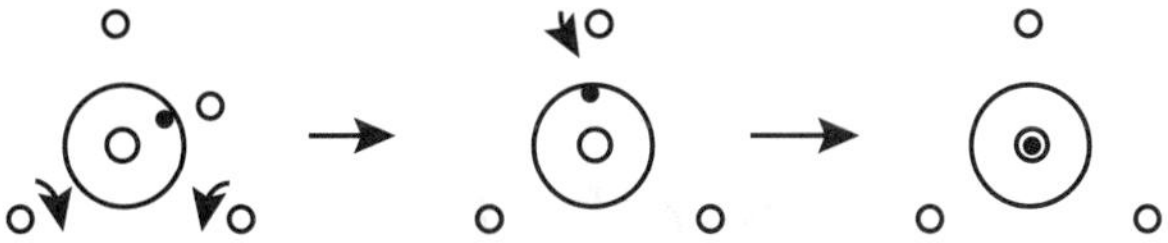

图 1-5-10　粗略整平

3. 瞄准水准尺

(1)目镜调焦

转动目镜调焦螺旋，使十字丝成像清晰。

(2)初步瞄准

通过望远镜筒上方的照门和准星瞄准水准尺，旋紧制动螺旋。

(3)物镜调焦

转动物镜调焦螺旋，使水准尺的成像清晰，同时消除视差。

眼睛在目镜端上、下移动，若发现十字丝和尺像有相对移动，这种现象叫视差。消除视差的方法是：反复、仔细、认真地进行目镜、物镜对光，直到二者影像无相对运动为止。视差对瞄准、读数均有影响，务必加以消除。

(4)精确瞄准

转动微动螺旋，使十字丝的竖丝瞄准水准尺边缘或中央。

4. 精确整平

如果是微倾水准仪则需要精确整平，精确整平简称精平。眼睛观察水准气泡观察窗内的气泡影像，用右手缓慢地转动微倾螺旋，使气泡两端的影像严密吻合，此时的视线即为水平视线。微倾螺旋的转动方向与左侧半气泡影像的移动方向一致，如图 1-5-11 所示。

如为自动安平水准仪或电子水准仪则此步骤省略。

5. 读数

用十字丝的中丝读取水准尺的读数。从尺上可直接读出米、分米和厘米数，并估读出毫米

图 1-5-11　精确整平

数，所以每个读数必须有四位数。如果某一位数是零，也必须读出并记录，不可省略，如 1 002、1 007、2 100 等。由于望远镜一般都为倒像，所以从望远镜内读数时应由上向下读，即由小数向大数读。读数前应先认清水准尺的分划特点，特别应注意与分米分划线的位置。为了保证得出正确的水平视线读数，在读数前和读数后都应该检查气泡是否符合。

视频 11　水准尺读数

如为电子水准仪与条码水准尺配合，则水准仪可进行电子读数，完成数据的获取。

【测绘史话】

中国古代水准仪[①]

随着古代农业生产和水利事业的逐步发展，我国的测量仪器也在不断进步。继夏禹治水采用“准、绳、规、矩”之后，人们就进一步发现可以用静止的水面作为基准来进行水准测量。《庄子·天道篇》中说：“水静则平中准，大匠取法焉”。《周礼》中记载的“水地以县和置臬以县”（“县”即“悬”），也是指以水准器和悬垂线作为测量的依据。汉代所用的“表”，实际上就是标尺。南北朝祖暅之（祖冲之之子）在日晷的圭面上设沟盛水，以此定水平。到了唐代，李筌在其所著的《太白阴经》卷四中，比较详细地记述了古代水准仪——“水平”的情况。这套测量仪器由“水平”“照板”和“度竿”三部分组成。

“水平”是仪器的主件，见图 1-5-12，其中水平槽是长二尺四寸，宽和高各为几寸的长方体。在水平槽长方向的两端和中间各凿有一个小水池，这三个水池的尺寸是纵长一寸，横宽一寸八分，深一寸三分。池的间隔是一尺五分。池与池之间有水渠相通。水渠宽三分，与池同深，在三个水池中各放有块浮木，其宽略小于池宽，与池壁有三分的间隙。浮木的上部设有高八分、宽一寸七分、厚一分的立齿组。在水槽的底面中心设有“转关脚”（即脚架），其高矮“与眼等”。把水注入水槽中，三池中的浮木就一齐浮起。由于“水静则平”，因此三个浮木的齿尖处于同一水平面上，观测者可借助三组立齿的连线瞄准远处的目标，所瞄准之点均处在同一水平面

图 1-5-12　水平仪

① 摘自《中国古代测绘史话》

上。所以，三组立齿的连线相当于现代水准仪望远镜的视准轴。

可以看出，当时设计师设计任何一个部件，都要考虑两个字：精度。据说古代用这个搞跨河水准，北宋年间甚至有过八百里的水准测量。

知识点 6　水准测量施测

知识结构线划图

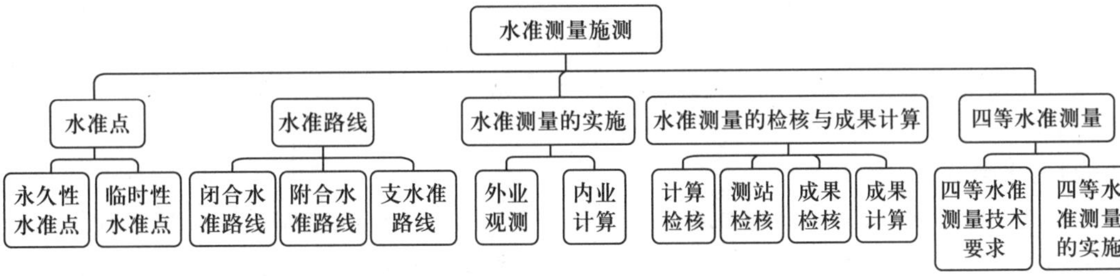

要点 1　水准点

用水准测量方法测定高程，建立的高程控制点称水准点，一般缩写为“*BM*”，用“⊗”符号表示。水准点有永久性水准点和临时性水准点两种。

1. 永久性水准点

永久性水准点一般用混凝土或石头制成标石，中间嵌半球形金属标志，埋设在冰冻线以下 0.5 m 左右的坚硬土基中，并设防护井保护，如图 1-6-1(a)所示。亦可埋设在岩石或永久建筑物上，如图 1-6-1(b)所示。

视频 12　水准点

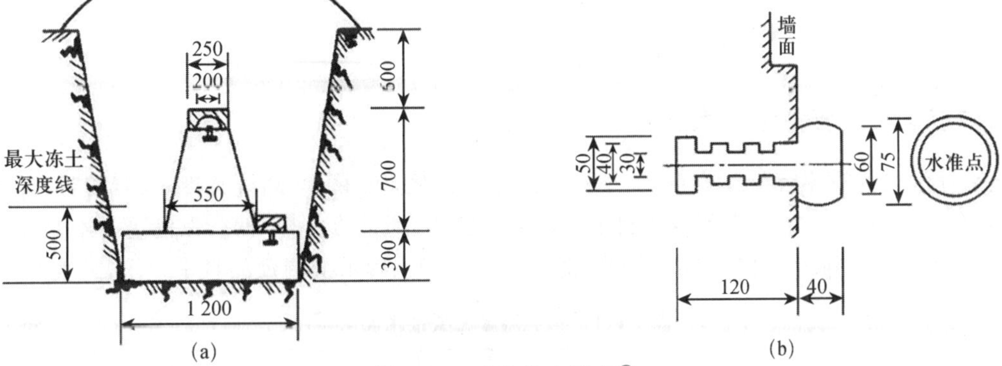

图 1-6-1　永久性水准点[①]

2. 临时性水准点

一般用混凝土标石埋在地面，或用大木桩顶面加一帽钉打入地下，并

① 注：如未做特别说明，单位即为 mm。

用混凝土固定。亦可在岩石或建筑物上用红漆标记。

水准点在标记后，还应在记录簿上绘制“点之记”，即绘记水准点附近的草图或对周围的情形加以说明，注明水准点的编号，以便日后寻找与使用。

要点 2 水准路线

(1)闭合水准路线

如图 1-6-2(a)所示，从一已知高程点 BM_A 出发，沿线测定待定高程点 1、2、3…的高程后，最后闭合在 BM_A 上。这种水准测量路线称闭合水准路线，可以使测量成果得到检核。

(2)附合水准路线

如图 1-6-2(b)所示，从一已知高程点 BM_A 出发，沿线测定待定高程点 1、2、3…的高程后，最后附合在另一个已知高程点 BM_B 上。这种水准测量路线称附合水准路线，可使测量成果得到可靠的检核。

(3)支水准路线

如图 1-6-2(c)所示，从一已知高程点 BM_A 出发，沿线测定待定高程点 1 的高程后，即不闭合又不附合在已知高程点上。这种水准测量路线称支水准路线或往返水准路线，这种形式的水准路线由于不能对测量成果自行检核，因此必须进行往测和返测，或用两组仪器进行并测。

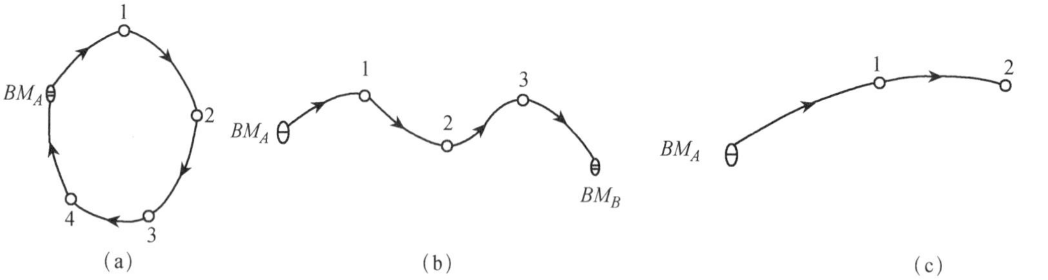

图 1-6-2 水准路线

要点 3 水准测量的实施

工程水准测量等级和技术要求，主要包括与等级对应的精度、路线长度、仪器装备、观测次数、闭合差、限差等。在水准测量项目的设计和实施中，应认真分析研究，以满足技术要求。

《工程测量标准》(GB 50026—2020)对三、四、五等工程水准测量的技术要求，见表 1-6-1。

表 1-6-1 水准测量主要技术要求

等级	每千米高差全中误差/mm	路线长度/km	水准仪级别	水准尺	观测次数		往返较差、附合或环线闭合差	
					与已知点联测	附合或环线	平地/mm	山地/mm
二等	2	—	DS_1、DSZ_1	条码因瓦、线条式因瓦	往返各一次	往返各一次	$4\sqrt{L}$	—

续表 1-6-1

等级	每千米高差全中误差/mm	路线长度/km	水准仪级别	水准尺	观测次数		往返较差、附合或环线闭合差	
					与已知点联测	附合或环线	平地/mm	山地/mm
三等	6	≤50	DS_3、DSZ_3	条码式玻璃钢、双面	往返各一次	往返各一次	$\pm 12\sqrt{L}$	$\pm 4\sqrt{n}$
四等	10	≤16	DS_3、DSZ_3	条码式玻璃钢、双面	往返各一次	往一次	$\pm 20\sqrt{L}$	$\pm 6\sqrt{n}$
五等	15	—	DS_3、DSZ_3	条码式玻璃钢、单面	往返各一次	往一次	$\pm 30\sqrt{L}$	—

注：①表中 L 为测段往返路线或附(闭)合路线长度，以 km 计；②n 为路线对应的测站数。③水准网结点间或结点与高级点间的路线长度不应大于表中规定的 70%。

工程水准测量的测站观测技术要求，主要包括与等级对应的水准仪等级、视距长度、视线高度、前后视距差、视距差累积、基辅读数差和基辅高差之差的限差。《工程测量标准》(GB 50026—2020)对三、四、五等工程水准测量的测站观测技术要求，见表 1-6-2。

表 1-6-2　光学水准仪观测的主要技术要求

等级	水准仪级别	视线长度/m	前后视距差/m	任一测站上前后视距差累积/m	视线离地面最低高度/m	基、辅分划或黑、红面读数较差/mm	基、辅分划或黑、红面所测高差较差/mm
三等	DS_3、DSZ_3	75	3	6	0.3	2	3
四等	DS_3、DSZ_3	100	5	10	0.2	3	5
五等	DS_3、DSZ_3	100	近似相等				

当已知高程的水准点距离待测高程的水准点较远或高差很大时，就需要在两点间加设若干个立尺点，分段设站，连续进行观测。加设的这些立尺点并不需要测定其高程，它们只起传递高程的作用，称为转点，用 TP 或 ZD 表示，转点在水准测量中既有前视读数，又有后视读数。

视频 13　水准外业测量相关概念

如图 1-6-3 所示，已知水准点 BM_A 的高程为 H_A，现欲测定 B 点高程 H_B，由于 A、B 两点相距较远，需分段设站进行测量。具体施测步骤如下：

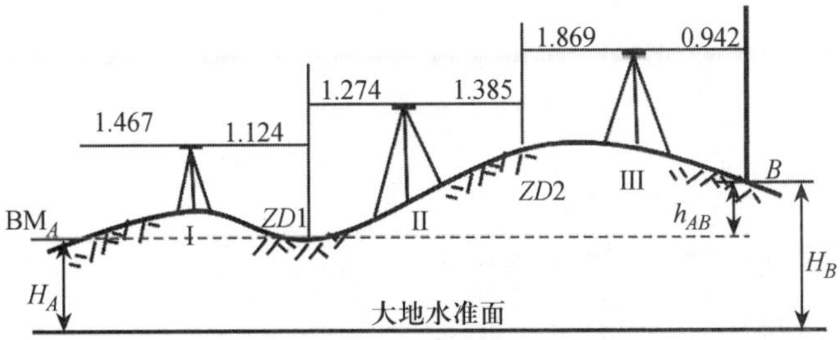

图 1-6-3　水准测量的实施

1. 外业观测

(1)安置仪器于Ⅰ站并粗平,后视尺立于 BM_A,在路线前进方向选择一点与 A1 距离大致相等的适当位置作 ZD1,放上尺垫,将前视尺立于尺垫上。

(2)照准 BM_A 点尺,(微倾式水准仪需要精平)读取后视读数 $a_1=1.467$;照准 $ZD1$ 点尺,精平仪器后,读取前视读数 $b_1=1.124$,记入手簿中(表 1-6-1)。

(3)$ZD1$ 处水准尺不动,将 BM_A 点水准尺移至 $ZD2$。仪器搬至Ⅱ站。按上述相同方法进行第二站的观测,如此依次操作,直到终点 B,其观测记录见表 1-6-3 所列。

视频 14 五等水准测量虚拟演示

表 1-6-3 水准测量手簿

日期__________ 仪器__________ 观测__________

天气__________ 地点__________ 记录__________

测点	水准尺读数		高差	高程	备注
	后视读数 a	前视读数 b			
BM_A	1.467		+0.343	23.456	已知
$ZD1$	1.274	1.124	−0.111	23.799	
$ZD2$	1.869	1.385	+0.927	23.688	
B		0.942		24.615	
$\sum$	4.610	3.451	+1.159	$H_B-H_A=+1.159$	
计算检核	$\sum a_i-\sum b_i=+1.159$		$\sum h_i=+1.159$		

2. 内业计算

每一测站都可测得前、后视两点的高差,即:

$$h_1=a_1-b_1$$
$$h_2=a_2-b_2$$
$$h_3=a_3-b_3$$
$$\cdots$$

将各式相加得:

$$h_{AB}=\sum h=\sum a-\sum b \tag{1-6-1}$$

则 B 点高程为:

$$H_B=H_A+h_{AB}=H_A+\sum h \tag{1-6-2}$$

要点 4 水准测量的检核与成果计算

1. 计算检核

为了保证记录表中数据的正确性,应对后视读数总和减前视读数总和、高差总和、B 点高

程与点 A 高程之差进行检核，这三个数字应相等。见表 1-6-1。

$$\sum a_i - \sum b_i = +1.159$$

$$\sum h_i = +1.159$$

$$h_{AB} = H_B - H_A = +1.159$$

因此

$$h_{AB} = H_B - H_A = \sum a_i - \sum b_i \tag{1-6-3}$$

若三者关系满足式(1-6-3)，说明高程计算无误。否则，计算有错，需要重新计算。

2. 测站检核

在连续水准测量中，只进行计算检核，还无法保证每一个测站观测数据的准确性。观测的数据错误，将导致高差和高程计算错误。为防止在一个测站上发生错误而导致整条水准路线结果的错误，提高测量效率，可在每个测站上对观测结果进行检核，不合格者，不得搬站。为保证观测数据的正确性，通常采用以下两种方法进行测站检核。

(1)变动仪器高法

在每个测站上一次测得两转点间的高差后，改变一下水准仪的高度，一般应大于 10 cm，再次测量两转点间的高差。对于普通水准测量，当两次所得高差之差不超过允许值(一般为≤5 mm)时可认为合格，否则应重测。符合精度要求时取其平均值作为该测站高差成果。

(2)双面尺法

仪器高度不变，利用双面水准尺分别由黑面和红面读数得出的高差，扣除一对水准尺的常数差后，两次高差之差不超过允许值(一般为≤5 mm)可认为合格，否则检查原因，进行重测。符合精度要求时取其平均值作为该测站高差成果。

3. 成果检核

计算检核只能发现计算是否有误，测站检核只能检核每一个测站上是否有错误，不能发现立尺点变动的错误，更不能评定测量成果的精度，同时由于观测条件的影响，随着测站数的增多，误差积累越大，有时会超过规定的限差，因此，应对其成果进行检核，即进行高差闭合差的检核。一般情况下，沿着水准路线测得的起终点的高差值与起终点实际高差值的差值称为高差闭合差，用 f_h 表示。根据不同的地形和已知水准点的分布情况，测量时应选择最优的水准路线。

(1)闭合水准路线

因为闭合水准路线开始和结束于同一个点，所以理论上全线各测站高差之和应等于零，即

$$\sum h_{理} = 0 \tag{1-6-4}$$

如果高差之和不等于零，则其差值即 $\sum h$ 就是闭合水准路线的高程闭合差，即

$$f_h = \sum h_{测} - \sum h_{理} = (h_1 + h_2 + h_3 + \cdots + h_n) - 0 = \sum h_{测} \tag{1-6-5}$$

(2)附合水准路线

对于附合水准路线，理论上高差之和应为

$$\sum h_{理} = H_B - H_A \tag{1-6-6}$$

高差闭合差是实测值与理论值的差值，也就是将两个已知水准点间实测高差与已知高差进行比较，即

$$f_h=\sum h_{测}-\sum h_{理}=(h_1+h_2+h_3\cdots h_n)-(H_{BM_B}-H_{BM_A})=\sum h_{测}-(H_B-H_A) \tag{1-6-7}$$

(3)支水准路线

为了检核，这种水准路线必须在起点和终点间进行往返测。理论上往返测所得高差的绝对值应相等，但符号相反，或者是往返测高差的代数和应等于零。如果往返测高差的代数和不等于零，其值即为水准支线的高程闭合差。即

$$f_h=h_{往}+h_{返} \tag{1-6-8}$$

有时也可以用两组并测来代替一组的往返测以加快工作进度。两组所得高差应相等，若不等，其差值即为水准支线的高程闭合差。故

$$f_h=\sum h_1-\sum h_2 \tag{1-6-9}$$

闭合差的大小反映了测量成果的精度。在各种不同性质的水准测量中，都规定了高程闭合差的限值，即容许高程闭合差，用 F_h 表示。当 $f_h<F_h$ 时，表示观测精度满足要求，否则应对外业资料进行检查，甚至返工重测。

普通水准测量(等外水准测量)高差闭合差一般规定为

$$平地：f_{h容}=\pm 40\sqrt{L}\ (\text{mm}) \tag{1-6-10}$$

$$山地：f_{h容}=\pm 12\sqrt{n}\ (\text{mm}) \tag{1-6-11}$$

式中，L 为水准路线的长度(km)；n 为总测站数。

4. 成果计算

(1)附合水准路线成果计算

【例 1-6-1】图 1-6-4 为一附合水准路线的检核和分配以及高程计算的实例。在 A、B 水准点之间进行附合水准测量，各测段的实测高差及测段路线长度如图 1-6-4 所示。

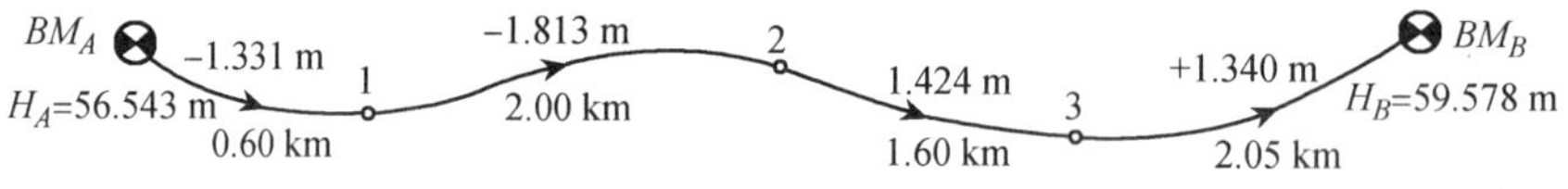

图 1-6-4 附合水准路线示意图

①填写观测数据和已知数据。将点号、测段长度、测站数、观测高差及已知水准点 A、B 的高程填入附合水准路线成果计算表内。

②计算高差闭合差。

$$f_h=\sum h_{测}-\sum h_{理}=\sum h_{测}-(H_B-H_A)$$
$$=3.060-(59.578-56.543)=+0.025\ \text{m}$$

闭合差容许值 $f_{h容}=\pm 40\sqrt{6.25}\ \text{mm}=\pm 100\ \text{mm}$ 因 $f_h<F_{h容}$。说明观测成果精度符

合要求,可对高差闭合差进行调整。否则,说明观测成果不符合要求,必须重新测量。

表 1-6-4　水准测量成果计算表

点号	距离/km	高差/m	改正数/mm	改正后高差/m	高程/m
BM_A					56.543
	0.60	+1.331	−2	+1.329	
1					57.872
	2.00	+1.813	−8	+1.805	
2					59.677
	1.60	−1.424	−7	−1.431	
3					58.246
	2.05	+1.340	−8	+1.332	
BM_B					59.578
$\sum$	6.25	+3.060	−25	+3.035	
$f_h=\sum h_{测}-(H_B-H_A)=+25$ mm					
$F_{h容}=\pm 40\sqrt{L}$ mm$=\pm 100$ mm　因为 $f_h<F_h$,所以符合精度要求					

③调整高差闭合差。高差闭合差调整的原则和方法,是按与测站数或测段长度成正比例的原则,将高差闭合差反号分配到各相应测段的高差上,得改正后高差,即

$$v_i=-\frac{f_h}{\sum n}\times n_i \tag{1-6-12}$$

或

$$v_i=-\frac{f_h}{\sum l}\times l_i \tag{1-6-13}$$

式中,v_i 为第 i 测段的高差改正数(mm);

$\sum n$、$\sum l$ 为水准路线总测站数与总长度;

n_i、l_i 为第 i 测段的测站数与测段长度。

本例中,各测段改正数为:

$$v_1=-\frac{f_h}{\sum l}\times l_i=-\frac{0.025}{6.25}\times 0.6=-0.002\ \text{m}$$

$$v_2=-\frac{f_h}{\sum l}\times l_i=-\frac{0.025}{6.25}\times 2=-0.008\ \text{m}$$

计算检核:

$$\sum v_i=-f_h=-0.025 \tag{1-6-14}$$

将各测段高差改正数填入表 1-6-2 中第 4 列内。

④计算各测段改正后高差。各测段改正后高差等于各测段观测高差加上相应的改正数,即

$$h_i'=h_i+v_i \tag{1-6-15}$$

式中,h_i' 为第 i 段的改正后高差(m)。

本例中,各测段改正后高差为:

$$h'_1 = h_1 + v_1 = +1.331 - 0.002 = +1.329$$

$$h'_2 = h_2 + v_2 = +1.813 - 0.008 = +1.805$$

计算检核：

$$\sum h'_i = H_B - H_A = +3.035 \quad (1\text{-}6\text{-}16)$$

将各测段改正后高差填入表 1-6-2 中第 5 栏内。

⑤计算待定点高程。根据已知水准点 A 的高程和各测段改正后高差，即可依次推算出各待定点的高程，即

$$H_1 = H_A + h'_1 = 56.543 + 1.329 = 57.872 \text{ m}$$

$$H_2 = H_1 + h'_2 = 57.872 + 1.805 = 59.677 \text{ m}$$

将推算出各待定点的高程填入表 1-6-2 中第 6 栏内。

最后推算出的 B 点高程应与已知的 B 点高程相等，以此作为计算检核。

即：

$$H_{B(算)} = H_{B(已知)} = 59.578 \text{ m} \quad (1\text{-}6\text{-}17)$$

(2)闭合水准路线成果计算

闭合水准路线成果计算的步骤与附合水准路线相同。

(3)支水准路线的计算

因支水准路线只求一个点的高程，如图 1-6-2(c)所示 1 点，其高差闭合差见公式(1-6-8)，故只取往返高差的平均值即可，平均高差的符号与往测高差值的符号相同。即：

$$h = (h_{往} + h_{返})/2 \quad (1\text{-}6\text{-}18)$$

要点 5　四等水准测量

1. 四等水准测量技术要求

三、四等水准测量常作为小地区测绘地形图和施工测量的高程基本控制。《工程测量标准》(GB 50026—2020)对三、四、五等工程水准测量的技术要求见表 1-6-5。

表 1-6-5　水准测量的主要技术要求

等级	每千米高差中误差/mm	路线长度/km	水准仪级别	水准尺	观测次数		往返较差、附合或环线闭合差	
					与已知点联测	附合或环线	平地/mm	山地/mm
二等	2	—	DS_1、DSZ_1	条码因瓦、线条式因瓦	往返各一次	往返各一次	$4\sqrt{L}$	
三等	6	≤50	DS_3、DSZ_3	条码式玻璃钢、双面	往返各一次	往返各一次	$\pm 12\sqrt{L}$	$\pm 4\sqrt{n}$

续表 1-6-5

等级	每千米高差中误差/mm	路线长度/km	水准仪级别	水准尺	观测次数		往返较差、附合或环线闭合差	
					与已知点联测	附合或环线	平地/mm	山地/mm
四等	10	≤16	DS_3、DSZ_3	条码式玻璃钢、双面	往返各一次	往一次	$\pm 20\sqrt{L}$	$\pm 6\sqrt{n}$
五等	15	—	DS_3、DSZ_3	条码式玻璃钢、单面	往返各一次	往一次	$\pm 30\sqrt{L}$	

注：①表中 L 为测段往返路线或附(闭)合路线长度，以 km 计；②n 为路线对应的测站数。③水准网结点间或结点与高级点间的路线长度不应大于表中规定的 70%。

工程水准测量的测站观测技术要求，主要包括与等级对应的水准仪等级、视距长度、视线高度、前后视距差、视距差累积、基辅读数差和基辅高差之差的限差。《工程测量标准》(GB 50026—2020)对三、四、五等工程水准测量的测站观测技术要求，见表 1-6-6。

表 1-6-6 光学水准仪观测的主要技术要求

等级	水准仪级别	视线长度/m	前后视距差/m	任一测站上前后视距差累积/m	视线离地面最低高度/m	基、辅分划或黑、红面读数较差/mm	基、辅分划或黑、红面所测高差较差/mm
三等	DS_3、DSZ_3	75	3	6	0.3	2	3
四等	DS_3、DSZ_3	100	5	10	0.2	3	5
五等	DS_3、DSZ_3	100	近似相等				

注：1. 二等水准路线长度小于 20 m 时，其视线高度应不低于 0.3 m。

2. 三、四等水准采用变动仪器高度观测单面水准尺时所测得两次高差较差，应与黑面、红面所测高差之差的要求相同。

2. 四等水准测量的实施

(1)三等水准测量

视线长度不超过 75 m。观测顺序应为后-前-前-后。即安置水准仪，粗平后：

①后视水准尺的黑面，读上丝、下丝和中丝读数；

②前视水准尺的黑面，读上丝、下丝和中丝读数；

③前视水准尺的红面，读中丝读数；

④后视水准尺的红面，读中丝读数。

(2)四等水准测量

视线长度不超过 100 m。每一测站上，按下列顺序进行观测(括号内数字为读数顺序)：

①后视水准尺的黑面，读上丝、下丝和中丝读数(1)、(2)、(3)；

②后视水准尺的红面，读中丝读数(4)；

③前视水准尺的黑面，读上丝、下丝和中丝读数(5)、(6)(7)；

④前视水准尺的红面，读中丝读数(8)。

以上的观测顺序称为后-后-前-前，在后视和前视读数时，均先读黑面再读红面，读黑面时读三丝读数，读红面时只读中丝读数。记录和计算格式见表 1-6-7，括号内数字表示观测和计算的顺序，同时也说明有关数字在表格内应填写的位置。

表 1-6-7　三、四等水准测量记录

测站	点号	后尺点 上丝读数 / 下丝读数 后视距/m=(上丝读数－下丝读数)×100 视距差 d/m	前尺点 上丝读数 / 下丝读数 前视距/m=(上丝读数－下丝读数)×100 $\sum d$/m	方向及尺号	水准尺读数/m 黑面	水准尺读数/m 红面	K＋黑－红	平均高差	备注
		(1)	(5)	后	(3)	(4)	(13)		
		(2)	(6)	前	(7)	(8)	(14)		
		(9)	(10)	后-前	(15)	(16)	(17)	(18)	
		(11)	(12)						
1	BM1-ZD1	1.536	1.030	后 5	1.242	6.030	－1		水准尺 No. 5 K_5＝4.787 水准尺 No. 6 K_6＝4.687 （K 为尺常数）
		0.947	0.442	前 6	0.736	5.422	＋1		
		58.9	58.8	后-前	＋0.506	＋0.608	－2	＋0.507 0	
		＋0.1	＋0.1						
2	ZD1-ZD2	1.945	1.276	后 5	1.664	6.350	＋1		
		1.373	0.694	前 6	0.985	5.773	－1		
		58.1	58.3	后-前	＋0.679	＋0.577	＋2	＋0.678 0	
		－0.2	－0.1						
3	ZD2-ZD3	1.146	1.774	后 6	1.024	5.811	0		
		0.903	1.499	前 5	1.622	6.308	＋1		
		48.6	49.0	后-前	－0.598	－0.497	－1	－0.597 5	
		－0.4	－0.5						
4	ZD3-A	1.479	0.982	后 6	1.717	5.859	－1		
		0.864	0.373	前 5	0.678	5.465	0		
		61.5	60.9	后-前	＋0.493	＋0.394	－1	＋0.4935	
		＋0.6	＋0.1						
每页校核									

(3)计算与检核

计算与检核的内容如下(表 1-6-7)。

- 测站上的计算与检核

①视距计算。

$$后视距(9)=[(1)-(2)]\times 100$$
$$前视距(10)=[(5)-(6)]\times 100$$

前、后视距在表内均以 m 为单位，即(上丝－下丝)×100。同一水准尺上、下丝读数差值称为尺间隔。

前后视距差(11)＝(9)－(10)。对于四等水准测量，前后视距差不得超过 5 m；对于三等水准测量，不得超过 3 m。

前后视距累积差(12)＝本站的(11)＋上站的(12)。对四等水准测量，前后视距累积差不得超过 10 m；对于三等水准测量，不得超过 6 m。

以上计算的(9)、(10)、(11)、(12)均不得超过对应技术指标，以满足中间法的要求。因此，每站安置仪器时，应尽可能使前后视距相等。

②同一水准尺红、黑面读数差的检核。同一水准尺红、黑面读数差为

$$(13)=(3)+K-(4)$$
$$(14)=(7)+K-(8)$$

K 为水准尺红、黑面常数差，一对水准尺的常数差 K 分别为 4.687 和 4.787。对于四等水准测量，红、黑面读数差不得超过 3 mm；对于三等水准测量，不得超过 2 mm。

③高差的计算与检核。按黑面读数和红面读数所得的高差分别为

$$(15)=(3)-(7)$$
$$(16)=(4)-(8)$$

黑面和红面所得高差之差(17)可按下式计算，并可用(13)－(14)来检查。式中±100 为两水准尺常数 K 之差。

$$(17)=(15)-(16)\pm 100=(13)-(14)$$

对于四等水准测量，黑、红面高差之差不得超过 5 mm；对于三等水准测量，不得超过 3 mm。

④计算平均高差

- 总的计算与检核

在手簿每页末或每一测段完成后，应作下列检核。

①视距的计算与检核

$$末站的(12)=\sum(9)-\sum(10)$$
$$总视距=\sum(9)+\sum(10)$$

②高差的计算与检核

当测站数为偶数时

$$总高差=\sum(18)=\frac{1}{2}[(15)+(16)]=\frac{1}{2}\{\sum[(3)+(4)]-\sum[(7)+(8)]\}$$

当测站数为奇数时

$$总高差=\sum(18)=\frac{1}{2}\left[\sum(15)+\sum(16)\pm 100\right]$$

(4)观测成果的处理

三、四等水准测量的观测成果的计算与普通水准测量成果处理方法相同。水准路线高差闭合差的容许值见表 1-6-5。

视频 15　四等水准测量虚拟演示

【国家版图知识】

中国的版图[①]

1. 中国版图

中国版图的形状常被人们比喻为头朝东、尾朝西的昂首挺立的雄鸡。

从地图上看，中国是个海陆兼备、幅员辽阔的国家。中国位于北半球，处在世界最大的大洲——亚洲的东部，东临世界最大的大洋——太平洋，地理位置十分优越。

完整的中国版图由中国大陆、沿海岛屿及濒临的海域组成。我国海域中面积在 500 m^2 以上的岛屿有 7 300 多个，其中，钓鱼岛、赤尾屿是中国最东端的岛屿；散布在南海中的岛、礁、沙、滩等总称南海诸岛，是中国最南端的岛屿群，依照其地理位置分为东沙群岛、西沙群岛、中沙群岛和南沙群岛。

中国的陆地面积约 960 万 km^2，占地球陆地面积的 1/15，是世界上面积最大的国家之一。我国陆地边界长度约 2.2 万 km。

濒临中国陆地的海域有渤海(内海)、黄海、东海、南海和台湾以东的太平洋等辽阔的海域。渤海、黄海、东海、南海连成一片，呈弧形环绕在我国大陆的东面和东南面。我国大陆海岸线长度约 1.8 万 km。

中国幅员辽阔，南北跨度很大，南北两端最大距离约 5 500 km。这么大的跨度，使南方、北方获得的太阳光热有显著差异，形成了冷暖不同的气候。冬季，当北方大地千里冰封、万里雪飘的时候，我国的最南方依然温暖如春。

我国疆域的东西跨度也很大，东西两端最大距离约 5 200 km，东西时差达 4 h。这意味着当金色的阳光洒满祖国最东部的乌苏里江，早起的渔民已经外出捕鱼时，西部的帕米尔高原还是满天星斗，劳累了一天的牧民仍在酣睡之中。

中国大部分地区位于温带，一小部分地区位于热带，只有在高山地区才有类似寒带的终年冰雪带。温和的气候十分适宜人们的生活。

2. 用地图表现中国版图的主要形式

用地图表现中国版图是有讲究的，主要有两种形式：一种是包括南海诸岛在内，把中国疆域作为一个整体来表示；另一种是把南海诸岛作为附图表示。

---

① 自然资源部地图技术审查中心

知识点 7　水准仪测量误差及注意事项

知识结构线划图

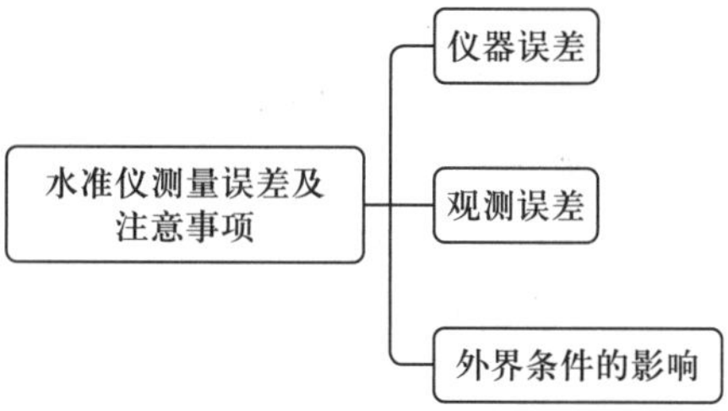

1. 仪器误差

(1)视准轴与水准管轴不平行引起的误差

仪器虽经过校正,但仍会有残余误差,如微小的 i 角误差。当在测量时如能保持前视和后视的距离相等,并限制视线长,这种误差就能消除。当因某种原因某一测站的前视(或后视)距离较大,那么就在下一测站上使后视(或前视)距离较大,使误差得到补偿。

(2)调焦引起的误差

当调焦时,调焦透镜光心移动的轨迹和望远镜光轴不重合,则改变调焦就会引起视准轴的改变,从而改变了视准轴与水准管轴的关系。如果在测量中保持前视后视距离相等,就可在前视和后视读数过程中不改变调焦,避免因调焦而引起的误差。

(3)水准尺的误差

水准尺的误差包括尺长误差、分划不精确、尺底磨损、零点差、尺身弯曲,都会给读数造成误差,所以使用前应对水准尺进行检验。水准尺的主要误差是每米真长的误差,它具有累积性质,高差越大误差也越大。对于误差过大的应在成果中加入尺长改正。

2. 观测误差

(1)水准管气泡居中误差

视线水平是以气泡居中或符合为根据的,但气泡的居中或符合都是凭肉眼来判断,不能绝对准确。气泡居中的精度也就是水准管的灵敏度,它主要决定于水准管的分划值。一般认为水准管居中的误差约为 0.1 分划值,它对水准尺读数产生的误差为

$$m=\frac{0.1\tau''}{\rho}s \tag{1-7-1}$$

式中,τ''为水准管的分划值;ρ 为常数,值为 $\tau206265''$;s 为视线长。为了减小气泡居中误差的影响,应限制视线长,观测时应使气泡严格居中或符合。

(2)估读水准尺分划的误差

水准尺上的毫米数都是估读的,估读的误差决定于视场中十字丝和厘米分划的宽度,所以估读误差与望远镜的放大率及视线的长度有关。通常在望远镜中十字丝的宽度为厘米分划宽度的 1/10 时,能估读出毫米数。所以在各种等级的水准测量中,对望远镜的放大率和视线长

的限制都有一定的要求。此外，在观测中还应注意消除视差，并避免在成像不清晰时进行观测。

(3)水准尺倾斜的误差

水准尺没有扶直，无论向哪一侧倾斜都使读数偏大。这种误差随尺的倾斜角和读数的增大而增大。例如尺有 3°的倾斜，读数为 1.5 m 时，可产生 2 mm 的误差。为使尺能扶直，水准尺上最好装有水准器。没有水准器时，可采用摇尺法，即读数时把尺的上端在视线方向前后来回缓慢摆动，当视线水平时，观测到的最小读数就是尺扶直时的读数(图 1-7-1)。这种误差在前后视读数中均可产生，所以在计算高差时可以抵消一部分。

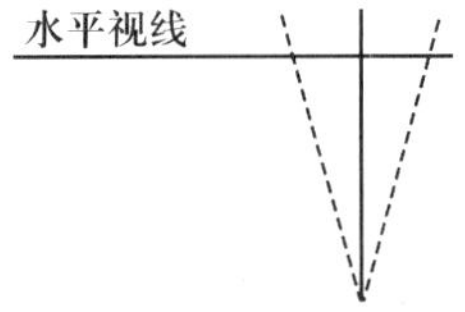

图 1-7-1　水准尺倾斜误差

3. 外界条件的影响

(1)仪器下沉和水准尺下沉的误差

①仪器下沉的误差。在读取后视读数和前视读数之间若仪器下沉了，由于前视读数减少了从而使高差增大了(图 1-7-2)。在松软的土地上，每一测站都可能产生这种误差。当采用双面尺或两次仪器高时，第二次观测可先读前视点 B，然后读后视点 A，则可使所得高差偏小，两次高差的平均值可消除一部分仪器下沉的误差。用往测、返测时，亦因同样的原因可消除部分误差。

②水准尺下沉的误差。在仪器从一个测站迁到下一个测站的过程中，若转点下沉了，则使下一测站的后视读数偏大，使高差也增大(图 1-7-3)。在同样情况下返测，则使高差的绝对值减小。所以取往返测的平均高差，可以减弱水准尺下沉的影响。

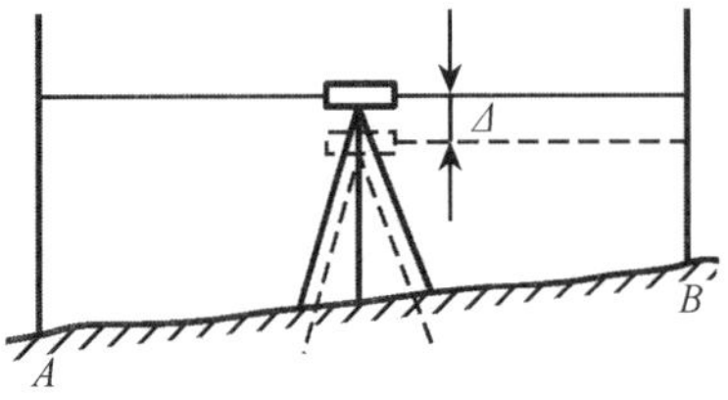

图 1-7-2　仪器下沉图

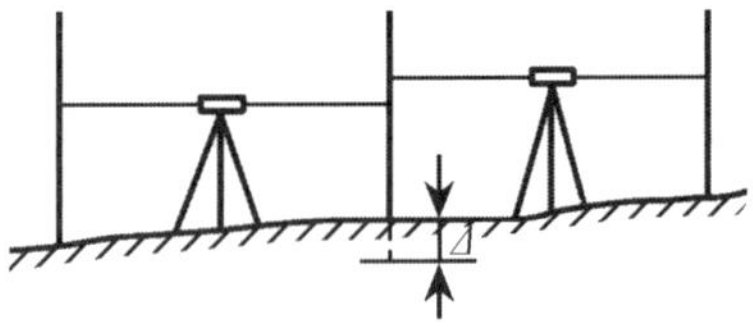

图 1-7-3　水准尺下沉图

当然，在进行水准测量时，必须选择坚实的地点安置仪器和转点，避免仪器和尺的下沉。

(2)地球曲率和大气折光的误差

①地球曲率引起的误差。理论上水准测量应根据水准面来求出两点的高差(图 1-7-4)，但视准轴是一直线，因此使读数中含有由地球曲率引起的误差 p

$$p=\frac{S^2}{2R} \tag{1-7-2}$$

式中，S 为视线长；R 为地球的半径。

②大气折光引起的误差。水平视线经过密度不同的空气层被折射，一般情况下形成一向下弯曲的曲线，它与理论水平线所得读数之差，就是由大气折光引起的误差 r(图 1-7-4)。实验得出：大气折光误差比地球曲率误差要小，是地球曲率误差的 K 倍，在一般的大气情况下，系数 K 的大小在某个范围之内，一般可以取值 1/7，故有下式

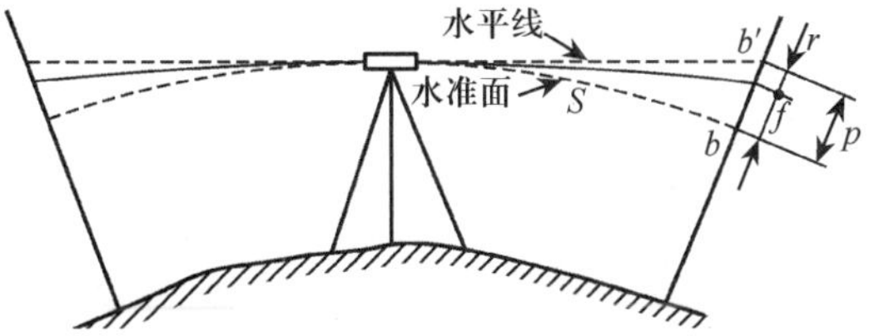

图 1-7-4　地球曲率与大气折光的影响

$$r=K\frac{S^2}{2R}=\frac{S^2}{14R} \tag{1-7-3}$$

所以，水平视线在水准尺上的实际读数位于其与按水准面得出的读数 b 之差，就是地球曲率和大气折光总的影响值 f。故

$$f=p-r=0.43\frac{S^2}{R} \tag{1-7-4}$$

当前视后视距离相等时，这种误差在计算高差时可自行消除。但是近地面的大气折光变化十分复杂，在同一测站的前视和后视距离上就可能不同，所以即使保持前视后视距离相等，大气折光误差也不能完全消除。由于影响值与距离的平方成正比，所以限制视线的长可以使这种误差大为减小，此外使视线离地面尽可能高于 0.3 m，也可减弱折光变化的影响。

(3)气候的影响

除了上述各种误差来源外，气候的影响也给水准测量带来误差，例如风吹、日晒、温度的变化和地面水分的蒸发等。所以，观测时应注意气候带来的影响。为了防止日光曝晒，晴天观测时应给仪器撑伞保护。无风的阴天是最理想的观测天气。

【普法课堂】

关于测绘成果①

第三十三条　国家实行测绘成果汇交制度。国家依法保护测绘成果的知识产权。

测绘项目完成后，测绘项目出资人或者承担国家投资的测绘项目的单位，应当向国务院测绘地理信息主管部门或者省、自治区、直辖市人民政府测绘地理信息主管部门汇交测绘成果资料。属于基础测绘项目的，应当汇交测绘成果副本；属于非基础测绘项目的，应当汇交测绘成果目录。负责接收测绘成果副本和目录的测绘地理信息主管部门应当出具测绘成果汇交凭证，并及时将测绘成果副本和目录移交给保管单位。测绘成果汇交的具体办法由国务院规定。

国务院测绘地理信息主管部门和省、自治区、直辖市人民政府测绘地理信息主管部门应当及时编制测绘成果目录，并向社会公布。

第三十四条　县级以上人民政府测绘地理信息主管部门应当积极推进公众版测绘成果的加工和编制工作，通过提供公众版测绘成果、保密技术处理等方式，促进测绘成果的社会化应用。

---

①　摘自《中华人民共和国测绘法》

测绘成果保管单位应当采取措施保障测绘成果的完整和安全，并按照国家有关规定向社会公开和提供利用。

测绘成果属于国家秘密的，适用保密法律、行政法规的规定；需要对外提供的，按照国务院和中央军事委员会规定的审批程序执行。

测绘成果的秘密范围和秘密等级，应当依照保密法律、行政法规的规定，按照保障国家秘密安全、促进地理信息共享和应用的原则确定并及时调整、公布。

知识点 8　水准仪的检校

知识结构线划图

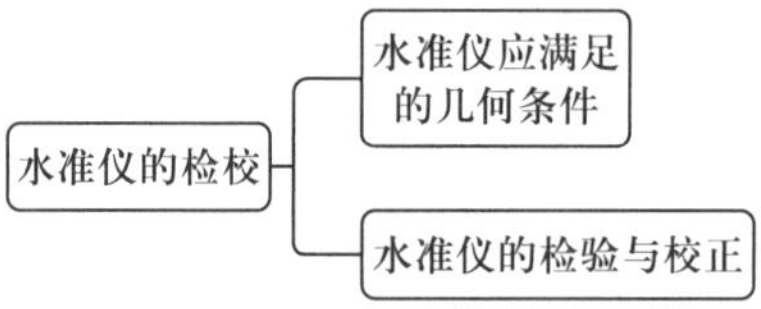

1. 水准仪应满足的几何条件

根据水准测量的原理，水准仪必须能提供一条水平视线，才能正确地测出两点间的高差。为此，水准仪应满足下列条件。如图 1-8-1 所示。

①圆水准器轴应平行于竖轴，即 $L'L' /\!/ VV$。

②十字丝中横丝应垂直于竖轴。

③水准管轴应平行于视准轴，即 $LL /\!/ CC$。仪器出厂前，虽经过严格检验合格，均能满足条件，但经过搬运、长期使用、震动等因素的影响，使之几何条件发生变化。为此，测量之前应对上述条件进行必要的检验与校正。

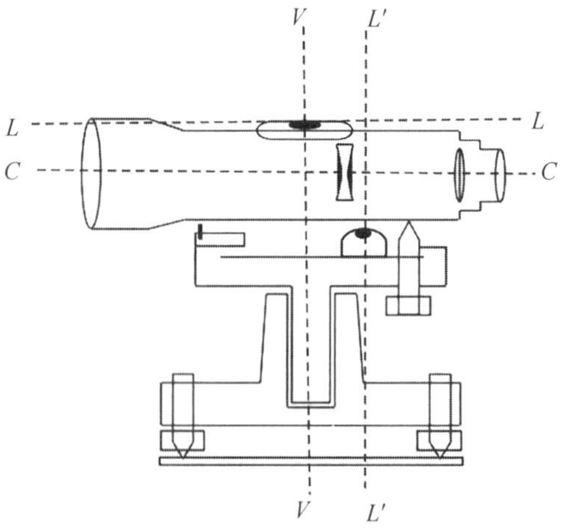

图 1-8-1　水准仪的轴线

2. 水准仪的检验与校正

(1)圆水准器轴 $L'L'$ 平行于仪器竖轴 VV 的检验与校正

①检验方法：旋转脚螺旋使圆水准器气泡居中，然后将仪器绕竖轴旋转 180°，如果气泡仍居中，则表示该几何条件满足；如果气泡偏出分划圈外，则需要校正。

②校正方法：校正时，先调整脚螺旋，使气泡向零点方向移动偏离值的一半，此时竖轴处于铅垂位置。然后，稍旋松圆水准器底部的固定螺钉，用校正针拨动三个校正螺钉，使气泡居中，这时圆水准器轴平行于仪器竖轴且处于铅垂位置。

圆水准器校正螺钉的结构如图 1-8-2 所示。此项校正需反复进行，直至仪器旋转到任何位置时，圆水准器气泡皆居中为止，最后旋紧固定螺钉。

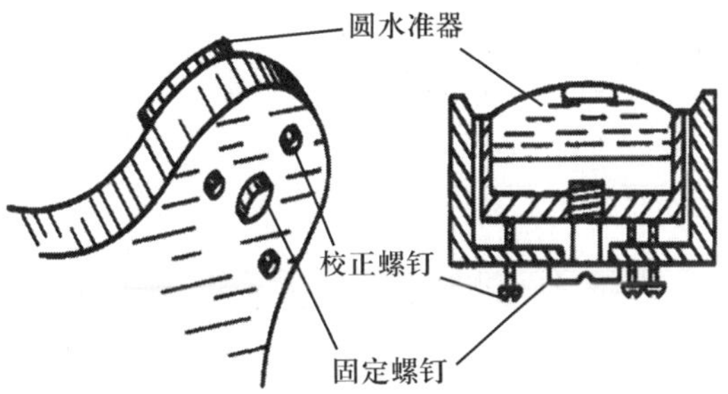

图 1-8-2　圆水准器校正螺钉

(2)十字丝中丝垂直于仪器竖轴的检验与校正

①检验方法:安置水准仪,使圆水准器的气泡严格居中后,先用十字丝交点瞄准某一明显的点状目标 M,如图 1-8-3(a)所示,然后旋紧制动螺旋,转动微动螺旋,如果目标点 M 不离开中丝,如图 1-8-3(b)所示,则表示中丝垂直于仪器的竖轴;如果目标点 M 离开中丝,如图 1-8-3(c)所示,则需要校正。

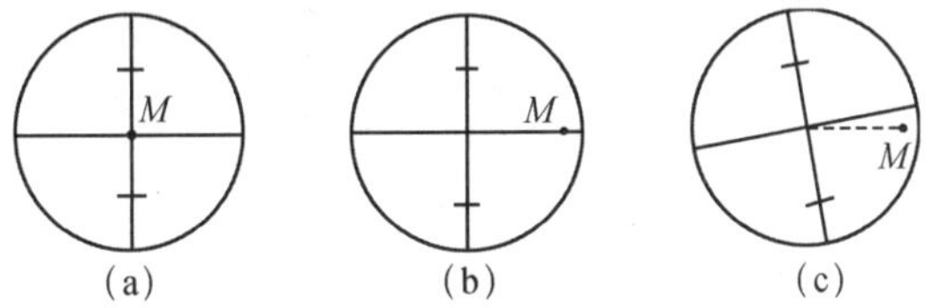

图 1-8-3　十字丝中丝垂直于仪器竖轴的检验

②校正方法:松开十字丝分划板座的固定螺钉,转动十字丝分划板座,使中丝一端对准目标点 M,再将固定螺钉拧紧。此项校正也需反复进行。

(3)水准管轴平行于视准轴的检验与校正

①检验方法:如图 1-8-4 所示,在较平坦的地面上选择相距约 80 m 的 A、B 两点,打下木桩或放置尺垫。定出 AB 的中间点 C。

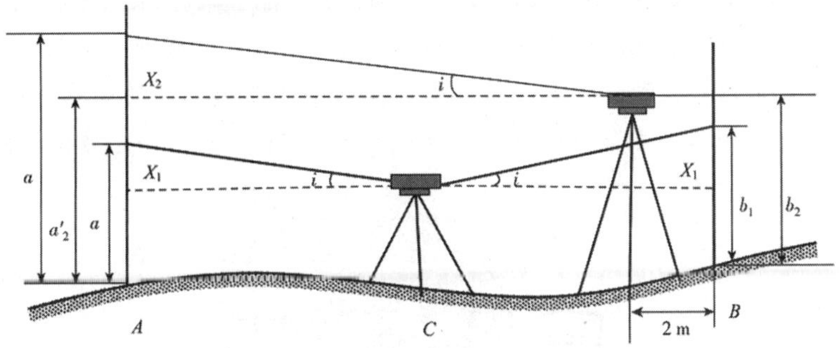

图 1-8-4　水准管轴平行于视准轴的检验

在 C 点处安置水准仪,用变动仪器高法,连续两次测出 A、B 两点的高差,若两次测定的高差之差不超过 3 mm,则取两次高差的平均值 h_{AB} 作为最后结果。由于距离相等,视准轴与水准管轴不平行所产生的前、后视读数误差 X_1 相等,故高差 h_{AB} 不受视准轴误差的影响。

在离 B 点大约 2 m 处安置水准仪，精平后读得 B 点尺上的读数为 b_2，因水准仪离 B 点很近，两轴不平行引起的读数误差 X_2 可忽略不计。根据 b_2 和高差 h_{AB} 算出 A 点尺上视线水平时的应读读数为：

$$a'_2 = b_2 + h_{AB} \tag{1-8-1}$$

然后，瞄准 A 点水准尺，读出中丝的读数 a_2，如果 a'_2 与 a_2 相等，表示两轴平行。否则存在 i 角，其 i 角值为

$$i = \frac{a'_2 - a_2}{D_{AB}}\rho \tag{1-8-2}$$

②校正方法：转动微倾螺旋，使十字丝的中丝对准 A 点尺上应读读数 a'_2，用校正针先拨松水准管一端左、右校正螺钉，再拨动上、下两个校正螺钉，使偏离的气泡重新居中，最后要将校正螺钉旋紧。如图 1-8-5 所示。此项校正工作需反复进行，直至达到要求为止。

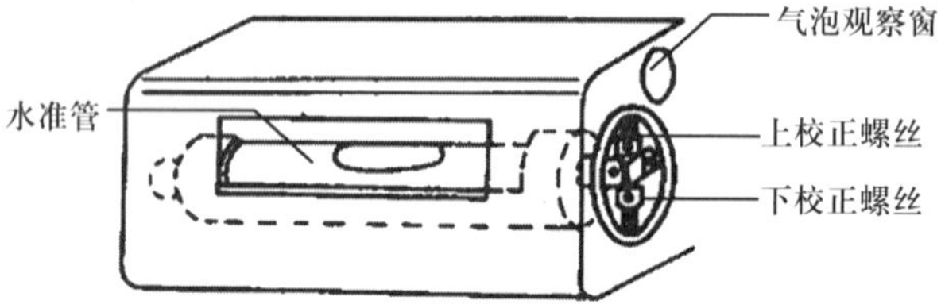

图 1-8-5　水准管的校正螺丝

【测绘人物】

郭守敬(1231—1316 年)

郭守敬，元代著名天文大地测量学家(图 1-8-6)。

他在天文、历算、地理、测绘、水利等领域，均有突出成就，特别是水准测量中，他首创以我国沿海海平面作为水准测量的基准面，并创立“海拔”这一科学概念，这不但对于我国测量事业的发展具有十分重要的意义，也是世界测绘史上杰出的科学成果。直到今日，世界各国的区域性测量，其水准测量成果均归化到以海岸某点的平均海水面作为基准面的高程系统中去。我国现在就在青岛设有水准原点，以黄海平均海水面作为高程基准面。这一科学方法，仍将继续沿用。

图 1-8-6　郭守敬与《授时历》

项目二　角度测量

知识点 1　角度测量原理

知识结构线划图

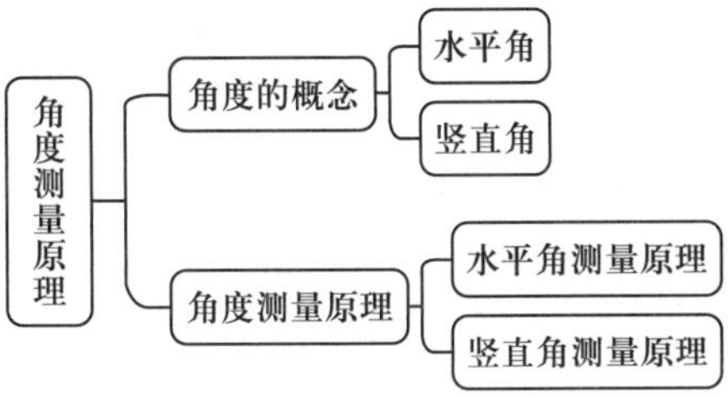

要点 1　角度的概念

角度测量包括水平角测量和竖直角测量。

1. 水平角

水平角是指地面上某点到两目标的方向线垂直投影到水平面上所成的夹角。如图 2-1-1 所示，A 点到 B、C 两目标点的方向线 AB 和 AC 在某水平面 H 上的垂直投影 $A'B'$ 和 $A'C'$ 的

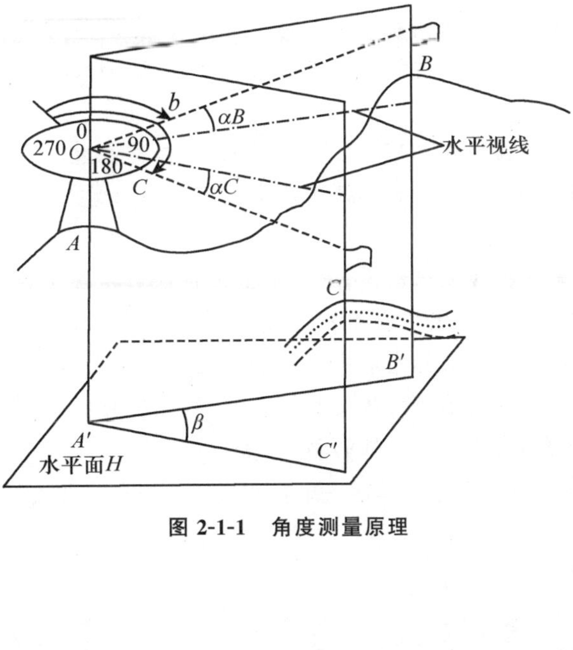

图 2-1-1　角度测量原理

夹角 ∠B′A′C′即称水平角 β，其角值范围为 0°～360°。由此可见，地面上任意两直线间的水平夹角，就是通过两直线所作铅垂面间的两面角。

2. 竖直角

竖直角是指同一铅垂面内，某方向线的视线与水平线的夹角(又称垂直角)。其角值范围为 0°～90°。如图 2-1-1，OB、OC 方向线的竖直角分别为 αB、αC。竖直角由水平线起算，视线在水平线之上为正，称仰角($\alpha B>0$)；反之为负，称俯角($\alpha C<0$)。

要点 2　角度测量原理

1. 水平角测量原理

根据水平角的概念，设在过角顶 A 点的铅垂线上任一点 O 安置一水平的且按顺时针方向 0°～360°增加的分划刻度圆盘，使刻度盘圆心正好位于过 A 点的铅垂线上。如图 2-1-1 所示，设 A 点到 B、C 目标方向线在水平刻度盘上的投影读数分别为 b 和 c，则水平角：$\beta=c-b$，即右目标读数减左目标读数。

视频 16　水平角测量原理

2. 竖直角测量原理

同理，根据竖直角的概念，在 OB(或 OC)铅垂面内安置一个竖直刻度盘，也使点 O 与刻度盘中心重合。则 OB(或 OC)和铅垂面内过 O 点的水平线在竖直度盘上的读数之差即为 OB(或 OC)的竖直角，用于测量水平角、竖直角的仪器是经纬仪。

视频 17　竖直角测量原理

【测绘史话】

测天绘地　量海描河①

测绘是门古老的学科，在中国源远流长，自有文字记载便有了测绘的记述。《史记·夏本纪》上说，夏禹治水“左准绳，右规矩，载四时，以开九州，通九道”。这说明四千多年前，我们的祖先为发展农业，在与洪水的斗争中，就已经开展过规模较大的测绘工作。

大禹治水成功后，各部族和九州首领向大禹进贡图画、金属等物品，禹命工匠铸成九鼎，并刻上图，图上有九州的山川、草木、道路以及禽兽的分布情况，这就是古代的原始地图，供人们外出交往沟通、狩猎时参考。

春秋战国时，地图已普遍用在军事上。秦汉时期，统治者已把地图视为权力之象征，极为重视。秦始皇统一中国后，立即收集各类地图，“掌天下之图以掌天下之地”。中央由“大司徒”专门管理，地方派“土训”管理。

清时，出于指挥战争和巩固政权需要，进行了全国性的大地测量和地图测绘工作，统一了全国测量中的长度单位，编绘了《皇舆全图》《西域图志》《亚洲全图》等区域地图。这些图都是当时世界上极为重大的测绘成果，标志着中国测绘科技曾一度走在世界的前列。

纵观中国古代测绘史，在数千年的历史长河中，它的进步与发展，基本上是以朝代为单元，以个人出众的才华而存在的，缺乏系统性的总结。

① 摘自《中国测绘简史》

从清朝末期到民国时期，由于历史原因，我国的测绘科学渐渐落伍于世界测绘科技发展水平。

唐朝初期，全国各州、府每年要修测地图一次。到了明代，郑和七下西洋，其第七次出海的航海图是我国最著名的古海图，也是我国最早的一幅亚非地图。

新中国成立后百废待举，测绘科技是国家经济建设和国防建设不可缺少的基础工作，从建设的整体规划设计到具体建设，都离不开准确的测绘数据资料和精确的地图资料。为发展测绘事业，组建相关学会促进科技工作者学术交流显得尤为必要。可见，测量是一门有着极其古老历史的科学。

知识点 2　光学经纬仪的使用

知识结构线划图

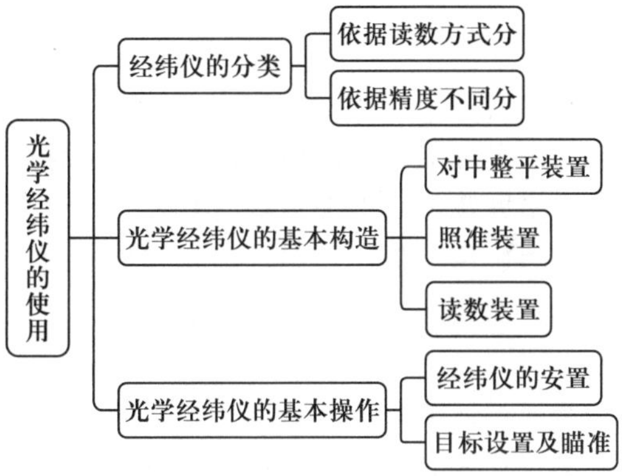

要点 1　经纬仪的分类

1. 经纬仪依据读数方式不同分类

工程上常用的经纬仪按其读数方式不同可分为两种类型：一种是通过光学度盘放大来进行读数的，称为光学经纬仪；另一种则是采用电子学的方法来读数的，称为电子经纬仪。

2. 经纬仪按其精度不同分为 DJ_1、DJ_2、DJ_6 等几种型号

“D”和“J”分别为“大地测量”和“经纬仪” 两词汉语拼音的首字母，“2”“6”表示该仪器所能达到的精度指标（如 DJ6，表示水平方向测量一测回的方向观测中误差不超过 $\pm 6''$）。

要点 2　光学经纬仪的基本构造

各种经纬仪主要部件的构造基本相同。图 2-2-1 为 DJ_6 型光学经纬仪的构造示意图。根据各部件的作用，可将其划分为以下三个功能部分：

1. 对中整平装置

用以将度盘中心安置在过所测角顶的铅垂线上，并使水平度盘水平，仪器各轴线处于正确位置。主要包括：基座、垂球或光学对中器、脚螺旋、水准器。

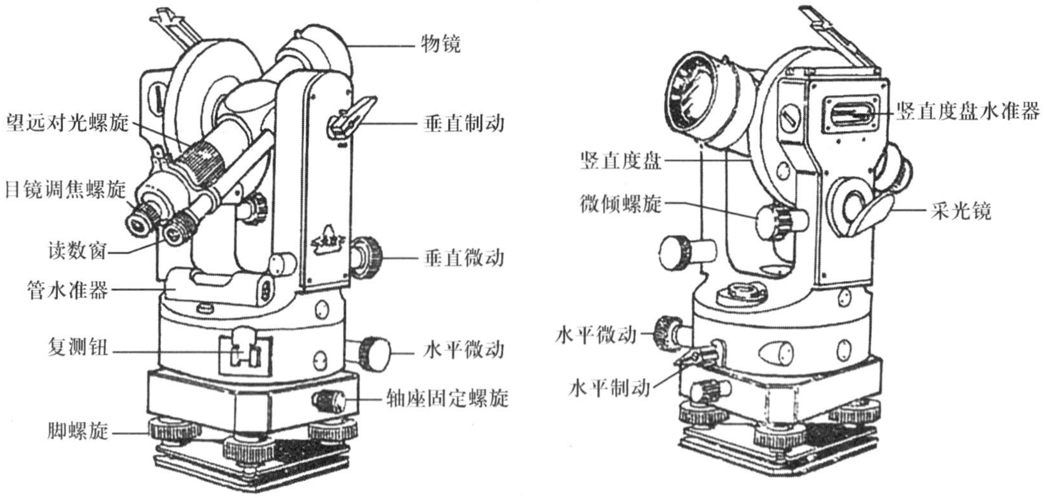

图 2-2-1　DJ_6 型光学经纬仪构造

(1)基座

支承仪器的底座。与水准仪的基座相似,上有中心连接螺旋孔(1 个)及脚螺旋(3 个)。另外,还有一个轴座固定螺旋,与水平度盘相连的外轴套插入基座的套轴内时,可由该螺旋紧固。换置觇标时旋开该螺旋可将水平度盘及照准都从基座中取出,平时此螺旋必须拧紧,测量过程中一般不动该螺旋。中心连接螺旋用于将仪器和三脚架相连。三个脚螺旋则用于整平仪器,使仪器竖轴处于铅垂位置。

(2)垂球或光学对中器

用于使仪器竖轴轴线铅垂通过所测角度顶点。垂球悬挂于中心联结螺旋上,当垂球尖对准角顶时说明两者重合。有的仪器装有光学对中器,它是一个小型外调焦望远镜。当照准部水平时,对中器的视线经棱镜折射后的一段变成铅垂方向且与竖轴中心重合。当地面标志中心与光学对中器分化板十字中心重合时,说明竖轴中心(水平度盘中心)已位于所测角顶的铅垂线上。光学对中器有的装在照准部上,有的装在基座上。

(3)水准器

用来整平仪器,当气泡居中时说明仪器处于整平状态。一般有两个水准器,一个为圆水准器,位于基座上,用于粗平;一个为管水准器,位于照准部,用于精平。

(4)三个脚螺旋

用于升降基座以使气泡居中。

2. 照准装置

照准装置包括望远镜、支架、转动控制装置。

①望远镜用以照准目标,与水准仪类似。区别在于:经纬仪的调焦筒代替了水准仪的调焦螺旋;十字丝分划板有单丝、双丝,适应瞄准不同形式的地面目标。

②为了照准不同高度的目标点,望远镜既可以随照准部在水平面内转动,也可以在竖直面内自由旋转。除仪器视准轴(或称视线)、竖轴、水准管轴外,望远镜在竖直面内的旋转轴称为横轴,这四条轴线构成经纬仪的四条主要轴线。

③为了控制仪器各部分间的相对运动且能精确瞄准目标,仪器上一般设有两套控制装置:

a. 照准部水平转动的制动和微动；b. 望远镜竖直面内转动的制动和微动。

3. 读数装置

(1)分微尺测微器及读数方法

该装置见于 DJ_6 型光学经纬仪。除北京红旗Ⅱ型外，国产 DJ_6 光学经纬仪均采用这种装置。这类仪器的度盘分化值为 1°，按顺时针方向注记，其读数设备是由一系列光学设备所组成的光学系统。

如图 2-2-2 所示，水平、竖直度盘上的分划线最小间隔为 1°，成像后其最小间隔正好与分微尺的全长相等。上面窗格里是水平度盘及其分微尺的影像，下面窗格里是竖直度盘及其分微尺的影像。分微尺整尺长分为 60 等分，格值为 1′，可估读到 0.1′，即 6″，读数时，度数由落在分微尺上的度盘分划的注记读出，小于 1°的分秒细数，即分微尺零线至该度盘刻线间的角值，由分微尺上读出。图 2-2-2 中，落在分微尺上的水平度盘刻线的注记为 73°，该刻线截在分微尺上的读数(从分微尺的零分划线起算)为 4.5′，故水平度盘读数(H)应为 73°04.5′(73°04′30″)。同理，竖直度盘读数(V)为 87°06.4′(87°06′24″)。

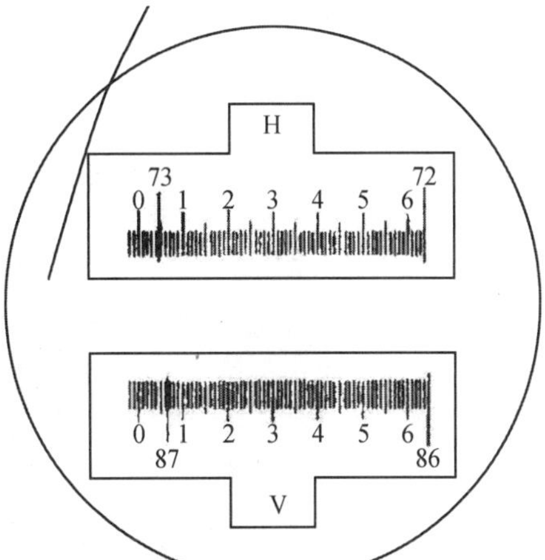

图 2-2-2　分微尺读数显微镜成像

(2)单平板玻璃测微器(图 2-2-3)及读数方法

单平板玻璃测微器多见于 DJ_6 型光学经纬仪。

在读数显微镜中可同时看到三个窗(图 2-2-4)，上窗口为测微尺分划影像及指标，共分 30 大格，每大格 1′，一大格又分三小格，每小格 20″，每 5′注记一数字；中间及最下窗分别为竖直度盘和水平度盘影像，分划值一般为 30′。测微尺整尺长(0′～30′)，恰为度盘分划的一格(30′)。读数时，转动测微器，使度盘分划精确夹在双指标线中，按双指标线所夹度盘分划线读出读数；不足 30′的分、秒数从测微器窗口中读出(估读到秒)。图 2-2-4 中水平度盘读数为：149°30′＋22′30″＝149°52′30″

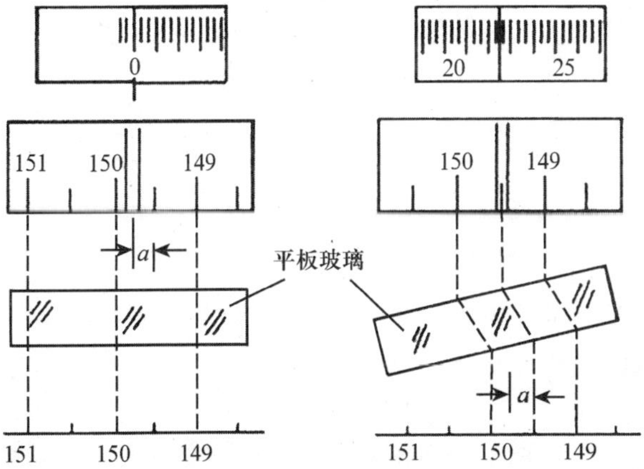

图 2-2-3　单平板玻璃测微原理

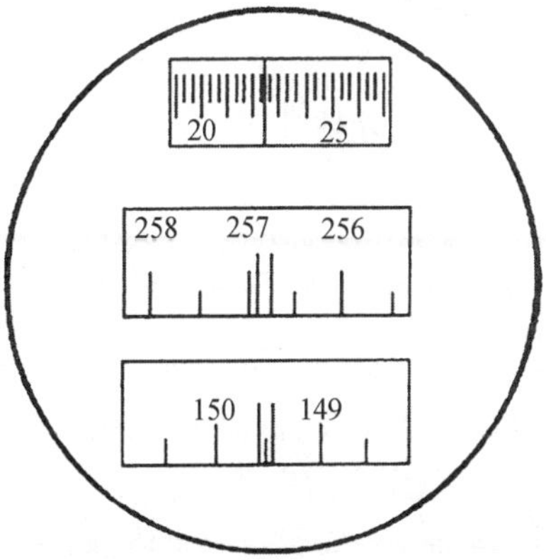

图 2-2-4　读数显微镜成像

(3)双平板玻璃测微器及读数方法

精度较高的 DJ_2 型经纬仪都采用双光楔或双平板玻璃测微器，也称对径符合读数法。相对于前述两种读数设备，有如下特点：

①直接获取度盘对径相差 180°处的两个读数的平均值作为瞄准方向的读数。该方法可消除照准部偏心误差的影响，提高了读数精度。

②经纬仪读数显微镜中只能看到水平度盘或竖直度盘的一种影像，可以通过换像手轮使其分别出现。

近年来，这种读数系统中基本淘汰了传统的正倒像方法，为使读数更为方便和不易出错，均采用光学数字化的方法。如图 2-2-5 所示，读数显微镜中有三个窗口：

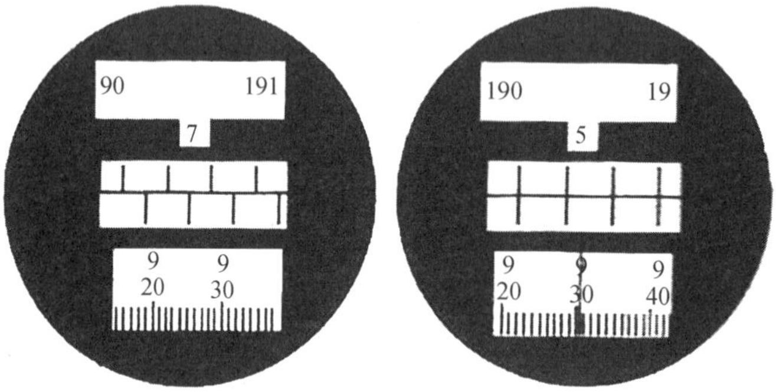

图 2-2-5　双平板玻璃测微器读数显微镜成像

对径线窗口：显示可以相向错动的一组单(或双)短线影像表示度盘对径分划线的成像(无注记)，当对径线符合(上下线对齐)时，可以读出该方向的正确读数；

度盘注记窗口：显示度盘读数及整 10′数；

测微尺窗口：显示 10′以下的分秒数，测微尺最小分划为 1″，每隔 10″有一注记，全程 0′～10′。

读数方法：精确瞄准目标后，首先转动测微轮，使对径线符合(上下短线对齐)，依次读取度盘注记窗口中的度数，整 10′数及测微尺窗口中 10′以下的分秒细数，三者相加即是所测角度。图 2-2-5 中所示读数为：

度盘上度数：	190°(注：度数均为 3 位数字，仅完整出现时方可读之)
度盘上整 10′数(5×10′)	50′(该处数字为 0、1、2、3、4 或 5)
测微尺分秒细数	9′30.5″(估读到 0.1″)
全读数	190°59′30.5″

要点 3　光学经纬仪的基本操作

在进行角度测量之前，应将经纬仪安置在测站(角顶点)上，然后再进行观测。基本操作包括经纬仪的安置、目标设置、瞄准及读数四个步骤。

1. 经纬仪的安置

经纬仪的安置目的是使仪器的竖轴与测站点在同一铅垂线上并使水平度盘成水平位置，包括仪器安置、对中及整平等工作。

(1)安置三脚架

伸开三脚架于测站点上方,将仪器置于三脚架头中央位置,一手握住仪器,另一手将三脚架中心连接螺旋旋入仪器基座中心螺孔中并固紧。安置时要注意以下三点:

①保证三脚架架头尽可能水平,仪器中心尽可能处于测站点正上方;

②将三脚架的各螺旋适度拧紧,以防观测过程中仪器倾落;

③在较大坡度处安置仪器时,宜将三脚架的两条腿置于下坡方向。

(2)粗平及对中

平移脚架,目估大致对中,调节光学对中器目镜,使站点影像清晰,将三脚架腿踏入土中。

然后按以下两步调平:①转动脚螺旋使站点影像进入对中器圆圈中心;②伸缩架腿使圆水准器气泡居中。如站点偏离圆圈中心较小,可松开连接螺旋平移基座精密对中,重新整平仪器。否则重复上述两步,直至圆水准气泡居中,站点位于圆圈内为止。光学对中器误差不大于1 mm。

(3)精平及再对中

松平照准部水平制动螺旋使水准管与一对脚螺旋的连线平行;旋转脚螺旋使管水准器气泡居中,将照准部旋转90°调节第三个脚螺旋,使气泡居中;然后检查对中器,若圆环中心偏离测站点,则再平移照准部使之对中。

重复步骤(3),直至仪器既对中且管水准气泡在任何方向都居中为止。

说明:对于光学对中器,由于整平会影响到对中器的轴线位置变化,故对中、整平须交互进行,且反复几次;对于垂球对中则可先对中后粗平、精平。

仪器放置好后,在对中、整平之前,有两种可能情况:对中器中心与角顶偏离较小但圆水准器气泡偏离较大,这时可调节脚架腿关节螺旋使气泡中心居中;反之,前者较大后者较小,则可先调节脚螺旋使对中器中心与角顶基本重合,然后再从步骤(2)开始。

整平时气泡移动方向和左手大拇指运动方向一致,管水准器与两个脚螺旋连线平行时,可用两手同时相向转动这对脚螺旋,使气泡较快居中。在反复对中、整平过程中,每次的调节量逐渐减小,故调节时要注意适度。

在一个测站上,对中、整平完毕后,测角过程中不再调节脚螺旋的位置。若发现气泡偏离超过允许值,则须废除该测站上的所有观测数据,重新对中、整平,重新开始观测。

测角状态时,注意要将复测扳手拨上或度盘变换手轮退出。

2. 目标设置及瞄准

(1)设置目标

测角时,一般应在目标点上设置照准标志。距离较近时,直接瞄准目标点或垂球线,也可竖立测钎;距离较远时,可垂直竖立标杆;同时测距时,设置觇标。

(2)瞄准目标

①松开照准部和望远镜制动螺旋(或扳手);

②调节目镜——将望远镜瞄准远处天空;转动目镜环,直至十字丝分划最清晰;

③转动照准部,用望远镜粗瞄器瞄准目标,然后固定照准部;

④转动望远镜调焦环,进行望远镜调焦(对光),使望远镜十字丝及目标成像最清晰。

要注意消除视差。人眼在目镜处上下移动,检查目标影像和十字丝是否相对晃动。如有晃动现象,说明目标影像与十字丝不共面,即存在视差,视差影响瞄准精度。重新调节对光,直至无视差存在。

⑤用照准部和望远镜微动螺旋精确瞄准目标。观测水平角时用竖丝;观测竖直角时用中丝。应该注意的是,在精确瞄准目标时要求目标像与十字丝靠近中心部分相符合,实际操作时应根据目标像大小的不同,或用单丝切准目标,或用双丝夹中目标。

【测绘史话】

中国测绘发展史①

测绘历史悠久,伴随着人类历史发展而产生。

测绘作为一切工作的基础,犹如古代所说:"兵马未动,粮草先行"。对于人类生产生活来说,万物未动,测绘先行。

最早时期,尼罗河经常泛滥,淹没了农田。为了重新勘测定界,就需要组织测量,这是最早有组织测绘工作。

在中国,传说大禹治水之时,就进行了测绘工作。

1899 年,金石学家王懿荣在药铺常卖的"龙骨"上识出文字,从而掀开甲骨文(卜辞)研究历史的新的一页。现已发现的十几万块甲骨卜辞材料,是中国现存的最早的系统文字材料,所记录的内容十分可观,其中地理一项,所含信息不少,可以说是中国地理知识记录史的第一篇。

甲骨文中的地名有自然的山河名称,有多样的风向说明,而更值得注意的是人文地理的东西。史学家称早期模糊的记载为"史影",那么,在支离残缺的甲骨卜辞中,不但有人文的"史影",也有人文的"地影"。对人文的"地影",卜辞专家如王国维、郭沫若、陈梦家、李学勤等都进行过研究推断,使我们对商代的人文地理态势,有了稍微具体的认识。卜辞中最常见的人文地理内容有城、邑、边鄙(郊区)、商王的田猎区、四土、邦方(方国部族)等,这几样东西构成了商代人文地理的主要框架。

甲骨文材料证明商代已经出现大地域国家的早期特征,而国家领土只要大到一定程度,就会出现所谓中央与地方的关系一类的问题。中国古代常说"王畿千里","王畿"可以理解为"中央",国土若超过了 1 000 里,就有了"地方"。随着领土的扩大,国家机器要建立一套管理控制大地域的办法,具体说就是"中央"管控大量"地方"的办法,地理的政治内容因此出现。

不同文化的交融,是世界文明发展的推动力量。独具特色的中国传统测绘在融合了西方测绘术后,也跃上了一个新台阶。在传播西方测绘术的先驱者中,徐光启是功绩最为卓著的。

徐光启是明代著名科学家,他师从来到中国的意大利传教士利马窦,学习天文、历算、测绘等。资质聪慧的徐光启很快得其要旨,并有所创造。在徐光启等中国学者的一再要求和推动下,外国传教士才同意翻译外国科技著作,向中国人介绍西方的测绘技术。明朝后期问世的测绘专著和译著,大多与徐光启有关。徐光启和利马窦合译了《几何原本》和《测量法义》,与熊三拔合译了《简平仪说》。徐光启认为,《几何原本》是测算和绘图的数学基础,力主翻译。为了融通东西,他撰写了《测量异同》,考证中国测量术与西方测量术的相同点和不同点。他主持编写了《测量全义》,这是集当时测绘学术之大成的力作,内容丰富,涉及面积、体积测量和有关平面三角、球面三角的基本知识以及测绘仪器的制造等。

---

① 摘自《中国测绘发展史》

徐光启还身体力行，积极推进西方测绘术在实践中的应用，1610 年他受命修订历法。他认为，修历法必须测时刻、定方位、测子午、测北极高度等，于是要求成立采用西方测量术的西局和制造测量仪器。此次仪器制造的规模在我国测绘史上是少见的，共制造象限大仪、纪限大仪、平悬浑仪、转盘星晷、候时钟、望远镜等 27 件。利用新制仪器，进行了大范围的天象观测，取得了一批实测数据，其中载入恒星表的有 1 347 颗星，这些星都标有黄道、赤道经纬度。总之，无论在理论上还是在实践上，徐光启都算得上传播西方测绘术最卓越的先驱者。

中国历史上一次规模最大的全国性测绘是由清朝康熙皇帝亲自主持进行的。

康熙帝爱新觉罗·玄烨，不仅是一位雄才大略的政治家，而且也是一位博学多才，勇于实践的学者。康熙帝十分喜爱地理，在整治黄、淮的工程中，他多次在现场巡勘地形，测量天文并提出具体意见。康熙三十八年春，他巡至苏北高邮，亲自用水平仪进行测量，测得运河的水位比高邮湖水位高出四尺八寸，并据此对防洪护堤提出具体要求。

康熙帝在治理国家和抵御外国侵略的过程中，对当时的地图测绘粗略、精度不高、内容不详，甚感不满。根据一些外国传教士的奏请，决定进行全国性的大地测量。

由于采用西方经纬度法测绘全国省级地图在我国还是第一次，为慎重起见，康熙帝在 1707 年底命传教士白晋等人在北京附近进行小面积的试验性测量，康熙帝亲自加以校勘，认为远较旧地图精确。于是决定全面铺开，实测全国各省。

经过十余年的准备，康熙四十七年至五十七年(1708—1718 年)完成了全国性的大规模地图测绘，即《皇舆全览图》的测制。

进入现代，随着 GPS、RS、GIS 技术的融合发展，测绘技术走向现代化。测绘走向智能，测量机器人的出现减少了人的工作量，同时减少了人为误差。

测绘作为一个传统的行业，随着现代技术的发展，将人工智能、计算机视觉、计算机图形学不断融合，在智慧城市以及虚拟现实等方面发挥重要作用。

知识点 3　电子经纬仪的使用

知识结构线划图

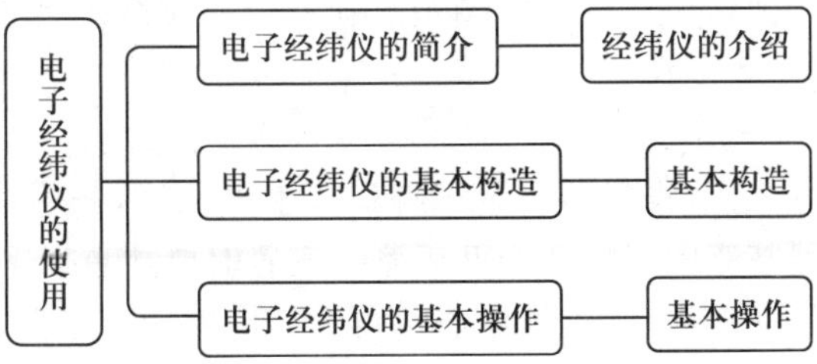

要点 1　电子经纬仪的简介

电子经纬仪是集光、机、电、计算为一体的自动化、高精度的光学仪器，是在光学经纬仪的电子化智能化基础上，采用了电子细分、控制处理技术和滤波技术，实现测量读数的智能化。

电子经纬仪既可单独作为测角仪器完成导线测量等测量工作，又可与激光测距仪、电子手簿等组合成全站仪，与陀螺仪、卫星定位仪、激光测距机等组成炮兵测地系统，实现边角连测、定位、定向等各种测量。在采用点阵式双面双排液晶显示和标准的（RS232、RS485、USB2.0 和最近发展起来的蓝牙技术等）通信接口后，既可直接读数，同时又可实现数据通信。电子经纬仪能够实现数据的液晶显示，误差补偿，尤其是对仪器本身工艺上所产生误差进行补偿和校正，使电子经纬仪测量时，能够以较少的测量前期工作达到较高的精度，大大减轻了测量作业量。电子经纬仪对误差的修正和测量是通过按键设定和操作来实现的。

要点 2　电子经纬仪的基本构造

电子经纬仪由以下部件（图 2-3-1）组成：望远镜、微动旋钮、操作面板、电池、水准器、粗瞄准器、基座及脚螺旋、电子手簿接口、读数面板。

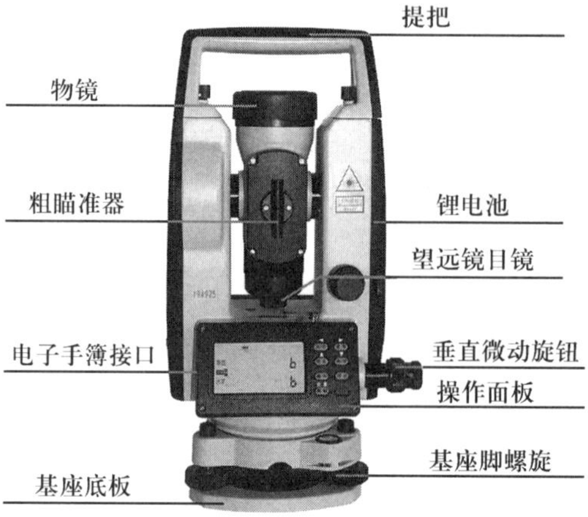

图 2-3-1　南方 NT02 电子经纬仪

要点 3　电子经纬仪的基本操作

电子经纬仪的基本操作包括经纬仪的安置、目标设置、瞄准及读数四个步骤。

1. 经纬仪的安置

经纬仪安置的目的是使仪器的竖轴与测站点在同一铅垂线上并使水平度盘成水平位置，包括仪器安置、对中及整平等工作。

（1）安置三脚架

伸开三脚架于测站点上方，将仪器置于三脚架头中央位置，一手握住仪器，另一手将三脚架中心连接螺旋旋入仪器基座中心螺孔中并固紧。安置时要注意以下三点：

①保证三脚架架头尽可能水平，仪器中心尽可能处于测站点正上方；

②将三脚架的各螺旋适度拧紧，以防观测过程中仪器倾落；

③在较大坡度处安置仪器时，宜将三脚架的两条腿置于下坡方向。

（2）粗平及对中

平移脚架，目估大致对中，调节激光对中器，使站点影像清晰，将三脚架腿踏入土中。

然后按以下两步调平：①转动脚螺旋使站点影像进入对中器圆圈中心；②伸缩架腿使圆水

准器气泡居中。如站点偏离圆圈中心较小，可松开连接螺旋平移基座精密对中，重新整平仪器。否则重复上述两步，直至圆水准气泡居中，站点位于圆圈内为止。光学对中器误差不大于1 mm。

(3)精平及再对中

放松照准部水平制动螺旋使水准管与一对脚螺旋的连线平行；旋转脚螺旋使管水准器气泡居中，将照准部旋转 90°调节第三个脚螺旋，使气泡居中；然后检查对中器，若圆环中心偏离测站点，则再平移照准部使之对中。

重复步骤(3)，直至仪器既对中且管水准气泡在任何方向都居中为止。

说明：对于激光对中器，由于整平会影响到对中器的轴线位置变化，故对中、整平须交互进行，且反复几次。

仪器放置好后，在对中、整平之前，有两种可能情况：对中器中心与角顶偏离较小但圆水准器气泡偏离较大，这时可调节某架腿关节螺旋使气泡中心居中；反之，前者较大后者较小．则可先调节脚螺旋使对中器中心与角顶基本重合，然后再从步骤(2)开始。

整平时气泡移动方向和左手大拇指运动方向一致，管水准器与两个脚螺旋连线平行时，可用两手同时相向转动这对脚螺旋，使气泡较快居中。在反复对中、整平过程中，每次的调节量逐渐减小，故调节时要注意适度。

在一个测站上，对中、整平完毕后，测角过程中不再调节脚螺旋的位置。若发现气泡偏离超过允许值，则须废除该测站上的所有观测数据，重新对中、整平，重新开始观测。

2. 目标设置及瞄准

(1)设置目标

测角时，一般应在目标点上设置照准标志。距离较近时，直接瞄准目标点或垂球线，也可竖立测钎；距离较远时，可垂直竖立标杆；同时测距时，设置觇标。

视频 18 电子经纬仪的安置

(2)瞄准目标

①松开照准部和望远镜制动螺旋(或扳手)。

②调节目镜——将望远镜瞄准远处天空；转动目镜环，直至十字丝分划最清晰。

③转动照准部，用望远镜粗瞄器瞄准目标，然后固定照准部。

④转动望远镜调焦环，进行望远镜调焦(对光)，使望远镜十字丝及目标成像最清晰。

要注意消除视差。人眼在目镜处上下移动，检查目标影像和十字丝是否相对晃动。如有晃动现象，说明目标影像与十字丝不共面，即存在视差，视差影响瞄准精度。重新调节对光，直至无视差存在。

⑤用照准部和望远镜微动螺旋精确瞄准目标。观测水平角时用竖丝；观测竖直角时用中丝。应该注意的是，在精确瞄准目标时要求目标像与十字丝靠近中心部分相符合，实际操作时应根据目标像大小的不同，或用单丝切准目标，或用双丝夹中目标。

【中国智慧】

创新发展·智慧引领　构建新型测绘服务模式
——中国测绘学会2020学术年会分论坛①

2020年10月29日上午，中国测绘学会2020学术年会“分论坛二：创新发展·智慧引领——构建新型测绘服务模式”在郑州国际会展中心轩辕堂C厅成功举办。本次会议由中国测绘学会科技信息网分会、中国测绘学会测绘学名词审定工作委员会承办，来自中国测绘学会，各省、自治区、直辖市及计划单列市测绘(地理信息)学会，各团体会员单位，测绘地理信息企事业单位、科研院所、高校的主管领导和科技人员参加了会议。会议由中国测绘科学研究院副院长刘纪平主持，自然资源部国土测绘司司长武文忠出席会议并致辞，由中国工程院院士王家耀等七位专家带来了精彩报告。武文忠司长在致辞中指出了新型测绘发展模式构建中的三个旗帜，第一是新型基础测绘建设的试点，第二是实景三维中国的建设，第三是智慧城市的时空大数据平台建设，这三个旗帜是从能力建设、数据建设到服务体系的建设；介绍了自然资源管理和信息化发展提出的要加快自然资源三维立体“一张图”和国土空间基础信息平台建设的需求。希望自然资源行业的龙头企业、骨干企业能够更坚定地沿着这个路子去组织探讨，更及时地提供出在全国可以推广、可以复制的经验和模式，希望科研院所在新的模式下，提供强有力的技术支撑和顶层设计。最后代表国土测绘司祝愿分论坛圆满成功，祝愿大家在新时代新背景下把测绘事业和产业发展得更加光大更加欣欣向荣。王家耀院士做了题为“人工智能开启地图学的新时代”的报告，讲述了人工智能时代即将到来的必然因素，回顾了地图学同人工智能的不解之缘，分析了人工智能时代地图学再度崛起的依据，强调人工智能时代将开启以数据密集型计算为特征的地图学的新时代，深度学习将为解决智能地图制图“知识工程”瓶颈问题提供一条新途径，类脑智能研究将为面向智能地图制图的基础理论研究打开一扇大门，人工智能将成为发展智能地图制图的核心驱动力。桂德竹副研究员做了题为“测绘地理信息‘十四五’发展方向问题”的报告，报告在从政策-机制-技术-需求角度系统分析国际国内发展形势的基础上，结合国家重大战领略实施等需要，分析新时代给测绘地理信息发展带来的新挑战，梳理可能的重大方向，并就如何推进今后工作提出建议。朱庆教授介绍了“应急测绘智能服务关键技术及重大应用”，针对灾情看不全，灾情看不清，灾情看不准等关键瓶颈难题，介绍了灾害任务驱动的空天地多源遥感影像灾害要素快速获取与协同处理、顾及数据特征的时空大数据分布式存储管理、语义关联的灾害信息智能选取、动态数据驱动的重大自然灾害模拟与精细风险评估等主要技术内容，展示了应急测绘信息在灾害管理等方面的典型应用。赵岱虹研究员针对“三维立体自然资源‘一张图’建设思路及进展”做了报告，探讨了如何在《自然资源部信息化建设总体方案》框架下，建设三维立体自然资源“一张图”，通过集成整合地下空间、地表基质、地表覆盖、业务管理等各类自然资源和国土空间数据，形成全国统一“地上地下、陆海相连”的三维立体的自然数据资源体系，在统一的国土空间基础信息平台上，加强三维立体可视化与分析应用功能建设，为自然资源管理和决策提供重要支撑和保障。徐保龙总经理介绍了“新型基础测绘产品模式下的三维自然资源‘一张图’建设”，主要从实景三维概述、什么是三维自然

① 中国测绘学会

资源“一张图”、新型基础测绘产品服务三维自然资源“一张图”建设这三个方面进行了阐述。首先采用摄影测量与遥感手段，生成三维地形数据叠加高分辨率影像数据构建实景三维场景。其次结合自然资源管理类数据和管控类数据，对自然资源管理要素进行实体化，并将调查形成的属性类、确权登记类数据与实体目标一一对应，实现目标语义化，构建自然资源实体数据库。最后按照自然资源管理和信息化发展的新需求，在实景三维地理实体数据库的基础上，构建新型基础测绘产品模式下的三维自然资源“一张图”。崔建军副教授做了题为“新型基础测绘初探——重建测绘技术体系，改变测绘服务模式”的报告，报告由现有基础测绘现状评述、新型基础测绘内涵以及对今后新型基础测绘研究的思考组成。新型基础测绘将以地理实体作为研究对象，在地理实体的基础上，重点解决地理实体的分类与分级、数据库设计与集成、产品组装等问题，并开展基于地理实体的新型基础测绘与实景三维结合、与现有互联网、大数据、人工智能等新技术融合的研究。顾学明高级工程师做了题为“国土空间基础信息平台及‘一张图’实施监督系统建设——地理信息服务的实践与创新”的报告，主要从业务背景和信息化规划、信息化系统的设计思考和创新、自然资源三维“一张图”创新和展望这三个方面进行了阐述。报告结合了国土空间基础信息平台和“一张图”实施监督系统的建设实践，分享一些创新思路和方法，包括自下而上的系统设计方法，灵活的组织和构架方式，开放的信息服务共享模式，云构架的采用，空间大数据分析探索等新技术在平台和系统的需求结合。本次会议以“创新发展 • 智慧引领——构建新型测绘服务模式”为主题，从国家宏观政策方面解读了测绘地理信息“十四五”发展方向，全面展示了新型基础测绘模式下测绘地理信息成果服务自然资源管理等方面的应用，涵盖最新技术及解决方案，分享研究成果和实践经验，积极推进测绘地理信息产业持续快速发展。会议报告站位高，吸引了众多与会者，会议现场气氛热烈。

知识点 4 水平角观测

知识结构线划图

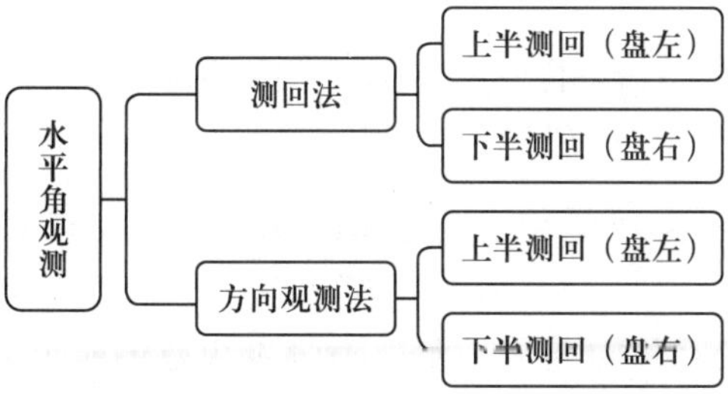

要点 1 测回法

角度测量时依据望远镜与竖直度盘的位置关系，望远镜位置可分为正镜和倒镜两个位置。

所谓正镜、倒镜是指观测者正对望远镜目镜时竖直度盘分别位于望远镜的左侧、右侧，有时也称作盘左、盘右。理论上，正、倒镜瞄准同一目标时水平度盘读数相差 180°，在角度观测中，为了削弱仪器误差影响，一测回中要求正、倒镜两个盘位观测。

观测水平角的方法有测回法和方向观测法(全圆测回法)。

测回法适用于观测两个方向的单角。

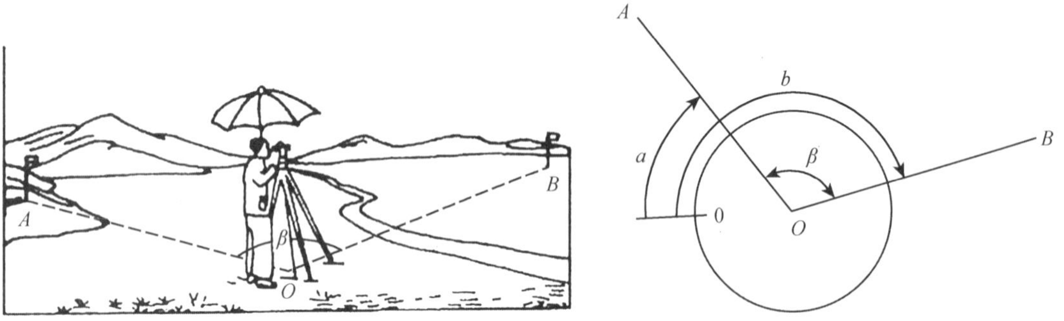

(a) (b)

图 2-4-1 测回法测水平角

如图 2-4-1，设仪器置于 O 点，地面两目标为 A、B，欲测定 OB、OA 两方向线间的水平夹角 $\angle AOB$。一测回观测过程如下：

(1)上半测回(盘左位置观测)

在 O 点安置仪器，对中，整平，使度盘处于测角状态。盘左依次瞄准左目标 A、右目标 B，读取水平度盘读数 $a_{左}=0°20'48''$、$b_{左}=125°35'00''$，同时记入水平角观测记录表(表 2-4-1)中，以上完成上半测回观测，上半测回观测所得水平角为：

$$\beta_{左}=b_{左}-a_{左}=125°14'12'' \tag{2-4-1}$$

(2)下半测回(盘右位置观测)

纵转望远镜 180°，使之成盘右位置。依次瞄准右目标 B、左目标 A，读取水平度盘读数 $b_{右}=305°35'42''$、$a_{右}=180°21'24''$。以上完成下半测回观测。

$$\beta_{右}=b_{右}-a_{右}=125°14'18'' \tag{2-4-2}$$

一测回角值

$$\beta=1/2(\beta_{左}+\beta_{右})=125°14'15'' \tag{2-4-3}$$

说明：

①盘左、盘右观测可作为观测中有无错误的检核，同时可以抵消一部分仪器误差的影响。

②上、下半测回角值较差的限差应满足有关测量规范的限差规定，对于 DJ_6 经纬仪，一般为 30″或 40″。当较差小于限差时，方可取平均值作为一测回的角值，否则应重测。若精度要求较高时，可按规范要求测若干个测回，当各测回间的角值角差满足限差规定时(如 DJ_6 经纬仪一般为 20″或 24″)，可取其平均值作为最后结果。

视频 19　测回法观测水平角

③由于水平度盘为顺时针刻划，故计算角值时始终为“右侧目标—左侧目标”。所谓“左”“右”是指站在测站面向所测角时两目标的方位，在角度接近 180°时尤其

注意这一点，若“右—左”其差值小于或等于 0°时，则结果应加 360°。

表 2-4-1　测回法观测记录表

日期：2001 年 3 月 16 日　　　　仪器号：DJ_6—75821　　　　观测：王鹏

天气：晴　　　　记录：刘艳

测站	目标	竖盘位置	水平度盘读数 (° ′ ″)	半测回角值 (° ′ ″)	一测回角值 (° ′ ″)	备注
O	A	左	0 20 48	125 14 12	125 14 15	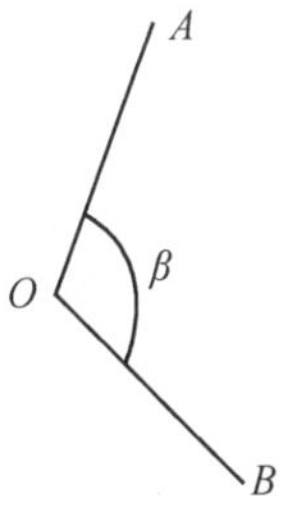
	B		125 35 00			
	A	右	180 21 24	125 14 18		
	B		305 35 42			

要点 2　方向观测法(全圆测回法)

在一个测站上，当观测方向在三个以上，且需要测得数个水平角时，需用方向观测法进行角度测量。如图 2-4-2 所示，O 点为测站点，A、B、C、D 为四个目标点。

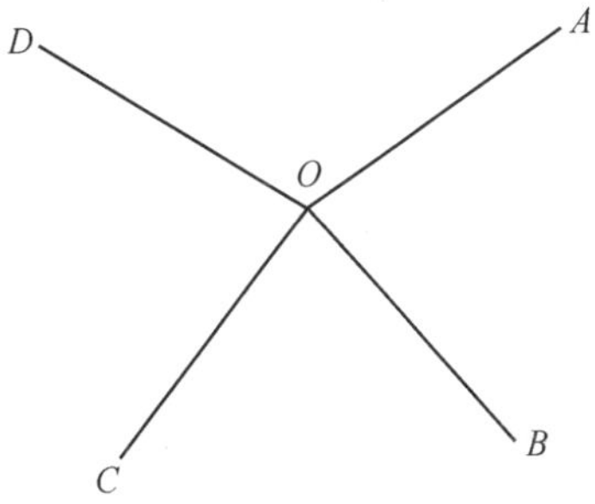

图 2-4-2　方向观测法测水平角

方向观测法观测步骤为：

(1)上半测回(盘左位置)

①选择起始方向(称为零方向)，设为 A。该方向处置水平度盘读数略大于 0°；

②由零方向 A 起始，按顺时针依次精确瞄准 A—B—C—D—A 各点(即所谓“全圆”)读数：$a_{左}$、$b_{左}$、$c_{左}$、$d_{左}$、$a'_{左}$，并记入方向观测法记录表中(表 2-4-2)。

(2)下半测回(盘右位置)

①纵转望远镜 180°，使仪器为盘右位置。

②按逆时针顺序依次精确瞄准 A—D—C—B—A 各点，读数 $a_{右}$、$d_{右}$、$c_{右}$、$b_{右}$、$a'_{右}$，记入方向观测法记录表 2-4-2 中(注：$a_{右}$应记入下半测回的最后一行)。

视频 20　方向观测法测水平角

(3)计算与检验

方向观测法中计算工作较多，在观测及计算过程中尚需检查各项限差是否满足规范要求。

①光学测微器两次重合读数之差：瞄准目标后要进行两次测微、两次读数，且两次读数之差不超限。

②半测回归零差：即上、下半测回中零方向两次读数之差($a_{左}-a'_{左}$，$a_{右}-a'_{右}$，表 2-4-2 中分别为−6″和 6″)。若归零差超限，说明经纬仪的基座或三脚架在观测过程中可能有变动，或者是对 A 点的观测有错，此时该半测回须重测；若未超限，则可继续下半测回。

表 2-4-2 方向观测法观测记录表

日期:2001 年 3 月 12 日　　仪器号:DJ_2—967992　　观测:马海东

天气:晴　　记录:薛贵

测回序数	测站	目标	水平度盘读数 盘左 (° ′ ″)	水平度盘读数 盘右 (° ′ ″)	2c (° ′ ″)	平均方向值 (° ′ ″)	归零方向值 (° ′ ″)	各测回归零方向值之平均值 (° ′ ″)
	1	2	3	4	+5	6	7	8
1	O	A	0 02 06	180 02 00	+6	(0 02 06) 0 02 03	0 00 00	
		B	51 15 42	231 15 30	+12	51 15 36	51 13 30	
		C	131 54 12	311 54 00	+12	131 54 06	131 52 00	
		D	182 02 24	2 02 24	+0	182 02 24	182 00 18	
		A	0 02 12	180 02 06	+6	0 02 09		
2		A	90 03 30	270 03 24	+6	(90 03 32) 90 03 27	0 00 00	0 00 00
		B	141 17 00	321 16 54	+6	141 16 57	51 13 25	51 13 28
		C	221 55 42	41 55 30	+12	221 55 36	131 52 04	131 52 02
		D	272 04 00	92 03 54	+6	272 03 57	182 00 25	182 00 22
		A	90 03 36	270 03 36	+0	90 03 36		

③各测回同方向 $2c$ 值互差:$2c$ 值是指上下半测回中,同一方向盘左、盘右水平度盘读数之差,即 $2c$＝盘左读数—(盘右读数±180°)(当“盘右读数”>180°时,取“—”,否则取“＋”。下同)。它主要反映了 2 倍的视准轴误差(参见 3.5 视准轴检校),而各测回同方向的 $2c$ 值互差,则反映了方向观测中的偶然误差,偶然误差应不超过一定的范围,《测规》对此限差有要求。

④平均方向值:指各测回中同一方向盘左和盘右读数的平均值,平均方向值＝1/2[盘左读数＋(盘右读数±180°)]。

⑤归零方向值:为将各测回的方向值进行比较和最后取平均值,在各个测回中将起始方向的方向值(如表 2-4-2 中第一测回中起始方向值＝(0°02′03″＋0°02′09″)/2)化为 0°0′0″,并把其他各方向值与之相减即得各方向的归零方向值,两方向值之差即为相应水平角。《测规》对此限差也有要求。

以上第③、⑤项是指多个测回时的限差检验。

【测绘史话】

中国测绘史①

在中华民族五千年的历史长河中,我们的先人创造了光辉灿烂的文化和科学技术。测绘

① 摘自《中国测绘史》

学在中国历史珍贵文化和科学遗产中占有重要地位。不少古代杰出科学家们的光辉业绩和伟大的发明创造很多与测绘有关。例如，出现于秦代以前，后经刘徽编注成书的世界名著《九章算术》中有一章讲测绘理论。《墨经》《周髀》、张衡（公元 78—139 年）地动说、祖冲之（公元 429—500 年）的“密率”等创立了古代测绘学的理论基础。李冰（公元前 280-前 220 年）修都江堰，郦道元（公元 466—527 年）作《水经注》，孔庙、秦陵、运河、长城，都包含了测绘学的伟大实践。历代王朝的统治，战事运筹，疆域划分，水利建设，交通运输等有关国家兴亡之大计筹划，都靠测绘资料了解国情和认识世界，为其实施提供技术保障。

从古至今，在所有技术科学中，测绘学的发展和进步最早得益于数学、物理、天文、地理等基础学科的成就。现代科学技术的迅速进步，如光学、电子学、计算机技术使测绘学如虎添翼，突飞猛进。测绘学历史上成为技术科学的先驱，其进步反过来又推动着各门科学和技术的发展。

正如本书所集记，从先秦开始，不少朝代有过专管测绘的官职和机构设置。测绘技术科学的基础和实力的真正形成，只有在新中国成立以后，才成为现实。随着全国科技事业的蓬勃发展，测绘事业迅速进步，取得了巨大成就。我们建立了一支强大的、有战斗力的、高素质的科学技术专业队伍。他们为祖国的经济建设和国防建设，为科学事业的繁荣做出了重要贡献，堪与中华民族古代文明相映同辉。

21 世纪，世界测绘科学技术正在阔步前进，日新月异。测绘学研究和工作范围已从地球扩展到太阳系空间，要绘制月球、金星、火星、木星等的星图；大地测量已由陆地扩展到海洋，从静态到动态，从单学科发展成多学科综合研究；测图技术已从航空遥感进到航天遥感，建立长基线高精度测量体系；制图技术正在全面向数字化、自动化和智能化方向转变等。另一方面，中国社会主义建设事业的飞速发展和各项科技事业的进步，要求测绘事业提供更严密的科学基础和更精确的科学数据。中国的测绘科学技术面临着新的挑战，任重道远。人们期望中国测绘界的同行们能勇敢迎接新的挑战，鼓足干劲，努力进取，把中国的测绘事业推向世界高峰，为中国的现代化建设，为发展世界测绘科技事业做出更大贡献。

知识点 5　竖直角观测

知识结构线划图

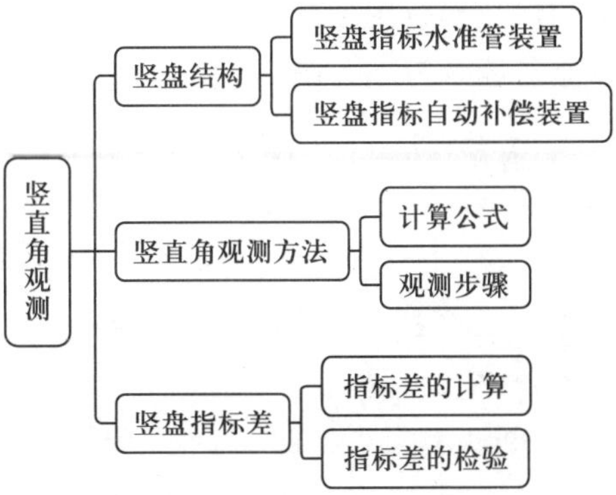

要点 1　竖盘结构

与水平度盘一样，竖盘也是全圆 360°分划，不同之处在于其注字方式有顺、逆时针之分，且 0°-180°的对径线位于水平方向。这样，在正常状态下，视线水平时与竖盘刻划中心在同一铅垂线上的竖盘读数应为 90°或 270°. 如图 2-5-1(a)、(b)所示。

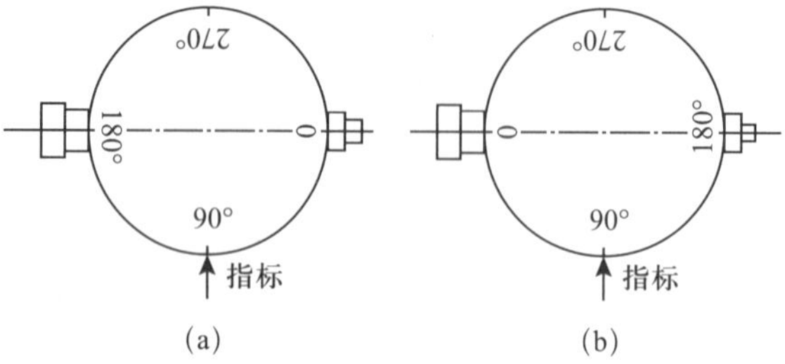

图 2-5-1　不同注记方式的度盘

经纬仪的竖盘安装在望远镜横轴一端，竖盘随望远镜在竖直面内旋转而旋转，其平面与横轴相垂直，当横轴水平时，竖盘位于竖直面内。度盘刻划中心与横轴旋转中心相重合。另外，在竖盘结构中还有一个位于铅垂位置的竖盘指标，用以指示竖盘在不同位置时的度盘读数。竖盘读数也是通过一系列光学组件传至读数显微镜内读取的。需要指出的是，只有竖盘指标处于正确位置时，才能读得正确的竖盘读数。竖盘指标装置主要有两种结构形式：竖盘指标水准管装置和竖盘指标自动补偿装置。

要点 2　竖直角观测方法

竖直角观测与水平角一样，都是依据度盘上两个方向读数之差来实现的。不同之处在于该两方向中，必有一个是水平线方向，而水平方向竖盘指标指示的竖盘读数是一固定值（如 90°或 270°）。竖直角观测只需照准倾斜目标，读取竖直度盘读数。根据相应公式，即可计算出竖直角。

1. 计算公式

(1)顺时针注记形式

竖直角的计算公式，因竖盘刻划的方式不同而异，现以顺时针注记、视线水平时，盘左竖盘读数为 90°的仪器为例，说明其计算公式(图 2-5-2)。

盘左位置且视线水平时，竖盘读数为 90°[图 2-5-2(a)]，视线向上倾斜照准高处某点 A 的

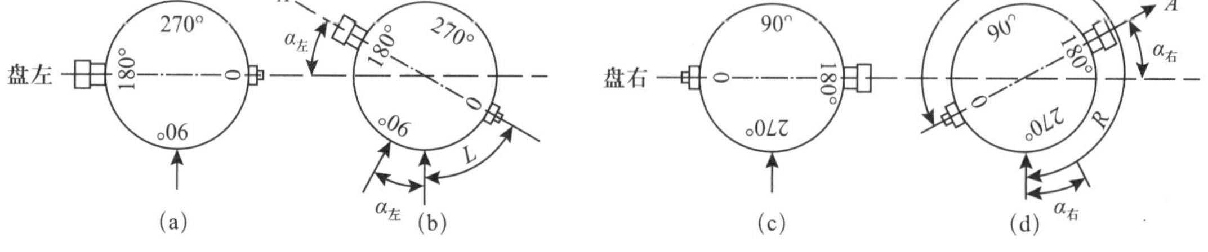

图 2-5-2　竖直角观测

读数 L[图 2-5-2(b)],因仰视竖角为正,故盘左时竖角公式:

$$\alpha_{左}=90°-L \tag{2-5-1}$$

盘右位置且视线水平时,竖盘读数为 270°[图 2-5-2(c)],视线向上倾斜照准高处某点 A 的读数置 R[图 2-5-2(d)],因仰视竖角为正,故盘右时竖角公式:

$$\alpha_{右}=R-270° \tag{2-5-2}$$

上、下半测回角值较差不超过规定限值时(DJ_2 为 30″,DJ_6 为 60″),取平均值作为一测回的竖直角值:

$$\alpha=1/2(\alpha_{左}+\alpha_{右}) \tag{2-5-3}$$

观测结果及时记入相应记录表,并进行有关计算,如表 2-5-1 所示。

表 2-5-1 竖直角观测记录表

测站	测点	盘位	竖盘读数 (° ′ ″)	竖直角 (° ′ ″)	平均角值 (° ′ ″)	备注
A	B	左	79 04 10	10 55 50	10 55 40	
		右	280 55 30	10 55 30		

(2)逆时针注记形式

$$\alpha_{左}=L-90° \tag{2-5-4}$$

$$\alpha_{右}=270°-R \tag{2-5-5}$$

2. 观测步骤

①在测站上安置仪器,对中、整平,以盘左位置瞄准目标。用望远镜微动螺旋使望远镜十字丝中丝精确切准目标。

②转动竖盘指标水准管微动螺旋,使指标水准管气泡居中(若用自动补偿归零装置,则应把自动补偿器功能开关或旋钮置于"ON"位置)。

③确认望远镜中丝切准目标,读取竖直度盘读数,并记入记录表格(表 2-5-1)。

④纵转望远镜,盘右位置切准目标同一点,与盘左相同操作顺序,读记竖直度盘读数。至此即完成一测回竖直角观测。

要点 3 竖盘指标差

从以上介绍竖盘构造及竖直角计算中可以知道:竖盘指标水准管居中(或自动归零装置打开)且望远镜视线水平时,竖盘读数应为某一固定读数(如 90°或 270°)。但是实际上往往由于竖盘水准管与竖盘读数位置关系不正确或自动归零装置存在误差,使视线水平时的读数与应有读数之间存在一个微小的角度误差 x,称为竖盘指标差,如图 2-5-3 所示。因该指标差的存在,使得竖直角的正确值应该为(设指标偏向注字增加的方向):

$$\alpha=90°-(L-x)=\alpha_{左}+x \tag{2-5-6}$$

或

$$\alpha=(R-x)-270°=\alpha_{右}-x \tag{2-5-7}$$

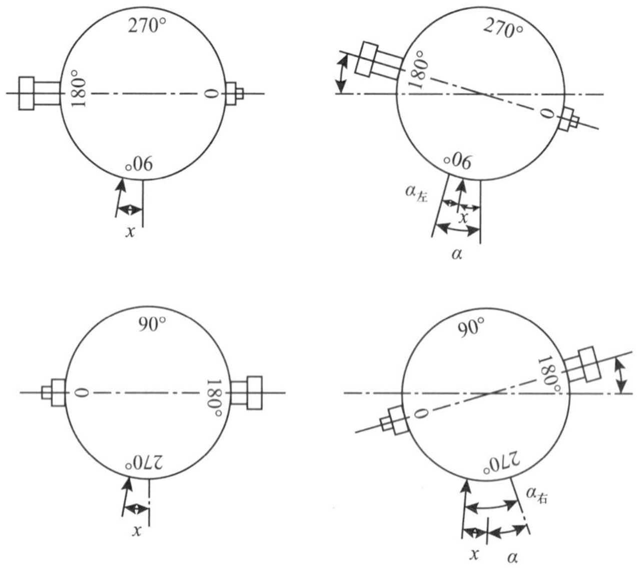

图 2-5-3　竖盘存在指标差时的情况

解上两式得：

$$\alpha=1/2(\alpha_{左}+\alpha_{右})=1/2(R-L-180°) \quad (2\text{-}5\text{-}8)$$

$$x=1/2(\alpha_{右}-\alpha_{左})=1/2(R+L-360°) \quad (2\text{-}5\text{-}9)$$

上式是按顺时针注记的竖盘推导公式，逆时针方向注记的公式可类似推出。

说明：从以上公式可知：

(1)取盘左、盘右(一个测回)观测的方法可自动消除指标差的影响；若 x 为正，则视线水平时的读数大于 90°或 270°，否则，情况相反。

(2)在多测回竖直角测量中，常用指标差来检验竖直角观测的质量。在观测同一目标的不同测回中或同测站的不同目标时，各指标各较差不应超过一定限值，如在经纬仪一般竖直角测量中，指标差较差应小于 10″。

视频 21　竖直角观测

【工匠故事】

大国工匠——陈兆海①

为大力弘扬劳模精神、劳动精神、工匠精神，由中华全国总工会、中央广播电视总台联合录制的 2021 年“大国工匠年度人物”发布仪式 3 月 2 日播出，揭晓了评选结果，最终评选出 10 位 2021 年“大国工匠年度人物”。在这 10 位中，中交一航局第三工程有限公司工程测量工陈兆海光荣入选！每一个人都是一段传奇，每一位匠人都有自己的坚守。让我们一起来了解这位大国工匠的故事，一起致敬匠心！

陈兆海：26 年工作在测量一线，他先后参与修建了我国首座 30 万 t 级矿石码头、首座航母船坞、首座双层地锚式悬索桥等多个国家重点工程。他执着专注、勇于创新，练就了一双慧眼和一双巧手，以追求极致的匠人匠心，为大国工程建设保驾护航。陈兆海，中共党员，1974 年

① 摘自 2021 年“大国工匠，年度人物”

12月出生，1995年毕业于天津航务技工学校测量试验专业，现为中交一航局三公司测量首席技能专家，作为测量施工的主要负责人，他是索塔上随叫随到的“蜘蛛侠”，也是中国土木工程詹天佑奖的获得者，更是创下了靠人工测量方法，将沉箱水下基床标高精度控制在厘米级的奇迹……一次次挑战、一次次跨越，专业、专心与专注已经融进他的血液之中，他用执着与坚守、用心与细腻，一次又一次撰写着中国工程的技艺和传奇。

陈兆海先后参建了：

我国首座30万t级矿石码头——大连港30万t级矿石码头工程；

我国首座航母船坞——大船重工香炉礁新建船坞工程；

国内最长船坞——中远大连造船项目1号船坞工程；

我国首座双层地锚式悬索桥——星海湾跨海大桥工程，以及目前在建的大连湾海底隧道和光明路延伸工程。

他执着专注、不忘初心。从“攻克悬索安装”到“高精度测量”，他不仅精炼了“中国速度”，更创造了“中国精度”。

从我国首座30万t级矿石码头——大连港30万t级矿石码头工程；及我国首座航母船坞——大船重工香炉礁新建船坞工程；到国内最长船坞——中远大连造船项目1号船坞工程；再到我国首座双层地锚式悬索桥——星海湾跨海大桥工程，以及大连湾海底隧道和光明路延伸工程，顺利承建的背后，都见证了他攻坚克难、精雕细琢、勇于创新和追求极致的匠人匠心。

一路走来，陈兆海在平凡中创造着非凡，在非凡中演绎着感动。用工匠精神对待每一个微小的细节，持之以恒追逐匠梦、呕心沥血传授技艺，凭着对测量事业的执着与热爱，陈兆海将一团团永不熄灭的激情火焰点燃在无数的点与线之间，他所蕴藏的不竭奋斗与赤子情怀弥足珍贵，不仅照亮了自己别样的人生，也诠释出新时代央企工匠的风采与活力，更托起了辉煌的中国梦！

知识点6 角度测量误差的来源

知识结构线划图

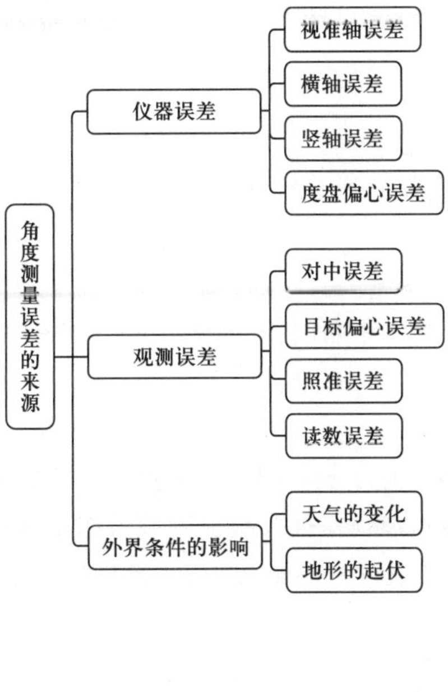

要点 1 仪器误差

虽然仪器经过校正，各轴线处于理想状态，但由于长时间的使用和测量作业的特点，残余误差总会存在。前者是相对的，后者是绝对的。

主要仪器误差有以下几项：

1. 视准轴误差

由视准轴不垂直于横轴引起。如图 2-6-1 所示，A、A'两点位于同一铅垂线，若 CC 不垂直于 HH 而存在一夹角 c，则视线水平时瞄准 A'点后，当照准部不动、望远镜纵转 α 角时，视线并不能瞄准 A 点。由于有 c 角的存在，视线划过一圆弧后瞄准 C 点，也即 A'与 C 两点水平度盘读数一样。这有悖于水平角的定义。

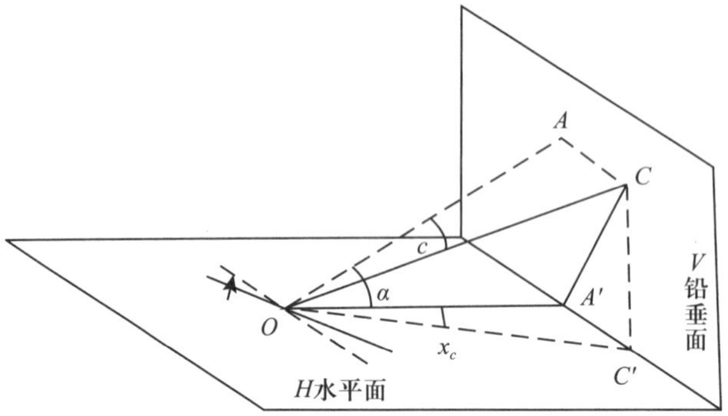

图 2-6-1 视准轴误差

(1)分析

①c 对方向读数的影响：

$$x_c = c \cdot \sec\alpha \tag{2-6-1}$$

②c 对水平角值的影响：

由于角度由两个方向构成，设两目标点 A、B 的竖直角分别为 α_A、α_B，则 c 对水平角值的影响为：

$$\Delta x_c = x_{cB} - x_{cA} = c(\sec\alpha_B - \sec\alpha_A) \tag{2-6-2}$$

③由上式可知：视准轴误差与 c 角及目标点的竖直角有关：c 角越大，两目标点高差越大，则 Δx_c 越大，当 $\alpha_A = \alpha_B$ 时，$\Delta x_c = 0$。

(2)消减措施

一个测回中，盘左、盘右观测水平角时，x_c 值大小相等而符号相反，所以盘左、盘右观测取平均值，可自动抵消视准轴误差的影响。

2. 横轴误差

如图 2-6-2 所示，当横轴不垂直于竖轴时，与视准轴误差对水平角测量的影响类似。仪器整平后竖轴处于铅垂，而横轴必然倾斜，视线绕横轴旋转时形成一垂直于横轴的倾斜面 OAC，而非铅垂面 OAA'。它对水平度盘读数的影响为 x_i 设横轴对于水平线的倾角为 i，则：

$$\angle A'AC=i$$

(1)分析

①i 对方向读数的影响：

$$x_i=i\cdot\tan\alpha \tag{2-6-3}$$

②i 对水平角值的影响：

由于角度由两个方向构成，设两目标点 A、B 的竖直角分别为 α_A、α_B。则 i 对水平角值的影响为：

$$\Delta x_i=x_{iB}-x_{iA}=i(\tan\alpha_B-\tan\alpha_A) \tag{2-6-4}$$

③由式(2-6-4)可知：横轴误差与 i 角及目标点的竖直角有关：i 角越大、两目标点高差越大，则 Δx_i 越大，当 $\alpha_A=\alpha_B$ 时，$\Delta x_i=0$。

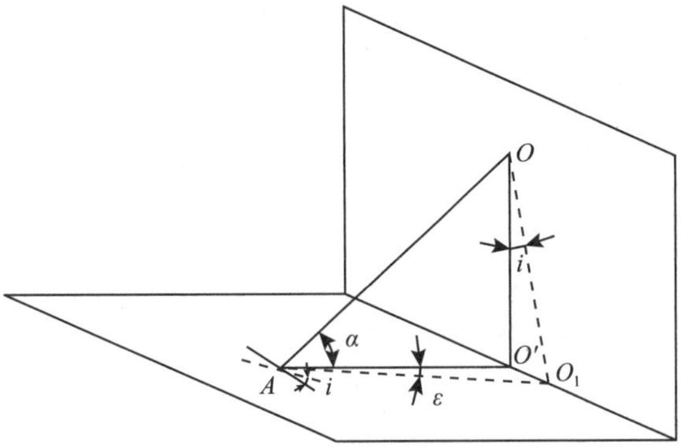

图 2-6-2　横轴不垂直竖轴

(2)消减措施

一个测回中，盘左、盘右观测水平角时，x_i 值大小相等而符号相反，所以盘左、盘右观测取平均值，可自动抵消横轴误差的影响。

3. 竖轴误差

(1)分析

若水准管轴与竖轴不垂直，即使 $CC\perp HH$，$HH\perp VV$，当水准气泡居中时，VV 并不铅垂，HH 也不水平。但此类误差与横轴误差的区别在于，因 VV 不垂直，盘左、盘右观测水平角时，HH 总是向一个方向倾斜，盘左、盘右观测取平均值并不能消除水准管轴的误差影响。

(2)消减措施

关键是保证竖轴铅垂。在某方向上使水准管气泡居中，然后使用准部旋转 180°，记录偏移量。用经纬仪整平的方法，使照准部在任何位置时，气泡偏移量总是总偏移量的 1/2，这时 VV 即处于铅垂状态。

4. 度盘偏心误差

度盘偏心是指水平度盘中心与照准部旋转中心不重合。如图 2-6-3 所示，照准部偏心影响的大小及符号随偏心方向与视线的关系而变化。若两者方向一致，则影响为零；若两者互相垂直，则影响最大。由于一测回中盘左、盘右读取的读数是度盘上对径方向的两数值，两读数中度盘偏心误差的影响值大小相等而符号相反。

由上分析可知，盘左、盘右取平均值可自动抵消度盘的偏心误差。

采用对径符合法读数的仪器，此误差在读数中可自行消除。

5. 光学对中器视线与竖轴不重合误差

该误差导致测站偏心，其影响在观测误差中详述。

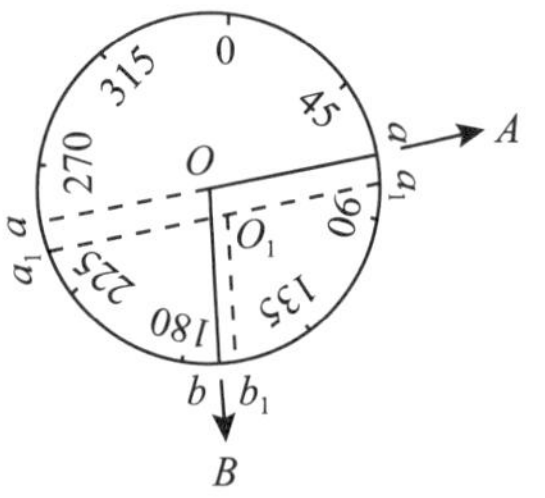

图 2-6-3　度盘偏心误差

要点 2　观测误差

观测误差主要有：对中误差（测站偏心）、目标偏心、照准误差及读数误差。

（1）对中误差

对中误差的大小，取决于仪器对中装置的状况及操作的仔细程度，它对测角精度的影响如图 2-6-4 所示。设 O 为地面标志点，O' 为仪器中心，OO' 的长度为对中时的偏心距 e，则实际测得的水平角为 β' 而不是应测的 β，两者差值为：

$$\Delta\beta=\beta-\beta'=\delta_1+\delta_2$$

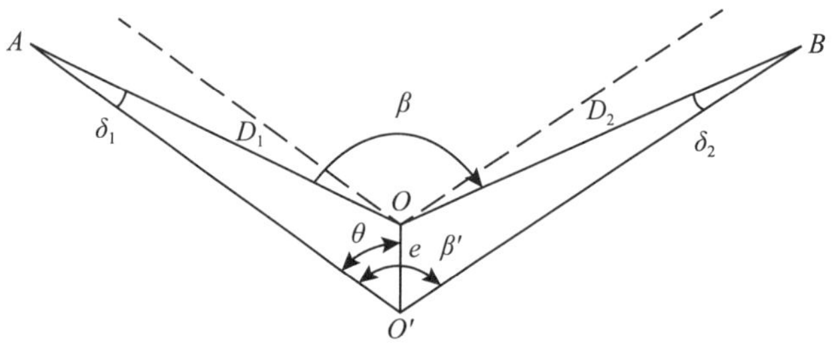

图 2-6-4　对中误差对测角精度的影响

由于 δ_1 和 δ_2 很小，所以存在

$$\delta_1=e\rho\frac{\sin\theta}{D_1}$$

$$\delta_2=e\rho\frac{\sin(\beta'-\theta)}{D_2} \tag{2-6-5}$$

式中，θ 为观测方向与偏心方向夹角；

D_1 为测站点到 A 的距离；

D_2 为测站点到 B 的距离。

可得：

$$\Delta\beta=\delta_1+\delta_2=e\rho\left[\frac{\sin\theta}{D_1}+\frac{\sin(\beta'-\theta)}{D_2}\right] \tag{2-6-6}$$

当 $\beta'=180°$，$\theta=90°$ 时，取 $D_1=D_2=D$，则 $\Delta\beta$ 有最大值

$$\Delta\beta=\frac{2e}{D}\rho \tag{2-6-7}$$

当 $D=100$ m，$e=3$ mm 时，$\Delta\beta=12.4''$；当 $D=50$ m，$e=3$ mm 时，$\Delta\beta=25''$。

可见，边长越短，偏心距 e 越大，则对测角的影响也越大。所以在测水平角时，边长越短，对中的精度要求越高，对中时越需要仔细。

(2)目标偏心误差

在测角时，通常都要在地面点上设置观测标志，如花杆、垂球等。造成目标偏心的原因是标志与地面点对得不准，或者标志没有铅垂，而照准的标志上部与地面标志点偏移。

与测站偏心类似，偏心距越大，边长越短，则目标偏心对测角的影响越大。所以在观测角度时，标杆底部要对准地面点并且要竖直，在瞄准时应尽可能地瞄准目标的底部。短边测角时，尽可能用垂球作为观测标志。

(3)照准误差

照准误差大小与人眼的分辨能力、望远镜的放大率有关。人眼的分辨能力一般为 $60''$，设望远镜的放大率为 ν，则照准时的分辨能力为 $60''/\nu$。一般 DJ_6 型光学经纬仪望远镜的放大倍率 ν 为 25～30 倍，因此，瞄准误差 $m\nu$，一般为 $2.0''$～$2.4''$。另外，瞄准误差与目标的大小、形状、颜色和大气的透明度等也有关。因此，在观测中应尽量消除视差，选择适宜的照准标志，熟练操作仪器，掌握瞄准方法，并仔细瞄准以减小误差。对于粗的目标宜用双丝照准，细的目标则用单丝照准。

(4)读数误差

对于分微尺读法，主要是估读最小分划的误差；对于对径符合读法，主要是对径符合的误差所带来的影响，所以在读数时宜特别注意。一般读数时应读到最小刻度的 1/10。

要点 3　外界条件的影响

对测量成果产生影响的外界条件很多，如天气的变化、植被的不同、地面土质松紧的差异、地形的起伏，以及周围建筑物的状况等，都会影响测角的精度。有风会使仪器不稳，地面土松软可使仪器下沉，强烈阳光照射会使水准管变形，视线靠近反光物体则有折光影响等。这些情况在测角时应尽量予以避免。

【中国智慧】

李德仁：致力于测绘遥感领域，实现科技自立自强①

在今天的武汉市科技创新大会上，李德仁快步走上台，接过本年度的大奖，80 多岁的他精气神饱满，神态和蔼。李德仁感慨地说，把武汉市打造成国内科创中心，全球科技创新高地，我们这些在汉的科技工作者都充满信心。要坚持我们的自主性、独立性和安全性，我们要把这个工作做到极致。

“我们当老师，做科学家，学好真本事，看好学科发展的方向和国家的重大需求，一定要把握好自己的使命，站位要高。看学科的发展，要看得准；看国家的需求，既要看得高又要看得准。”李德仁教授在一次采访中说。

数十年来，他既是科学家，也是老师，带着团队、学生瞄准国家重大需求，承担国家重大科

① 测绘之家

技任务，谱写着立足中国、展望全球的科技跨越式发展的中国遥感测绘故事。

1985 年，获得斯图加特大学博士学位的李德仁谢绝了国外科研院所的邀请，毅然回国。他回忆说："科学是要为祖国服务的。回国是必然的，是自觉的。我们与外国有很大差距，我得赶快回国。当时是 2 月份答辩，2 月 25 日回国，3 月 5 日回到武汉测绘学院开始授课，我在海外就把教案写好了。"

回国后的李德仁带领团队持续开展基础理论和重大技术创新，引领我国测绘遥感行业从追赶到并行到超越的发展历程。

在世纪之交，中国的航天技术——卫星应用、深空探测和空间安全三方面与西方国家相比仍存在明显差距，西方国家也限制向中国出口先进的航天器件。当时，我国建立对地观测卫星系统的国际形势既刻不容缓，也并不乐观。

从 2002 年开始，李德仁联合十多位院士撰写咨询报告，建议发展中国高分辨率对地观测系统。2005 年，高分辨率对地观测系统立项国家重大专项。李德仁组建百余人团队，主持参与"高分专项"，15 年来，"高分专项"完成了从光学卫星到雷达卫星，从地球同步轨道卫星到太阳同步轨道卫星，从 C 波段、S 波段和 X 波段到 L 波段"花样齐全"的全覆盖，基本上满足了中国国防建设、经济发展与百姓生活的重大需求，并且实现了我国测绘数据从自主到自由：我国的卫星遥感及其应用赶上了世界先进水平；卫星数据自给率达到了 85%以上（2005 年之前，我们基本上都是买国外的卫星数据，价格昂贵），不仅满足了本国需求，还能出口；卫星采集的数据总量达到了约 1 500 PB，是世界上存量最多的国家；"高分专项"孵化的技术还支持拉动了新一代的国家空间基础设施计划，推动了商业航天产业的发展。2020 年，相关研究"天空地遥感数据高精度智能处理关键技术及应用"获得国家科技进步奖一等奖。

目前，80 多岁的李德仁，更像一名对地观测领域的战略科学家。他提出并领导团队从事将对地观测卫星系统上升成为对地观测脑——通导遥一体化天基信息实时服务系统（PNTRC）的研究，相关研究将通导遥卫星一体化组成一个系统，形成一个大脑，这个大脑能够对各种卫星感知的数据进行智能化处理，用以解决现有的通信、导航、遥感卫星系统各成体系、孤立运行和服务方式难以满足经济社会发展需求的问题。李德仁表示，通过"谱"好对地观测脑局域、区域、全球覆盖三部曲，我们就能实现由航天大国向航天强国的跨越。

这项正在加紧推进的研究，也面临 7 个原来根本没有的原创关键技术亟须解决。李德仁说："我们一定要坚持自主创新，引领发展，组织多学科专家进行协同创新攻关。武汉大学测绘学科一代一代传承着的优良学风，其中有一条就是：理论是放心的，成果是放心的，应用是过硬的。这个名声一定要传下去。"

说起创新，李德仁回忆几十年来不断遭遇的挑战、卡脖子，以及如何"运用中国人的智慧，用我们的数学和过程控制方法，达到了世界第一"的经历，认为"创新的过程实际上是读书、思维、创新、实践，周而复始地不断努力的过程。就是说创新的源头，一是国家的需求，二是你要了解国内外已有的科研成果。而且还要记住成功不是一朝一夕的事情，要坚持不懈地努力。"

无论是从"0"到"1"的科技自立自强，还是建立"中国人自己的全球观测系统"引领了信息化测绘遥感的根本性变革，李德仁几十年来一直致力于将我国从测绘遥感大国转变为测绘遥感强国，他在采访中爱说的一句话是"一个人要用自己的本领为国家多做事，把自己的兴趣、长处和国家的需求结合在一起，那是我们所追求的。"

知识点7 经纬仪的检验与校正

知识结构线划图

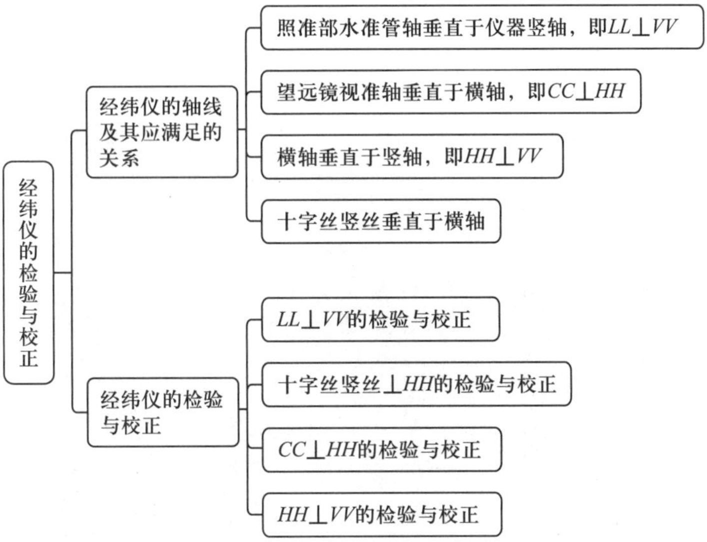

要点1 经纬仪的轴线及其应满足的关系

①照准部水准管轴垂直于仪器竖轴，即 $LL \perp VV$；

②望远镜视准轴垂直于横轴，即 $CC \perp HH$；

③横轴垂直于竖轴，即 $HH \perp VV$；

④十字丝竖丝垂直于横轴。

此外，经纬仪还应满足：十字丝纵丝垂直于横轴；竖直度盘指标水准管气泡居中时，竖直度盘指标处于正确的位置；光学对中器的视准轴与照准部旋转轴重合(图 2-7-1)。

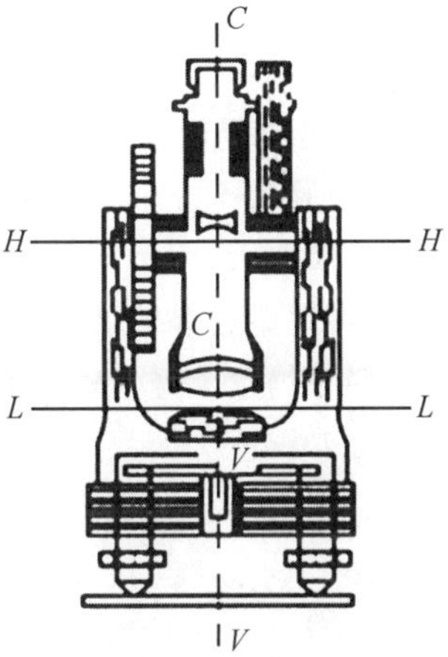

图 2-7-1 经纬仪的几何轴线

要点2 经纬仪的检验与校正

1. 照准部水准管轴(LL)垂直于竖轴(VV)的检验与校正

(1)检验

圆水准气泡居中，粗平仪器，使管水准器轴平行于任意一对脚螺旋，居中气泡，照准部旋转180°，若气泡仍居中，则 $LL \perp VV$，若偏移量超过1格，则应进行校正(图 2-7-2)。

(2)校正

用校正针拨动管水准器一端的校正螺丝，使气泡向中央移动偏距的一半，余下一半通过旋转与管水准器轴平行的一对脚螺旋完成，如图 2-7-3 所示。

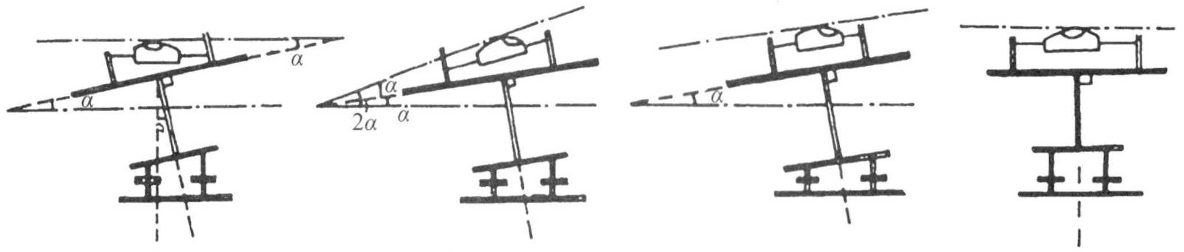

图 2-7-2　照准部水准管轴垂直于竖轴的检验与校正

图 2-7-3　照准部水准管轴垂直于竖轴校正实操

2. 十字丝竖丝垂直于横轴(*HH*)的检验与校正

(1)检验

整平仪器后,用十字丝竖丝的一端照准远处一个目标点 *P*,拧紧水平制动螺旋和望远镜制动螺旋,再用望远镜的微动螺旋使目标点移动到竖丝的另一端,如图 2-7-4 所示。如果目标点到另一端时仍位于竖丝上,则理想关系满足。否则,需要校正。*P* 点左、右移动轨迹偏离十字丝横丝时要校正。

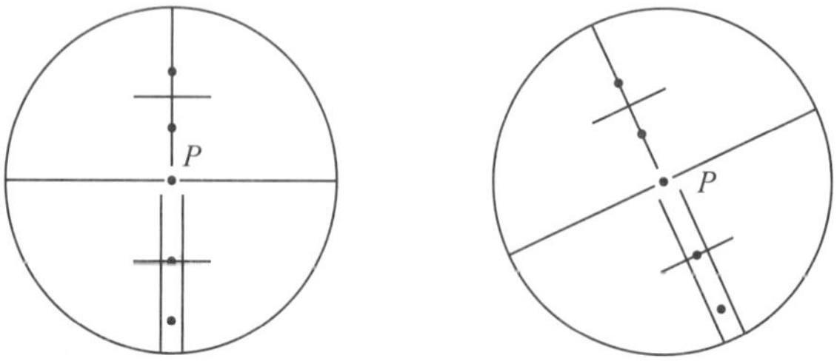

图 2-7-4　十字丝竖丝垂直于横轴的检验

(2)校正

校正的部位为十字丝分划板,它位于望远镜的目镜端。将护罩打开后,可看到 4 个固定分划板的螺旋，稍微拧松这 4 个螺旋，则可将分划板转动，如图 2-7-5 所示。直到照准部水平微动时 P 点始终在竖丝上移动为止，最后旋紧 4 个压环螺丝并将护罩上好。

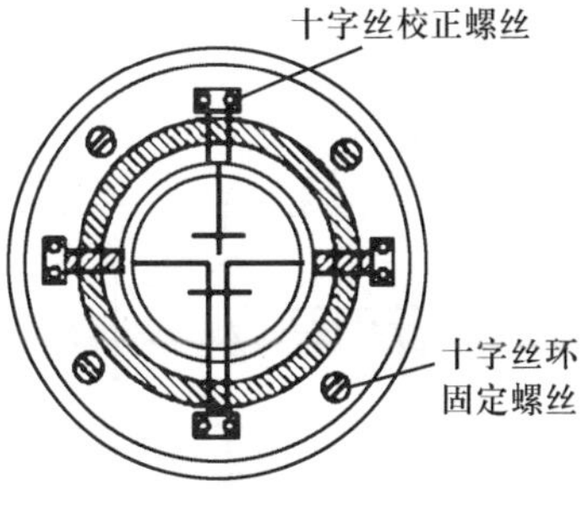

图 2-7-5　十字丝竖丝垂直于横轴的校正

3. 视准轴(CC)垂直于横轴(HH)的检验与校正

(1)检验

如图 2-7-6，在平坦场地，选择相距约 100 m 的 A、B 两点，仪器安置在 A、B 中点 O，在 B 端与仪器同高的位置横放一支带有毫米分划的尺，A 端设置标志。仪器整平后，盘左瞄准 A 点，倒转望远镜，在毫米分划尺上读数 B_1，旋转照准部以盘右位置再次瞄准 A 点，倒转望远镜，在毫米分划尺上读数 B_2，若 $B_1=B_2$，两点重合，则表示条件成立，否则应校正。

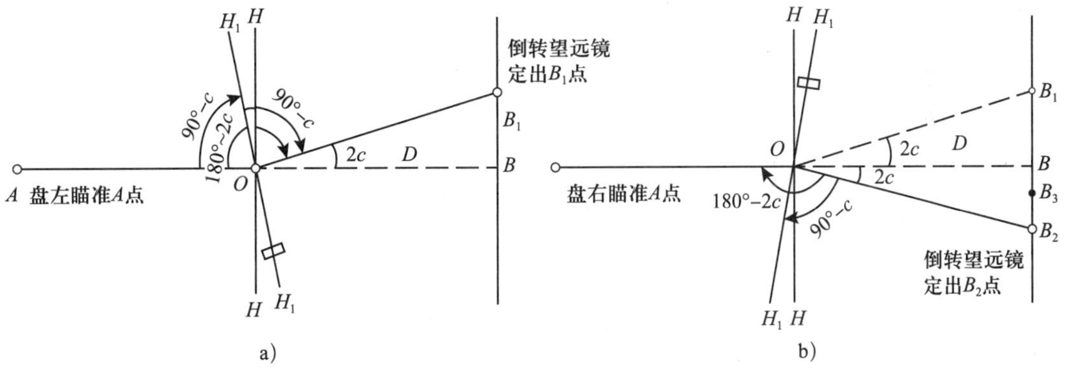

图 2-7-6　视准检验原理

(2)校正

因为视准轴是由物镜光心和十字丝交点构成的，所以校正的部位仍为十字丝分划板。由 B_2 点向 B_1 点量 $B_1B_2/4$ 长度定 B_3 点，$OB_3 \perp HH$，校正针拨动十字丝环左右一对校正螺丝，十字丝交点与 B_3 点重合，完成校正后，应重复上述的检验操作直至满足 $c<60''$为止。

4. 横轴(HH)垂直于竖轴(VV)的检验与校正

横轴不垂直于竖直，偏离正确位置的角值 i——横轴误差，当 $i>20''$时，必须校正。

(1)检验

距墙面 20～30 m 安置经纬仪，以盘左瞄准墙面高处的一点 P(其仰角宜为 30°左右)，固定照准部，大致放平望远镜，墙面定出 A 点如图 2-7-7(a)所示，纵转望远镜，盘右瞄准 P 点，固定照准部，大致放平望远镜，墙面上定出 B 点如图 2-7-7(b)所示，若 A 和 B 重合，则说明横轴与竖轴垂直。当 A 和 B 不重合达到一定程度时应予以校正。若横轴不垂直于竖轴的误差用 i 表示，则横轴误差——$i=\Delta/2D\tan\alpha\times\rho''$。$\Delta$ 为 A、B 两点的距离，单位为毫米，D 为仪器到墙的距离，单位为毫米，α 为仪器的竖直角，ρ 为 206 265。

(2)校正

因为盘左盘右倾斜的方向相反而大小相等，所以取 B、C 的中点 M，则 A、M 在同一铅垂面

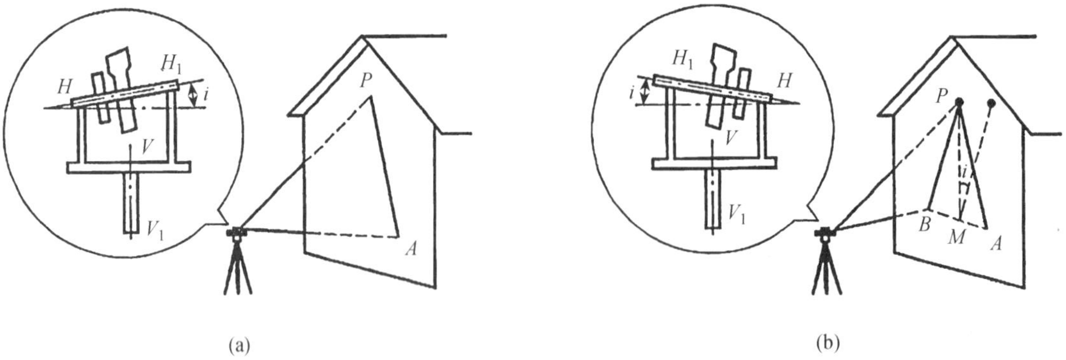

图 2-7-7　横轴垂直于竖轴的检验

内。然后照准 M 点，将望远镜抬高，则视线必然偏离 A 点，而落在 A' 处，如图 2-7-8(c)所示。在保持仪器不动的条件下，校正横轴的一端，使视线落在 A 上，如图 2-7-8(d)所示，则完成校正工作。

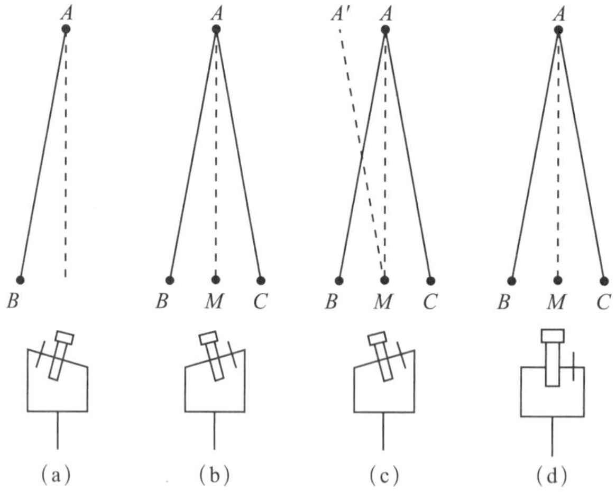

图 2-7-8　横轴垂直于竖轴的校正

5. 竖盘指标差的检验与校正

(1)检验。安置好仪器，盘左、盘右观测某清晰目标竖直角一测回，计算指标差 x，盘左竖直角为 $\alpha_L=90°-L$，盘右竖直角 $\alpha_R=R-270°$，指标差 $x=(\alpha_R-\alpha_L)/2$。

(2)校正。消除指标差的盘右竖盘正确读数为 $R-x$，旋转竖盘指标管水准器微动螺旋，使竖盘读数为 $R-x$，此时，竖盘指标管水准气泡必然不再居中，用校正针拨动竖盘指标管水准器校正螺丝，使气泡居中，该校正需反复进行。

6. 光学对中器视准轴与竖轴重合的检验与校正

(1)检验。地面上放置白纸，白纸上画十字形标志，以标志点 P 为对中标志安置仪器，旋转照准部 180，点像偏离对中器分划板中心到 P' 时，对中器视准轴与竖轴不重合，需校正。

(2)校正。在白纸上定出 P' 与 P 点的中点 O，转动对中器校正螺丝使对中器分划板中心对准 O 点，需要反复进行。

【工匠故事】

测绘工匠—欧先萍[①]

习近平总书记在致信首届全国职业技能大赛时强调，各级党委和政府要高度重视技能人才工作，大力弘扬劳模精神、劳动精神、工匠精神，激励更多劳动者特别是青年一代走技能成才、技能报国之路，培养更多高技能人才和大国工匠，为全面建设社会主义现代化国家提供有力人才保障。在广东省第五届测绘行业职业技能竞赛中，就涌现了一批测绘工匠，广东省国土资源测绘院欧先萍就是其中一位。

坚守责任担当，发扬螺丝钉精神

欧先萍，女，中共党员，2013 年 7 月参加工作，国家注册测绘师，现在广东省国土资源测绘院党委办公室工作。她是一颗螺丝钉，不论在哪个岗位上都兢兢业业，认真扎实工作，获得大家的一致好评。参加工作以来，她先后在厅执法监察局、厅机关党委等多个岗位跟班锻炼，每到一个地方，都能迅速适应环境，立刻开展工作，用实际行动诠释"干一行、爱一行、钻一行"的螺丝钉精神。

在原国土资源厅执法监察局协助工作期间，欧先萍负责原广东省国土资源在线巡查系统的建设与维护工作。为了更好地完成工作任务，她积极主动学习相关业务知识，向机关执法监察工作人员取经，梳理业务需求，完成系统需求调研，厘清各项业务链条，完成系统的搭建、测试、对接、培训与演示等工作。在厅机关党委借调工作期间，她负责协助机关党委开展党务工作，草拟了系列重要文件；协助开展和指导发展党员等工作；组织各类会议，并与机关党委同事成功筹办了中共广东省自然资源厅直属机关第一次代表大会的会议准备和召开工作。

在测绘院党委办公室工作期间，她主动融入工作大局，扎实推进党建工作的规范化、标准化、制度化，积极参与编制党建管理规定，编写党建工作计划、工作台账、工作总结等。做好上下协调工作，及时将上级党组织和院党委的指示精神传达到各党支部。2021 年，她荣获全省自然资源系统"优秀共产党员"称号。

坚持勤学苦练，勇于开拓进取

作为一名 90 后，勤奋好学是大家对欧先萍的一致评价。在繁忙的工作中，她始终没有忘记业务知识的学习，边学边干，成为她的工作常态。为了更好地锻炼提升自己的技术，她主动请缨代表测绘院参加广东省第五届测绘地理信息行业职业技能竞赛地图绘制员比赛。"既然选择了，就一定要把它干好。"长期在综合部门的她，想要成为一名优秀的地图绘制员，要付出难以想象的努力。因为对地图绘制相关知识掌握不够，她一直很有压力——白天工作时间要做好党务工作，晚上拖着疲惫的身躯回家还要看教材、记理论、做总结。就这样，坚守初心，慢慢学习积累，不断成长进步，她逐渐成为地图绘制领域的行家里手。"别人干一个小时，我就干两个小时。"每逢周末她就泡在办公室琢磨地图绘制，查阅各种资料，精益求精，提高理论知识。在何宗友技能工作室的指导下，欧先萍的制图实操能力进步很快，很多应用场景都能独当一面。

自参加工作以来，她先后取得助理工程师、工程师职称，努力提升自身专业技术，一步一个

① 摘自"测绘工匠先进事迹"

脚印，用行动回答初心使命。“你想成为什么样的人，就和什么样的人在一起。”欧先萍说道，是何宗友的专业和钻研深深影响了自己，让自己不仅收获到了知识和成长，更深刻体会到工匠精神的传承。

坚定初心使命，发挥先锋模范作用

青年党员朝气蓬勃、青春洋溢，在各行各业、各个领域奋勇争先，发挥先锋模范作用，生动诠释了青年党员的历史使命，展示了百年大党的勃勃生机与活力。而欧先萍就是这样一位青年党员代表。2021 年，欧先萍经过层层选拔，脱颖而出，代表测绘院参加全省测绘地理信息行业职业技能竞赛。欧先萍回顾自己的参赛经历，总结归纳经验，她分享了自己的心得体会：首先思想上高度重视，以党员身份严格要求自己，充分抓住重点，有的放矢，尽量避免泛泛而学。每一项都有其重点内容，要紧紧抓住重点内容有针对性地强化训练，以提高学习效率。同时要科学规划，做好学习计划的编排，按部就班做好知识点的梳理记忆。最后要利用碎片化的时间不断提升知识储备，系统梳理完成后可以整理自身的薄弱环节，进行重点总结，随时利用碎片化时间进行强化记忆训练。

十年磨一剑，出鞘锐锋芒。在 2021 年测绘地理信息行业职业技能竞赛中，欧先萍取得了地图绘制员第二名，获个人和团体一等奖的优异成绩，凭借自己的聪明才干和专业技能，成为让大家信赖的技术能手。在成绩和荣誉面前，她没有丝毫的骄傲自满情绪。她表示将再接再厉，不断学习，不断积累实践经验，努力提高专业技能水平，为测绘院的高质量发展贡献自己的力量！

项目三　距离测量

知识点 1　钢尺量距

知识结构线划图

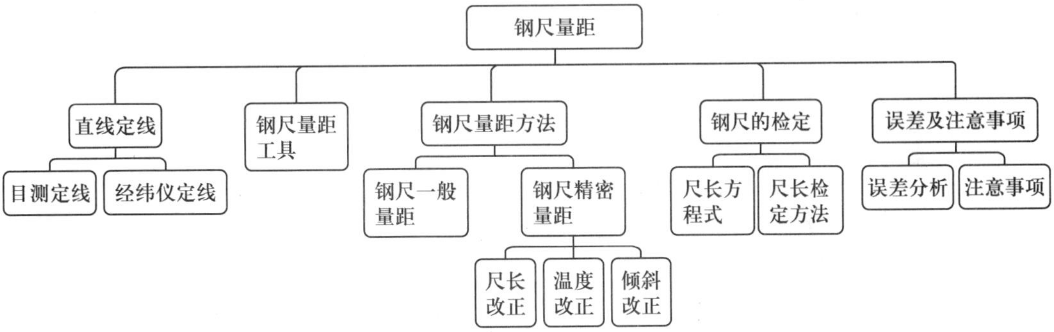

距离是确定地面点位置的基本要素之一，所以距离测量也是确定地面点位的基本工作之一。两点间的水平距离（简称平距），是指两点间的连线沿铅垂线方向投影在水平面上的长度。如图 3-1-1 中，$A'B'$的长度就是地面点 A、B 之间的水平距离。

按所用测距工具的不同，常用的距离测量的方法一般有钢尺量距、视距测量、光电测距、全站仪测距和 GPS 测量等。

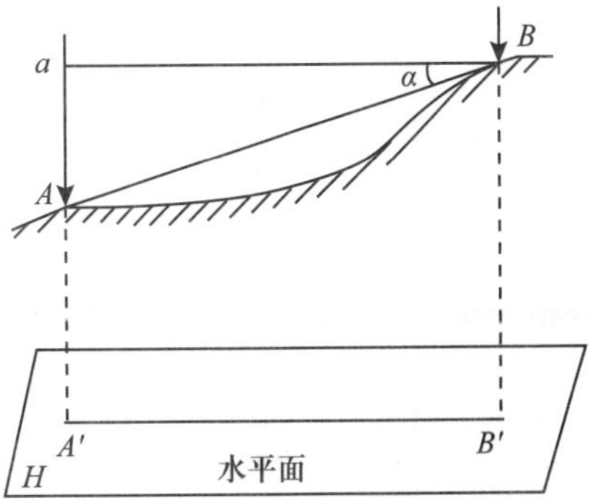

图 3-1-1　两点间的水平距离

要点 1　直线定线

当地面两点之间的距离大于钢尺的一个尺段或地势起伏较大时，为方便量距工作，需分成若干尺段进行丈量，这就需要在直线的方向上插上一些标杆或测钎，在同一直线上定出若干点，这项工作被称为直线定线，其方法有以下几种。

1. 目测定线

如图 3-1-2 所示，设 M、N 点相互通视，要在两点的直线上标出分段点 C 和 D。先在 A、B 上竖立标杆，甲站在 M 点标杆后约 1 m 处，指挥乙左、右移动标杆，直到甲从 A 点沿标杆的同一侧看到 M、C、D 三支标杆共线为止，定出 C 点。然后利用相同的方法定出 D 点。目估定线时一般是由远及近进行定线，以免定点受到已定点的影响。

视频 22　目测定线

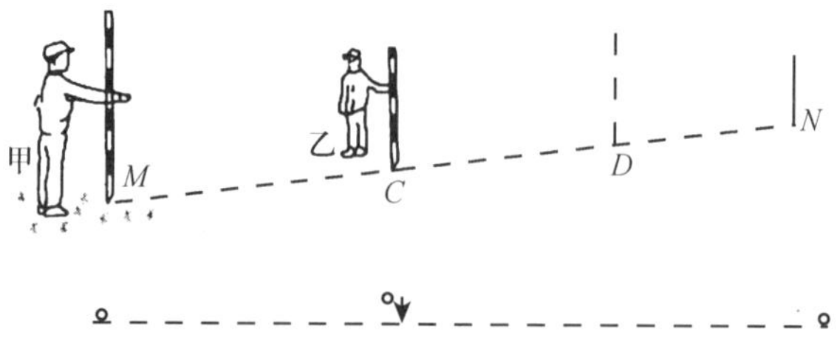

图 3-1-2　目测定线

2. 经纬仪定线

当直线定线精度要求较高时，可用经纬仪定线。如图 3-1-3 所示，欲在 AB 直线上确定出 1、2、3 点的位置，可将经纬仪安置于 A 点，用望远镜照准 B 点，固定照准部制动螺旋，然后将望远镜向下俯视，将十字丝交点投测到木桩上，并钉小钉以确定出 1 点的位置。同法标定出 2、3 点的位置。

视频 23　直线定线

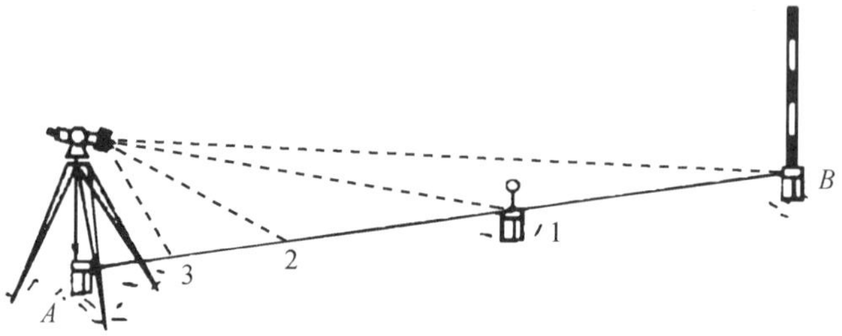

图 3-1-3　经纬仪定线

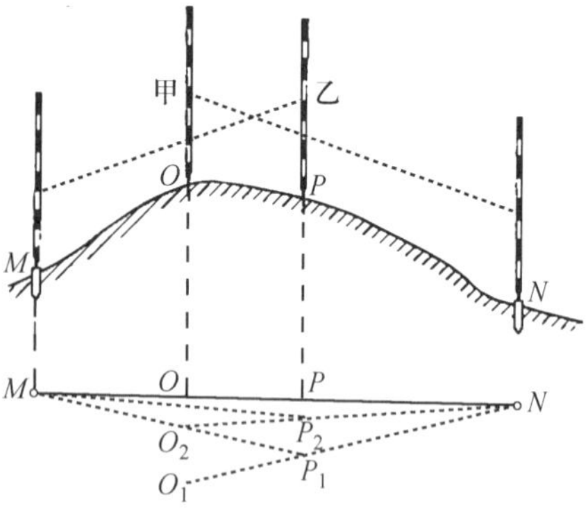

图 3-1-4　过高地定线

3. 过高地定线

如图 3-1-4 所示，M、N 两点在高地两侧，互不通视，欲在 MN 两点间标定直线，可采用逐渐趋近法。先在 M、N 两点上竖立标杆，甲、乙两人各持标杆分别选择 O_1 和 P_1 处站立，要求 N、P_1、O_1 位于同一直线上，且甲能看到 N 点，乙能看到 M 点。可先由甲站在 O_1 处指挥乙移动至 NO_1 直线上的 P_1 处。然后，由站在 P_1 处的乙指挥甲移动至 MP_1 直线上的 O_2 点，要求 O_2 能看到 N 点，接着再由站在 O_2 处的甲指挥乙移至能看到 M 点的 P_2 处，这样逐渐趋近，直到 O、P、N 并在一直线上，同时 M、O、P 也在一直线上，这时说明 M、O、P、N 均在同一直线上。

要点 2　钢尺量距工具

1. 钢尺

钢尺量距是利用具有标准长度的钢尺沿地面直接量测两点间的距离。按丈量方法的不同它分为一般量距和精密量距。一般量距读数至厘米，精度可达 1/3 000 左右；精密量距读数至毫米，精度可达 1/30 000（钢卷尺）及 1/1 000 000（因瓦线尺）。

钢尺分为普通钢卷尺和因瓦线尺两种。

普通钢卷尺，尺面宽 10～15 mm，厚度 0.2～0.4 mm，长度有 20 m、30 m 和 50 m 等几种。平时卷放在圆盘形尺壳内或金属尺架上。钢尺的基本分划为毫米，在每厘米、每分米和每米处刻有数字注记。较精密的钢尺会在尺端刻有钢尺名义长度、规定温度及标准拉力。根据零点位置不同，钢尺有端点尺和刻线尺两种。端点尺是以尺的最外缘作为尺的零点，如图 3-1-5(a)所示；刻线尺是以尺前端的某一刻线作为尺的零点，如图 3-1-5(b)所示。

因瓦线尺是用镍铁合金制成的，尺线直径 1.5 mm，长度为 24 m，尺身无分划和注记，在尺两端各连一个三棱形的分划尺，长 8 cm，其上最小分划为 1 mm。因瓦线尺全套由 4 根主尺、1 根 8 m(或 4 m)长的辅尺组成，不用时卷放在尺箱内。

2. 辅助工具

钢尺量距的辅助工具有测钎、花杆、垂球、弹簧秤和温度计。

标杆又称花杆(图 3-1-6)，用长为 2～3 m、直径 3～4 cm 的木杆或玻璃钢制成。杆上每隔 20 cm 涂以红白油漆，底部装有铁脚，以便插入土中，主要用于标定直线方向。测钎亦称测针，用直径 5 mm 左右的粗钢丝制成，长 30～40 cm，上端弯成环行，下端磨尖，一般以 11 根为一组，穿在铁环中，用来标志尺段的起、迄点和计算量过的整尺段数。垂球用来投点和读数。此外还有弹簧秤和温度计，以控制拉力和测定温度。

视频 24 距离测量工具

当进行精密量距时，还需配备弹簧秤和温度计，弹簧秤用于对钢尺施加规定的拉力，温度计用于测定钢尺量距时的温度，以便对钢尺丈量的距离施加温度改正。

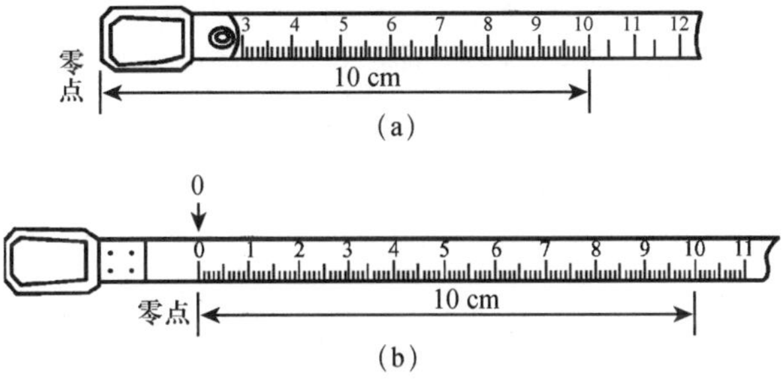

图 3-1-5 钢尺类型

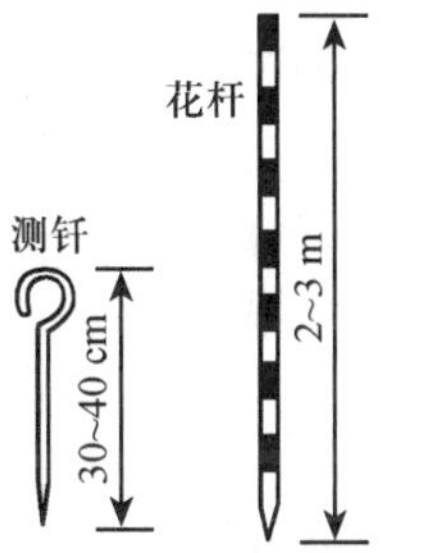

图 3-1-6 花杆和测钎

要点 3 钢尺量距方法

1. 钢尺一般量距

(1)平坦地面的量距方法

如图 3-1-7，先用木桩将 A、B 点标定出来(桩上钉一小钉)，然后在两点的外侧各立一标杆，清除直线上的障碍物。丈量工作一般由两人进行，后尺手持尺的零端位于 A 点，并在 A 点上插一测钎；前尺手持尺的末端并携带一组测钎，沿 AB 方向前进，行至一尺段处停下。后尺手以手势指挥前尺手将钢尺拉在 AB 直线方向上，当后尺手以钢尺的零点对准 A 点并发出信号“好”时，两人同时把钢尺拉紧，保持钢尺尺面水平，前尺手持测钎对准钢尺的整尺段刻划线竖直插下，得到点 1，完成了 A—1 尺段的丈量。随后，后尺手拔起 A 点上的测钎与前尺手一起举尺前行，用同样方法依次量出 1—2、2—3 等其他各整尺段，直至最后一段 n—B 余长。

丈量时应注意沿着直线方向进行，钢尺必须拉紧伸直且无卷曲。直线丈量时尽量以整尺段丈量，最后丈量余长，以方便计算。丈量时应记清楚整尺段数，或用测钎数表示整尺段数。然后逐段丈量，则直线的水平距离 D_{AB} 按下式计算：

$$D_{AB}=nl+q \tag{3-1-1}$$

式中，l 为钢尺的一整尺段长；n 为整尺段数；q 为不足一整尺的零尺段长。

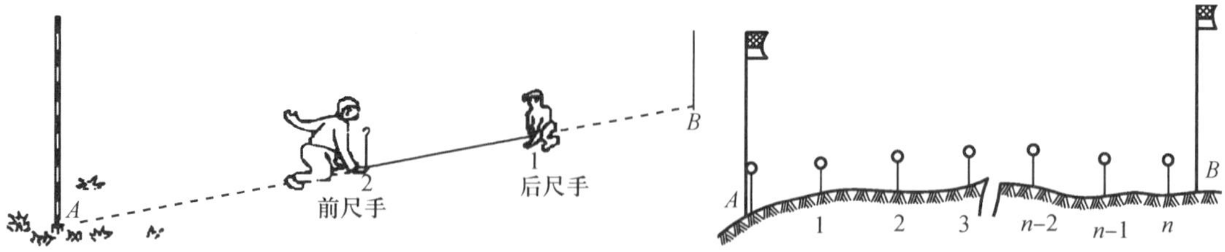

图 3-1-7　平坦地面丈量

(2)倾斜地面的距离丈量

如图 3-1-8(a)所示，当地势起伏不大时，可将钢尺抬平分段丈量，各段平距的总和即为直线距离。丈量由 A 向 B 进行，甲立于 A 点，指挥乙将尺拉在 AB 方向线上。甲将尺的零端对准 A 点，乙将尺的另一端抬起使尺身水平，然后用垂球将尺段的末端投影到地面，再插上测钎。当地面倾斜度较大，钢尺抬平有困难时，可将一尺段分成几段来丈量。这种方法称为平量法。

当地面坡度较大时，钢尺抬平比较困难，采用斜量法，如图 3-1-8(b)所示，可以沿着斜坡面丈量倾斜距离 L，测出地面倾角 α 或两端点的高差 h，然后即可计算 AB 的水平距离

$$D_{AB}=L\cos\alpha=\sqrt{l^2-h^2} \tag{3-1-2}$$

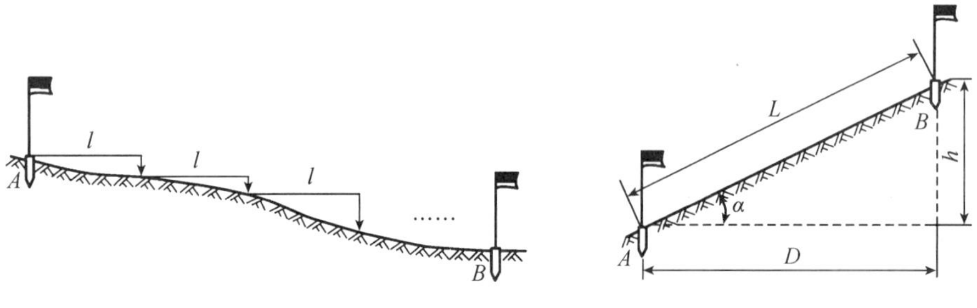

(a) 平量法　　(b) 斜量法

图 3-1-8　倾斜地面量距

为了防止丈量错误，提高丈量精度，需要往返丈量。往返丈量的精度用相对误差 K 来衡量，计算公式为

$$K=\frac{|D_{往}-D_{返}|}{\frac{1}{2}(D_{往}+D_{返})}=\frac{1}{M} \tag{3-1-3}$$

式中，K 为相对误差，用分子为 1 的分数表示；M 为比例尺分母，值越大，精度越高；为往返测的平均值。

钢尺量距相对误差在平坦地区不应大于 1/3 000，困难地区不应大于 1/1 000。若丈量的相对误差不超限，取作为两点间的水平距离。

2. 钢尺精密量距

当量距精度要求高时，需要采用精密量距法。用一般方法量距，相对精度只能达到 1/5 000～1/1 000。要达到更高的精度，则必须采用精密量距方法，其相对精度可达到 1/40 000～1/10 000。但使用的钢尺必须经过尺长检定，测量时还需使用拉力计和温度计，以控制钢尺拉力和测定温度，进行相应的尺长改正。随着测距仪的逐渐普及，工程上已经很少使用此方法测距。

用检定过的钢尺丈量两木桩之间的斜距。丈量组一般由 5 人组成：2 人拉尺，2 人读数，1 人指挥兼记录和读温度。丈量时，拉直钢尺置于相邻两木桩顶上，并使钢尺有刻划线的一侧紧靠十字线。后尺手将弹簧秤挂在尺的零端，以便施加钢尺检定时的标准拉力。钢尺拉紧后，前尺手发出读数口令“预备”，后尺手回答“好”。在喊“好”的一瞬间，两端的读尺员同时根据十字交点读取读数，估读到 0.5 mm，记入手簿。每尺段要移动钢尺位置丈量三次，三次测得的结果较差视不同要求而定，一般不超过 2～3 mm，否则要重量。如在限差以内，则取三次结果的平均值，作为该尺段的观测成果。每一尺段要读记温度一次，估读到 0.5 ℃。由直线起点丈量到终点为往测，往测完毕后立即返测，每条直线所需丈量的测回数视精度要求而定。

为了将斜距改算成水平距离，需用水准测量方法测出相邻桩顶的高差。水准测量宜在量距前、后单独进行，往返观测一次，以作检核。相邻桩顶的往、返测高差之差，一般不得超过 10 mm；如在限差以内，取平均值作为观测成果。

用检定过的钢尺量距，结果 D' 要经过尺长改正、温度改正和倾斜改正才能得到实际距离 D。

(1)尺长改正

钢尺在标准拉力、标准温度下的实际长度为 l'，它与钢尺的名义长度 l_0 的差数 Δl 即为整尺段的尺长改正数，$\Delta l = l' - l_0$。则尺长改正值为

$$\Delta l_d = \frac{l' - l_0}{l_0} l \tag{3-1-4}$$

式中，Δl_d 为尺段的尺长改正数；l 为尺段的倾斜距离。

(2)温度改正

设钢尺在检定时的温度为 t_0℃，丈量时的温度为 t ℃，钢尺的线膨胀系数为 α，则丈量一个尺段 l 的温度改正数 Δl_t 为：

$$\Delta l_t = \alpha l (t - t_0) \tag{3-1-5}$$

式中，l 为尺段的倾斜距离。

(3)倾斜改正

如图 3-1-9 所示，设 l 为量得的斜距，h 为尺段两端点间的高差，现要将 l 改算成水平距离 D，故要加倾斜改正数 Δl_h，从图 3-1-9 可以看出：

$$\Delta l_h = -\frac{h^2}{2l} \tag{3-1-6}$$

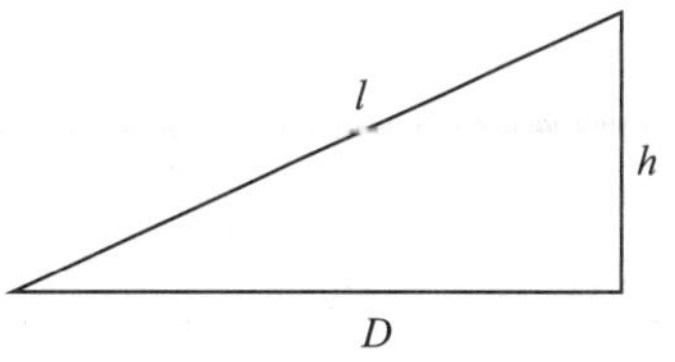

图 3-1-9 尺段倾斜改正

倾斜改正数恒为负值。

综上所述，每一尺段改正后的水平距离 D 为：

$$D=l+\Delta l_d+\Delta l_t+\Delta l_h \tag{3-1-7}$$

要点 4　钢尺的检定

1. 尺长方程式

所谓尺长方程式，是在标准拉力下(30 m 钢尺用 100 N，50 m 钢尺用 150 N)钢尺的实长与温度的函数关系式。其形式为：

$$l_t=l_0+\Delta l+\alpha l_0(t-t_0) \tag{3-1-7}$$

式中 l_t——钢尺在温度 t ℃时的实际长度；

l_0——钢尺的名义长度；

Δl——尺长改正数，即钢尺在温度 t ℃时的改正数，等于实际长度减去名义长度；

α——钢尺的线膨胀系数，其值取为 1.25×10^{-5}(℃)；

t_0——钢尺检定时的标准温度(20 ℃)；

t——钢尺使用时的温度。

2. 尺长检定方法

(1)与标准尺比长

钢尺检定最简单的方法：将欲检定的钢尺与检定过的已有尺长方程式的钢尺进行比较(认定它们的线膨胀系数相同)，求出尺长改正数，再进一步求出欲检定钢尺的尺长方程式。

例 3-1-1　设标准尺的尺长方程式为 $L_{t标}=30+0.003+1.2\times10^{-5}\times30(t-20\ ℃)$(m)。

解　被检定的钢尺，多次丈量标准长度为 29.997 m，从而求得被检定钢尺的尺长方程式：

$$\begin{aligned}L_{t检}&=L_{t标}+(30-29.997)=30+0.003+1.2\times10^{-5}\times30(t-20\ ℃)+0.003\\&=30+0.006+1.2\times10^{-5}\times30(t-20\ ℃)(\text{m})\end{aligned}$$

(2)将被检定钢尺与基准线长度进行实量比较

在测绘单位已建立的校尺场上，利用两固定标志间的已知长度 D 作为基准线来检定钢尺的方法是：将被检定钢尺在规定的标准拉力下多次丈量(至少往返各三次)基线 D 的长度，求得其平均值 D'。测定检定时的钢尺温度，然后通过计算即可求出在标准温度 $t=25$ ℃时的尺长改正数，并求得该尺的尺长方程式。

要点 5　距离丈量的误差及注意事项

1. 钢尺量距的误差分析

影响钢尺量距精度的因素很多，下面简要分析产生误差的主要来源和注意事项。

(1)尺长误差

钢尺的名义长度与实际长度不符，就产生尺长误差，用该钢尺所量距离越长，则误差累积越大。因此，新购的钢尺必须进行检定，以求得尺长改正值。

(2)温度误差

钢尺丈量的温度与钢尺检定时的温度不同，将产生温度误差。按照钢尺的线膨胀系数计算，温度每变化 1 ℃，丈量距离为 30 m 时对距离的影响为 0.4 mm。在一般量距时，丈量温度与标准温度之差不超过±8.5 ℃时，可不考虑温度误差。但精密量距时，必须进行温度改正。

(3)拉力误差

钢尺在丈量时的拉力与检定时的拉力不同而产生误差。拉力变化68.6 N,尺长将改变1/10 000。以30 m的钢尺来说,当拉力改变30～50 N时,引起的尺长误差将有1～1.8 mm。如果能保持拉力的变化在30 N范围之内,这对于一般精度的丈量工作是足够的。对于精确的距离丈量,应使用弹簧秤,以保持钢尺的拉力是检定时的拉力。通常30 m钢尺施力100 N,50 m钢尺施力150 N。

(4)钢尺倾斜和垂曲误差

量距时钢尺两端不水平或中间下垂成曲线时,都会产生误差。因此丈量时必须注意保持尺子水平,整尺段悬空时,中间应有人托住钢尺,精密量距时须用水准仪测定两端点高差,以便进行高差改正。

(5)定线误差

由于定线不准确,所量得的距离是一组折线而产生的误差称为定线误差。丈量30 m的距离,若要求定线误差不大于1/2 000,则钢尺尺端偏离方向线的距离就不应超过0.47 m;若要求定线误差不大于1/10 000,则钢尺的方向偏差不应超过0.21 m。在一般量距中,用标杆目估定线能满足要求,但精密量距时需用经纬仪定线。

(6)丈量误差

丈量时插测钎或垂球落点不准,前、后尺手配合不好以及读数不准等产生的误差均属于丈量误差。这种误差对丈量结果影响可正可负,大小不定。因此,在操作时应认真仔细、配合默契,以尽量减少误差。

2. 量距时的注意事项

①伸展钢卷尺时,要小心慢拉,钢尺不可卷扭、打结。若发现有扭曲、打结情况,应细心解开,不能用力抖动,否则容易造成折断。

②丈量前,应辨认清钢尺的零端和末端。丈量时,钢尺应逐渐用力拉平、拉直、拉紧,不能突然猛拉。丈量过程中,钢尺的拉力应始终保持鉴定时的拉力。

③转移尺段时,前、后拉尺员应将钢尺提高,不应在地面上拖拉摩擦,以免磨损尺面分划;钢尺伸展开后,不能让车辆从钢尺上通过,否则极易损坏钢尺。

④测钎应对准钢尺的分划并插直。如插入土中有困难,可在地面上标志一明显记号,并把测钎尖端对准记号。

⑤单程丈量完毕后,前、后尺手应检查各自手中的测钎数目,避免加错或算错整尺段数。往返丈量完毕,应立即检查限差是否合乎要求。不合乎要求时,应重测。

⑥丈量工作结束后,要用软布擦干净尺上的泥和水,然后涂上机油,以防生锈。

【测绘史话】

古代如何测量长度

绳子、身体的一部分、步数等。

(1)用绳子测量长度,在测量用的绳子上打出等间隔的绳结计算长度;

(2)用身体的一部分来做测量工具,如张开大拇指和中指,两端的距离为1拃,在古代埃及,主要的长度单位是腕尺,即自肘到中指尖的长度;

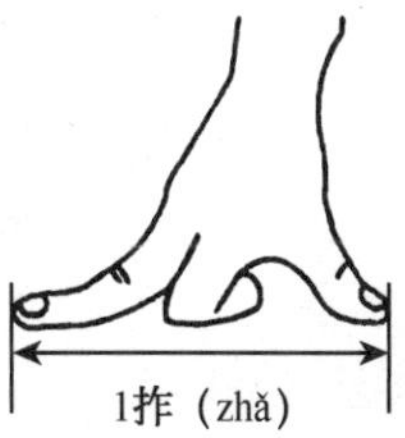

图3-1-10 1拃示意图

(3)步测:唐太宗李世民规定,以他的双步,左右脚各一步作为长度单位,叫作“步”,并规定1步为5尺,300步为1里。

知识点2 视距测量

知识结构线划图

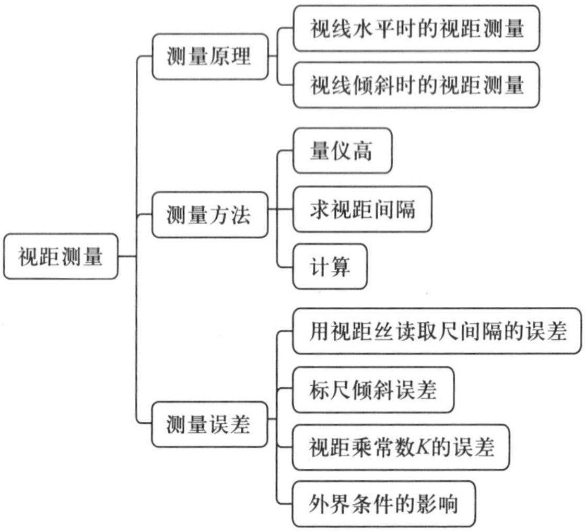

要点1 测量原理

1. 视线水平时的视距测量

如图3-2-1所示,欲测定A、B两点间的水平距离,在A点安置经纬仪,在B点竖立视距尺。当望远镜视线水平时,视准轴与尺子垂直,照准调焦后,通过上、下丝m、n就可读得尺上M、N两点处的读数,两读数的差值l称为视距间隔或尺间隔。f为物镜焦距,p为视距丝间隔,δ为物镜至仪器中心的距离,由图可知,A、B点之间的平距为

视频25 视距测量

$$D=d+f+\delta$$

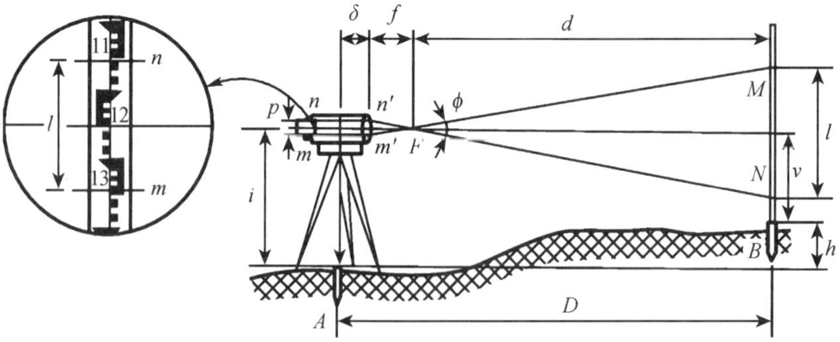

图3-2-1 水平视距测量原理

其中 d 由两相似三角形 MNF 和 mnF 求得

$$\frac{d}{f}=\frac{l}{p}, \quad d=\frac{l}{p}f$$

因此

$$D=\frac{f}{p}l+(f+\delta) \tag{3-2-1}$$

令，$K=\dfrac{f}{p}$，$C=f+\delta$ 则有

$$D=Kl+C \tag{3-2-2}$$

式中，K、C 为视距乘常数和视距加常数。仪器在制造时，通常可使 $K=100$，C 接近零。因此视准轴水平时的视距公式

$$D=100l \tag{3-2-3}$$

两点间的高差为

$$h=i-v \tag{3-2-4}$$

式中，i 为仪器高；v 为望远镜的中丝在尺上的读数。

2. 视线倾斜时的视距测量

如图 3-2-2 所示，当地面起伏较大时，视准轴须倾斜一个竖直角 δ，才能在视距尺上进行视距读数。由于此时视准轴不再垂直于尺子，前面推导的公式就不适用了。如果能将标尺以中丝读数 E 这点为中心，转动一个 δ 角，则标尺仍与视准轴垂直，如图 3-2-2 所示。此时，上下视距丝在标尺上的读数为 M'、N'，由于 ϕ 角很小，故可将 $\angle NN'E$ 和 $\angle MM'E$ 近似看成直角，则 $\angle NEN'=\angle MEM'=\delta$，于是

$$l'=M'N'=M'E+EN'=ME\cos\delta+EN\cos\delta=(ME+EN)\cos\delta=l\cos\delta$$

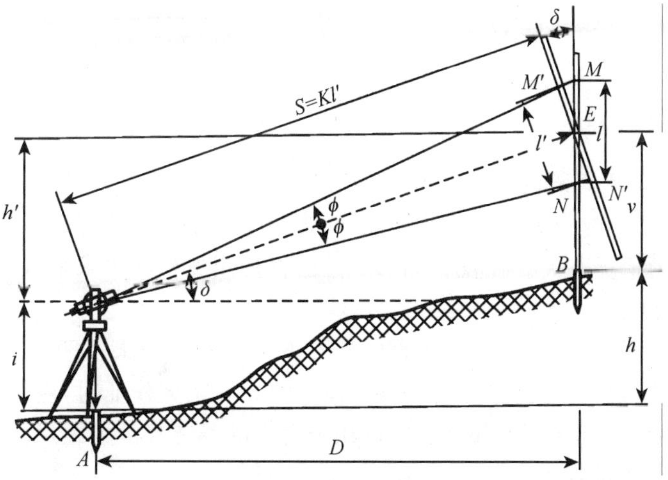

图 3-2-2 倾斜视距测量原理

根据式(3-2-5)得倾斜距离

$$S=Kl'=Kl\cos\delta$$

化算为平距

$$D=S\cos\delta=Kl\cos^2\delta \tag{3-2-5}$$

A、B 两点间的高差为

$$h=h'+i-v$$

式中

$$h'=S\sin\delta=Kl\cos\delta\sin\delta=\frac{1}{2}Kl\sin 2\delta$$

h'称为初算高差。故视线倾斜时的高差公式为

$$h=\frac{1}{2}Kl\sin 2\delta+i-v=D\tan\delta+i-v \tag{3-2-6}$$

在实际观测中,应尽可能让仪器中丝读数与仪器高相等,即 $i=v$,简化计算。

要点 2 测量方法

1. 量仪高(i)

在测站上安置经纬仪,对中、整平,用皮尺量取仪器横轴至地面点的铅垂距离,取至厘米。

2. 求视距间隔(l)

对准 B 点竖立的标尺,读取上、中、下三丝在标尺的读数,读至毫米。上、下丝相减求出视距间隔 l 值。中丝读数 v 用以计算高差。

3. 计算(δ)

转动竖盘水准管微动螺旋,使竖盘水准管气泡居中,读取竖盘读数,并计算 δ。

4. 计算(D 和 h)

最后将上述 i、l、v、δ 四个量代入式(3-2-5)和式(3-2-6),计算 AB 两点间的水平距离 D 和高差 h。

要点 3 测量误差

1. 用视距丝读取尺间隔的误差

视距丝的读数是影响视距精度的重要因素,视距丝的读数误差与尺子最小分划的宽度、距离的远近、成像清晰情况有关。在视距测量中一般根据测量精度要求来限制最远视距。

2. 标尺倾斜误差

视距计算的公式是在视距尺严格垂直的条件下得到的。如果视距尺发生倾斜,将给测量带来不可忽视的误差影响,故测量时立尺要尽量竖直。在山区作业时,由于地表有坡度而给人以一种错觉,使视距尺不易竖直。因此,应采用带有水准器装置的视距尺。

3. 视距乘常数 K 的误差

通常认定视距乘常数 $K=100$,但由于视距丝间隔有误差,视距尺有系统性刻划误差,以及仪

器检定的各种因素影响，都会使 K 值不为 100。K 值一旦确定，误差对视距的影响是系统性的。

4. 外界条件的影响

(1)大气竖直折光的影响

大气密度分布是不均匀的，特别在晴天接近地面部分密度变化大，使视线弯曲，给视距测量带来误差。根据试验，只有在视线离地面超过 1 m 时，折光影响比较小。

(2)空气对流使视距尺的成像不稳定

此现象在晴天，视线通过水面上空和视线离地表太近时较为突出，成像不稳定造成读数误差的增大，对视距精度影响很大。

(3)风力使尺子抖动

如果风力较大使尺子不易立稳而发生抖动，分别用两根视距丝读数又不可能严格在同一个时候进行，所以对视距间隔将产生影响。

【测绘小常识】

中华人民共和国测绘法

《中华人民共和国测绘法》是为了加强测绘管理，促进测绘事业发展，保障测绘事业为经济建设、国防建设、社会发展和生态保护服务，维护国家地理信息安全制定的法律。

《中华人民共和国测绘法》于 1992 年 12 月 28 日第七届全国人民代表大会常务委员会第二十九次会议通过，2002 年 8 月 29 日第九届全国人民代表大会常务委员会第二十九次会议修订通过，2002 年 8 月 29 日中华人民共和国主席令第 75 号公布，2002 年 8 月 29 日第九届全国人民代表大会常务委员会第二十九次会议第一次修订，2017 年 4 月 27 日第十二届全国人民代表大会常务委员会第二十七次会议第二次修订。

2004 年，国家测绘局将每年的 8 月 29 日定为测绘法宣传日。

知识点 3 直线定向

知识结构线划图

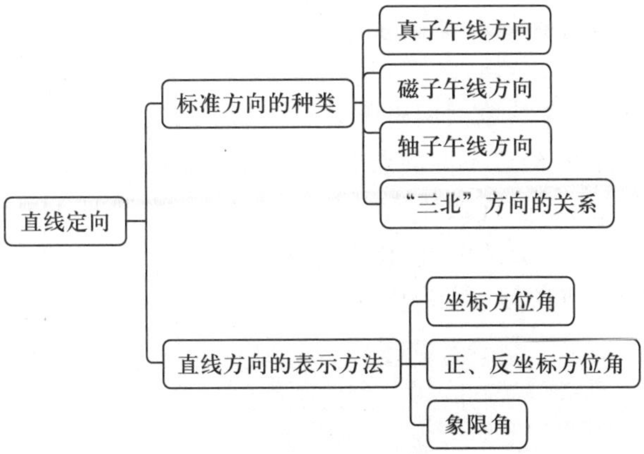

要点 1 标准方向的种类

视频 26 直线定向

确定地面上两点在平面上的位置，不仅需要量测两点间的距离，还需要确定该直线的方向，简称直线定向，即确定地面一条直线与一基本方向之间的水平夹角。直线的方向也是确定地面点位置的基本要素之一，所以直线方向的测量也是基本的测量工作。确定直线方向首先要选择一个基本方向，此外采用一定的方法来确定直线与基本方向之间的角度关系。

我国处于北半球，常用的基本方向有三种：真北方向（真子午线方向）、磁北方向（磁子午线方向）和坐标北方向（轴子午线方向）。如图 3-3-1 所示。

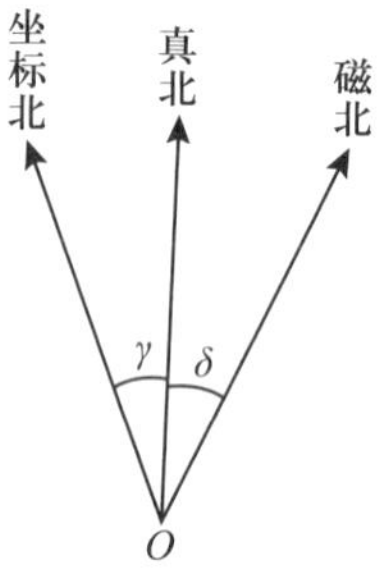

图 3-3-1 “三北”方向

1. 真子午线方向

过地球上某点及地球的北极和南极的半个大圆称为该点的真子午线（图 3-3-2），真子午线在该点的切线方向称为该点的真子午线方向，如图 3-3-3 所示，AD、BD 为 A、B 两点的真子午线方向。真子午线方向要用天文观测方法、陀螺经纬仪和 GPS 来测定。

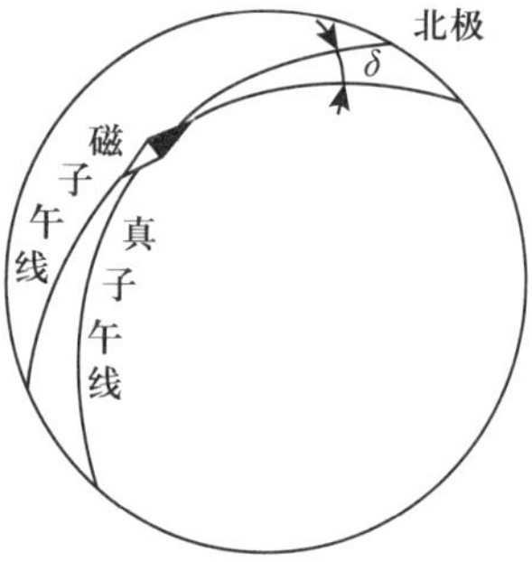

图 3-3-2 真子午线和磁子午线及磁偏角 δ

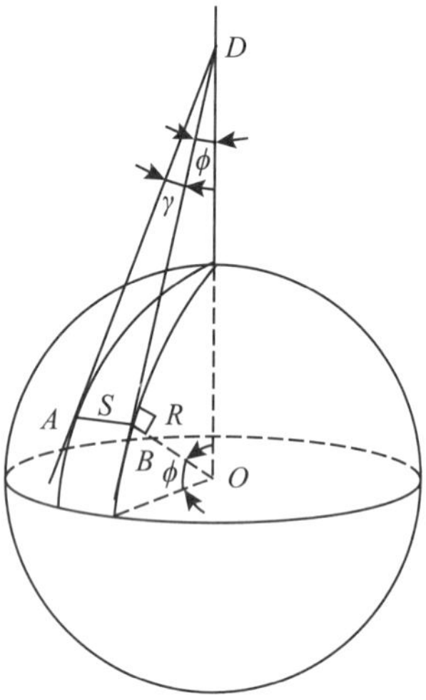

图 3-3-3 子午线收敛角 γ

由于地球上各点的真子午线都向两极收敛而会集于两极，所以，虽然各点的真子午线方向都是指向真北和真南，然而在经度不同的点上，真子午线方向互不平行。两点真子午线方向间的夹角称为子午线收敛角 γ。γ 近似计算如下：图 3-3-3 中将地球看成是一个圆球，其半径为 R，设 A、B 为位于同一纬度 ϕ 上的两点，相距为 S。A、B 两点的真子午线方向 AD、BD，与地轴的延线相交于 D，它们之间的夹角就是 γ，因此可以得出

$$\gamma=\frac{S}{BD}\rho$$

从直角三角形 BOD 中可得

$$BD=\frac{R}{\tan\phi}$$

故

$$\gamma=\rho\frac{S}{R}\tan\phi \tag{3-3-1}$$

式中，$R=6\ 371\ \text{km}$，$\rho=206\ 265''$。

从式(3-3-1)中可以得出这样的结论：γ 随纬度的增大而增大，并与两点间的距离成正比。当A、B两点不在同一纬度时，可取两点的平均纬度代入 ϕ，并取两点的横坐标之差代入 S。γ 以真子午线方向为基准，向东偏为"＋"，向西偏为"－"。

2. 磁子午线方向

过地球上某点及地球南北磁极的半个大圆称为该点的磁子午线。类似地，磁子午线在该点的切线方向称为该点的磁子午线方向。磁子午线方向可用罗盘来确定。

由于地磁的两极与地球的两极并不一致，北磁极约位于西经100.0°北纬76.1°；南磁极约位于东经139.4°南纬65.8°。所以同一地点的磁子午线方向与真子午线方向不能一致，其夹角称为磁偏角，用符号 δ 表示(图3-3-2)。δ 以真子午线方向为基准，向东偏为"＋"，向西偏为"－"。

我国磁偏角的变化在＋6°(西北地区)～－10°(东北地区)。磁偏角的大小随地点、时间而异，而且地球磁极的位置也在不断地变动，磁针受局部吸引等影响，所以磁子午线方向不宜作为精确定向的基本方向。但由于用磁子午线定向方法简便，所以在独立的小区域测量工作中仍可采用。

3. 轴子午线方向

不同点的真子午线方向或磁子午线方向都是不平行的，这使直线方向的计算很不方便。因此，为了使计算简便快捷，采用坐标纵轴方向作为基本方向。

在我国采用的高斯平面直角坐标系中，每一投影带的中央子午线的投影作为该带的坐标纵轴方向。因此，该带内直线定向采用该带的坐标纵轴方向作为标准方向。对于假定坐标系，则采用假定坐标纵轴方向作为直线的标准方向。

4. "三北"方向的关系(图3 3 4)

(1)真子午线与磁子午线的关系

真子午线与磁子午线之间的夹角，叫磁偏角；磁子午线偏向真子午线以东为东偏，东偏为正；磁子午线偏向真子午线以西为西偏，西偏为负。

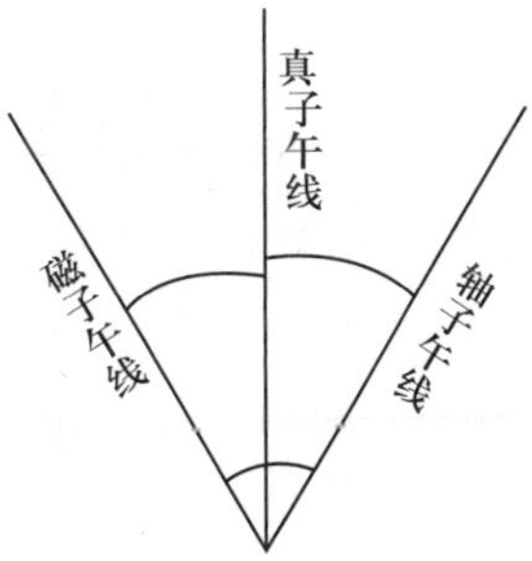

图3-3-4　三种标准方向之间关系

(2)子午线收敛角

地球椭球体面上一点的真子午线与位于此点所在的投影带的中央子午线之间的夹角。即在高斯平面上的真子午线与坐标纵线的夹角称为子午线收敛角。凡坐标纵线偏在真子午线以东者为正，反之为负。子午线收敛角通常用 γ 表示。在参考椭球面元素转为高斯平面元素时要进行曲率改化和子午线收敛角计算。

要点 2　直线方向的表示方法

通常用方位角和象限角来表示直线的方向。

1. 坐标方位角

从标准方向北端起，顺时针方向量到某直线的水平夹角，称为这条直线的坐标方位角。方位角的取值范围为 0～360°。因标准方向的不同又可分为真方位角、磁方位角和坐标方位角。坐标方位角如图 3-3-5 所示。

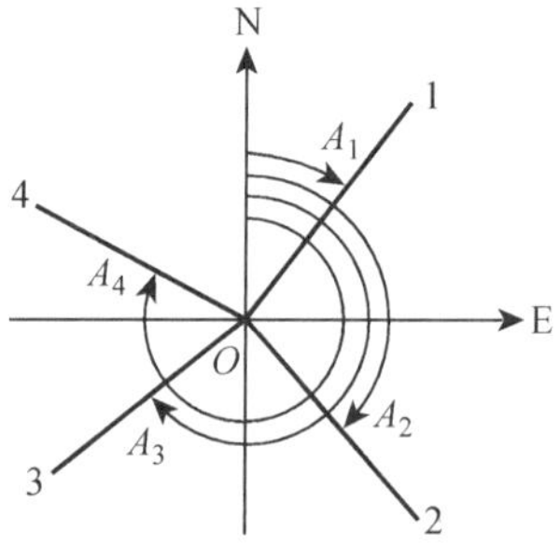

图 3-3-5　坐标方位角

视频 27　正反坐标方位角

2. 正、反坐标方位角

一条直线有正反两个方向，通常以直线前进的方向为正方向。从图 3-3-6 中可以看出一条直线正、反方位角相差 180°，即

$$\alpha_{正}=\alpha_{反}\pm180° \qquad (3\text{-}3\text{-}2)$$

3. 象限角

测量上有时用象限角来确定直线的方向。所谓象限角，就是由标准方向的北端或南端起量至某直线所夹的锐角，常用 R 表示，角值范围 0°～90°。

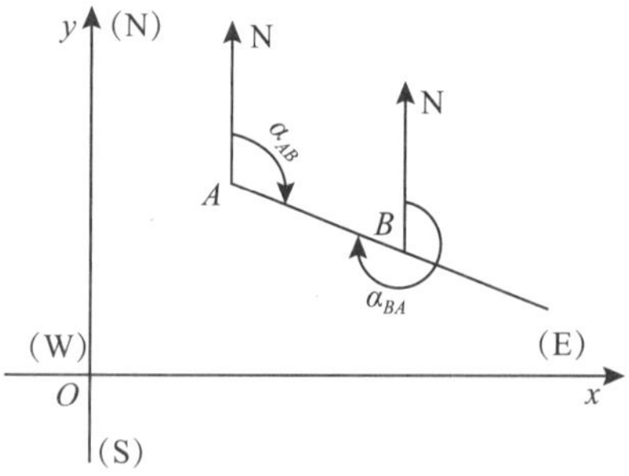

图 3-3-6　正、反坐标方位角

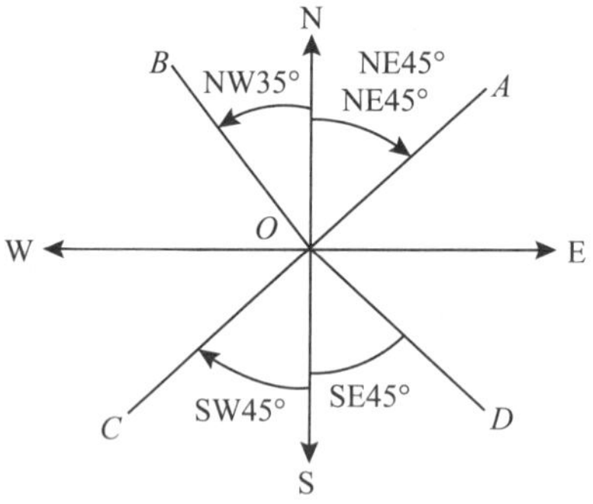

图 3-3-7　坐标方位角与象限角

4. 坐标方位角和象限角的换算关系

坐标方位角和象限角均是表示直线方向的方法，它们之间既有区别又有联系。在实际测量中经常用到它们之间的互换，由图 3-3-7 可以推算出它们之间的互换关系，见表 3-3-1。

表 3-3-1　坐标方位角和象限角的换算

直线方向	由坐标方位角 α 求象限角 R	由象限角 R 求坐标方位角 α
第Ⅰ象限(北东)	$R=\alpha$	$\alpha=R$
第Ⅱ象限(南东)	$R=180°-\alpha$	$\alpha=180°-R$
第Ⅲ象限(南西)	$R=\alpha-180°$	$\alpha=180°+R$
第Ⅳ象限(北西)	$R=360°-\alpha$	$\alpha=360°-R$

【例】某直线 AB，已知正坐标方位角 $\alpha_{AB}=334°31'48''$，试求 α_{BA}、R_{AB}、R_{BA}。解：$\alpha_{BA}=334°31'48''-180°=154°31'48''$

$$R_{AB}=360°-334°31'48''=25°28'12''\text{NW}$$

$$R_{BA}=180°-154°31'48''=25°28'12''\text{SE}$$

5. 坐标方位角的推算

测量工作中直线的坐标方位角不是直接测定的，而是通过测定待求方向线与已知边的连接角以及各相邻边之间的水平夹角，来推算待求边的坐标方位角。如图 3-3-8 所示，A、B 为已知点，α_{AB} 也已知，通过联测 AB 与 $B1$ 边的连接角 β 来推算方位角 α_{B1}。观测前进方向如图中箭头，从 B 到 1，1 到 2，2 到 3……，通过进一步观测，得到左角 β_1、右角 β_2……所谓左（右）角是指在前进方向左（右）侧的角度。

视频 28 左右角

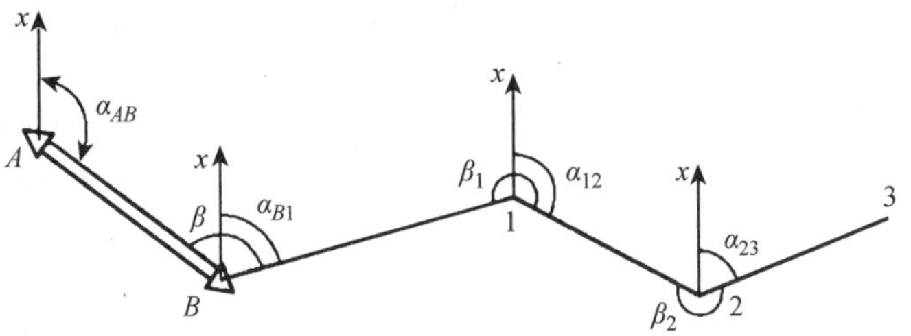

图 3-3-8 坐标方位角的推算

根据坐标方位角的定义，以及图中的几何关系，可以得出

$$\alpha_{B1}=\beta-(180°-\alpha_{AB})=\alpha_{AB}+\beta-180° \quad (3\text{-}3\text{-}3)$$

同理，可以推出

$$\alpha_{12}=\alpha_{B1}+\beta_1-180°$$

$$\alpha_{23}=\alpha_{12}-\beta_2+180°$$

由此可以写出推算坐标方位角的一般公式为

$$\begin{cases}\alpha_{前}=\alpha_{后}+\beta_{左}-180° \\ \alpha_{前}=\alpha_{后}-\beta_{右}+180°\end{cases} \quad (3\text{-}3\text{-}4)$$

式中，可以简称为左加右减。因为方位角取值范围为 0°～360°，所以在求得方位角为"－"时，结果加上 360°；所求方位角大于 360°时，结果减去 360°即可。

【例 1】如图 3-3-9(a)所示，导线边 1—2 的坐标方位角为 $\alpha_{12}=60°24'24''$，右角 $\beta_{右}=150°20'30''$，求 2—3 边的坐标方位角 α_{23}。

解：代入公式(3-3-4)，则导线边 2—3 的方位角 $\alpha_{23}=\alpha_{12}-\beta_{右}+180°=60°24'24''-150°20'30''+180°=90°03'54''$

同理，在图 3-3-9(b)中导线边 1—2 的坐标方位角已知为 $\alpha_{12}=60°30'30''$，左角 $\beta_{左}=230°51'42''$，则导线边 BC 的方位角

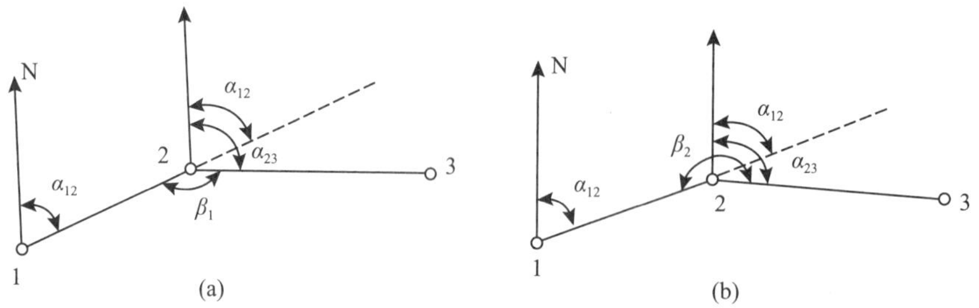

图 3-3-9　方位角推算例题

$$\alpha_{23}=\alpha_{12}+\beta_{左}-180°=60°30'30''+230°51'42''-180°=111°22'12''$$

【测绘史话】

司　　南

指南针，古代叫司南(图 3-3-10)，主要组成部分是一根装在轴上的磁针，磁针在天然磁场的作用下可以自由转动并保持在磁子午线的切线方向上，磁针的南极指向地理南极(磁场北极)，利用这一性能可以辨别方向。

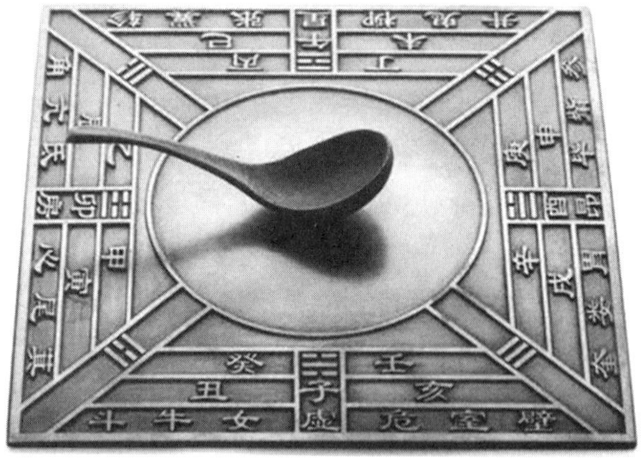

图 3-3-10　司南

常用于航海、大地测量、旅行及军事等方面。物理上指示方向的指南针的发明有三类部件，分别是司南、罗盘和磁针，均属于中国的发明。据《古矿录》记载最早出现于战国时期的磁山一带。

指南针是中国古代劳动人民在长期的实践中对磁石磁性认识的结果。作为中国古代四大发明之一，它的发明对人类科学技术和文明的发展，起了无可估量的作用。在中国古代，指南针起先应用于祭祀、礼仪、军事占卜与看风水时确定方位。

知识点 4　坐标正、反算

知识结构线划图

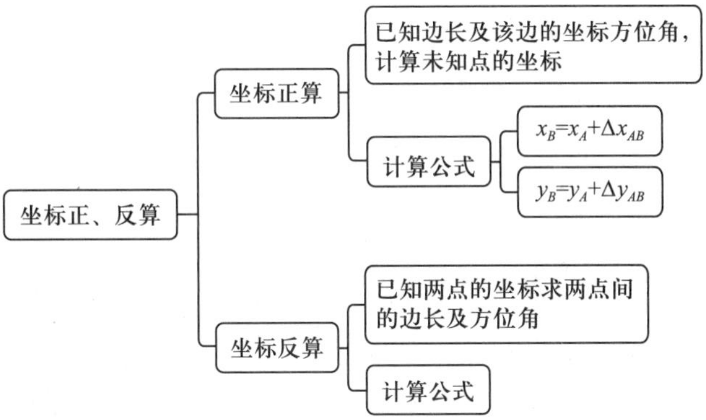

要点 1　坐标正算

根据已知点的坐标、已知边长和坐标方位角计算未知点坐标的过程叫作坐标正算。如图 3-4-1，设 A 为已知点、B 为未知点，当 A 点的坐标(x_A，y_A)、边长 D_{AB} 和坐标方位角 α_{AB} 均为已知时，则可求得 B 点的坐标(x_B，y_{AB})。由图知：

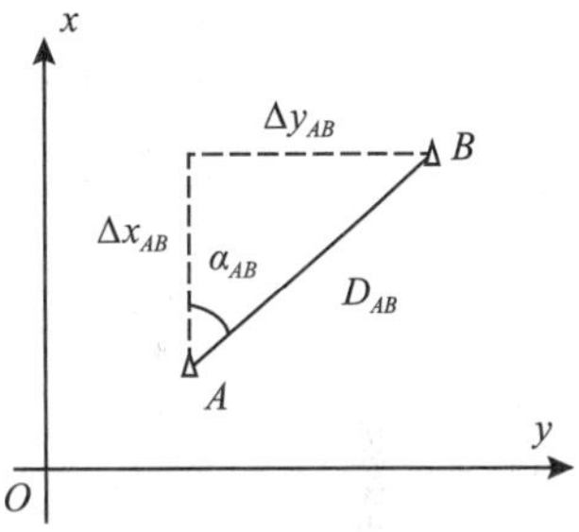

图 3-4-1　坐标正算

$$x_B=x_A+\Delta x_{AB}$$
$$y_B=y_A+\Delta y_{AB} \tag{3-4-1}$$

其中：

$$\Delta x_{AB}=D_{AB}\cos\alpha_{AB}$$
$$\Delta y_{AB}=D_{AB}\sin\alpha_{AB} \tag{3-4-2}$$

所以式 3-4-1 可写成

$$x_B=x_A+D_{AB}\cos\alpha_{AB}$$
$$y_B=y_A+D_{AB}\sin\alpha_{AB} \tag{3-4-3}$$

式中，Δx_{AB} 和 Δy_{AB} 称为坐标增量。坐标方位角和坐标增量均带有方向性，要注意坐标的书写。当坐标方位角位于第一象限时，坐标增量均为正值；当坐标方位角位于第二象限时，Δx_{AB} 为负值，Δy_{AB} 为正值；当坐标方位角位于第三象限时，坐标增量均为负值；当坐标方位角位于第四象限时，Δx_{AB} 为正值，Δy_{AB} 为负值。

要点 2　坐标反算

由两个已知点的坐标反算坐标方位角和边长，称为坐标反算。直线的坐标方位角可根据两端点的已知坐标反算出来，如图 3-4-1 所示，设 A、B 为两已知点，其坐标分别为 x_A、y_A 和 x_B、y_B，则可得：

视频 29　坐标反算用计算器的操作

$$\tan \alpha_{AB}=\frac{\Delta y_{AB}}{\Delta x_{AB}} \tag{3-4-4}$$

则：

$$\alpha_{AB}=\arctan \frac{\Delta y_{AB}}{\Delta x_{AB}} \tag{3-4-5}$$

$$D_{AB}=\frac{\Delta y_{AB}}{\sin \alpha_{AB}}=\frac{\Delta x_{AB}}{\cos \alpha_{AB}} \tag{3-4-6}$$

式(3-4-6)中 $\Delta x_{AB}=x_B-x_A$；$\Delta y_{AB}=y_B-y_A$。

由式(3-4-6)算出两个 D_{AB}，用作互相校核。边长也可以用下式计算：

$$D_{AB}=\sqrt{\Delta x_{AB}^2+\Delta y_{AB}^2} \tag{3-4-7}$$

根据反正切函数的性质，按式(3-4-5)求得的 α_{AB} 位于区间(－90°～90°)上，且在此区间上为单调递增的奇函数，而坐标方位角的取值范围为 0°～360°，故要用式(3-4-5)求得正确的坐标方位角 α_{AB}，还需讨论 Δx_{AB} 和 Δy_{AB} 的符号，确定导线边所在的象限，再求其方位角，具体讨论如下：

①当 $\Delta x_{AB}>0$，$\Delta y_{AB}=0$ 时，导线边 AB 在 x 轴上，且指向正方向，$\alpha_{AB}=0°$

②当 $\Delta x_{AB}=0$，$\Delta y_{AB}>0$ 时，导线边 AB 在 y 轴上，且指向正方向，$\alpha_{AB}=90°$

③当 $\Delta x_{AB}<0$，$\Delta y_{AB}=0$ 时，线边 AB 在 x 轴上，且指向负方向，$\alpha_{AB}=180°$

④当 $\Delta x_{AB}=0$，$\Delta y_{AB}<0$ 时，导线边 AB 在 y 轴上，且指向负方向，$\alpha_{AB}=270°$

⑤当 $\Delta x_{AB}=0$，$\Delta y_{AB}=0$ 时，A、B 两点缩成一点，没有坐标方位角。

⑥当 $\Delta x_{AB}>0$，$\Delta y_{AB}>0$ 时，导线边 AB 在第一象限，$\alpha_{AB}=\arctan \dfrac{\Delta y_{AB}}{\Delta x_{AB}}$

⑦当 $\Delta x_{AB}<0$，$\Delta y_{AB}>0$ 时，导线边 AB 在第二象限，$\alpha_{AB}=180°+\arctan \dfrac{\Delta y_{AB}}{\Delta x_{AB}}$

⑧当 $\Delta x_{AB}<0$，$\Delta y_{AB}<0$ 时，导线边 AB 在第三象限，$\alpha_{AB}=180°+\arctan \dfrac{\Delta y_{AB}}{\Delta x_{AB}}$

⑨当 $\Delta x_{AB}>0$，$\Delta y_{AB}<0$ 时，导线边 AB 在第四象限，$\alpha_{AB}=360°+\arctan \dfrac{\Delta y_{AB}}{\Delta x_{AB}}$

在上述讨论中①至⑤为特殊情况，⑥中直线在第一象限，直线的方位角恰好在反正切函数的取值区间，故按式(3-4-7)算出的角值即为直线的坐标方位角；⑦⑧⑨中直线的方位角均大于 90°，不在反正切函数的取值区间，考虑反正切函数的奇偶性与单调性，第二、三、四象限用上述各自不同的公式计算。需要指出的是上述讨论⑦⑧虽然 α_{AB} 的计算公式表面上相同，但实质却不同，因为反正切函数 $\alpha_{AB}=\arctan \dfrac{\Delta y_{AB}}{\Delta x_{AB}}$ 为奇函数；当 $\dfrac{\Delta y_{AB}}{\Delta x_{AB}}$ 为负值时，函数值 α_{AB} 为负值；当$\frac{\Delta y_{AB}}{\Delta x_{AB}}$为正值时，函数值$\alpha_{AB}$为正值，所以⑦为180°减一正值，而⑧为180°加一正值；同理⑨为360°减一正值。在上述坐标反算中，两点间的距离计算较为简单，而方位角的反算涉及象限的不同而需要讨论，具有一定的难度，计算时要特别注意。其一般步骤是：先根据Δx与Δy的符号确定导线边所在的象限，再用公式(3-4-7)计算，最后根据不同的象限即①至⑨的情况代入其公式算出方位角。

【例3-4-1】已知A、B两点的坐标分别为A(3 558.124，4 945.451)、B(3 842.489，4 529.126)，求直线AB的坐标方位角α_{AB}与边长D_{AB}。

解：$\Delta x_{AB}=3\ 842.489-3\ 558.124=284.365$；$\Delta y_{AB}=4\ 529.126-4\ 945.451=-416.325$

$\arctan\frac{\Delta y_{AB}}{\Delta x_{AB}}=\arctan\frac{-416.325}{284.365}=-55°39'56''$，因$\Delta x_{AB}>0$，$\Delta y_{AB}<0$，故$AB$为第四象限的直线，代入上述讨论⑨中得：

$$\alpha_{AB}=360°+\arctan\frac{\Delta y_{AB}}{\Delta x_{AB}}=360°-55°39'56''=304°20'04''$$

$$D_{AB}=\sqrt{284.365^2+(-416.325)^2}=504.173$$

【测绘史话】

张衡(78—139年)

东汉天文学家、大地测量学家。

张衡为中国天文学、机械技术、地震学的发展做出了杰出的贡献，发明了浑天仪、地动仪，是东汉中期浑天说的代表人物之一。被后人誉为“木圣”(科圣)。浑天仪(图3-4-2)，是浑仪和浑象的总称。浑仪是测量天体球面坐标的一种仪器，而浑象是古代用来演示天象的仪表。浑仪发明者是我国西汉的落下闳，东汉时期伟大的科学家张衡进行改进。张衡发现地球是圆的，并沿南北极轴旋转，黄道是太阳运行轨道，与赤道交角为24°，为天文大地测量和大范围的地图测绘提供了理论基础。

图3-4-2　浑天仪

项目四　全站仪的应用

知识点 1　全站仪的认识与使用

知识结构线划图

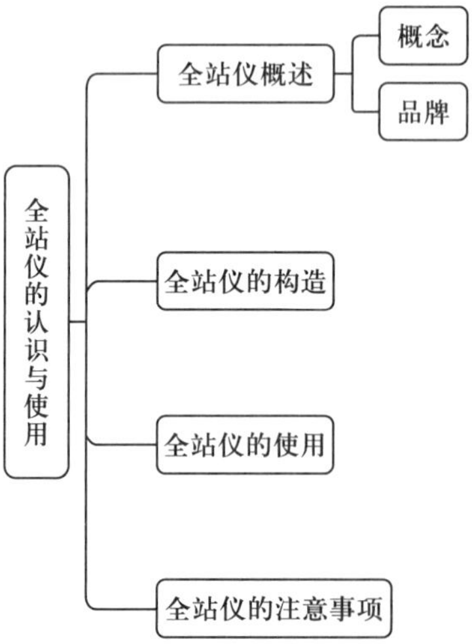

要点 1　全站仪概述

全能型电子速测仪（简称全站仪）是由电子测角、电子测距等系统组成，测量结果能自动显示、计算和存储，并能与外围设备自动交换信息的多功能测量仪器。

全站仪是集光、机、电于一体的仪器，其中轴系机械结构和望远镜光学瞄准系统与光学经纬仪相比没多大差异，而电子系统主要由以下三大单元构成：

①电子测距单元，外部称之为测距仪。

②电子测角及微处理器单元，外部称之为电子经纬仪。

③电子记录单元。

全站仪的种类很多，目前常见的全站仪有美国的天宝系列，瑞士的徕卡系列，日本的拓普康系列、索佳系列、尼康系列、宾得系列，中国南方系列、苏州一光系列、海星达系列、科力达系列等十几种品牌。各类全站仪的外形大致相同，与光学经纬仪相似，有照准部、基座和度盘三大部件。照准部上有望远镜，水平、竖直制动微动螺旋，管水准器，圆水准器，光学对中器等。另外，仪器正反两侧都有液晶显示器和操作键盘。

各种全站仪的使用方法由仪器自身的程序设计而定。使用任何一种仪器前，必须认真阅读仪器使用说明书，了解仪器各部件功能和操作要点及注意事项。

要点 2　全站仪的构造

全站仪的种类很多，各种型号仪器的基本结构大致相同。现以南方测绘的 NTS-562R 为例进行介绍，如图 4-1-1 所示。

图 4-1-1　NTS-562R 全站仪

1. 提手　2. 望远镜调焦螺旋　3. 垂直微动螺旋　4. 目镜调焦螺旋　5. 显示屏　6. 脚螺旋　7. 垂直制动螺旋　8. 物镜　9. 水平微动螺旋　10. 水平制动螺旋

全站仪的测量工具：当全站仪用红外光进行距离测量等作业时，需在目标处放置反射棱镜。反射棱镜有单(三)棱镜组，可通过基座连接器将棱镜组与基座连接，再安置到三脚架上，也可直接安置在对中杆上。棱镜组由用户根据作业需要自行配置。如图 4-1-2 所示。

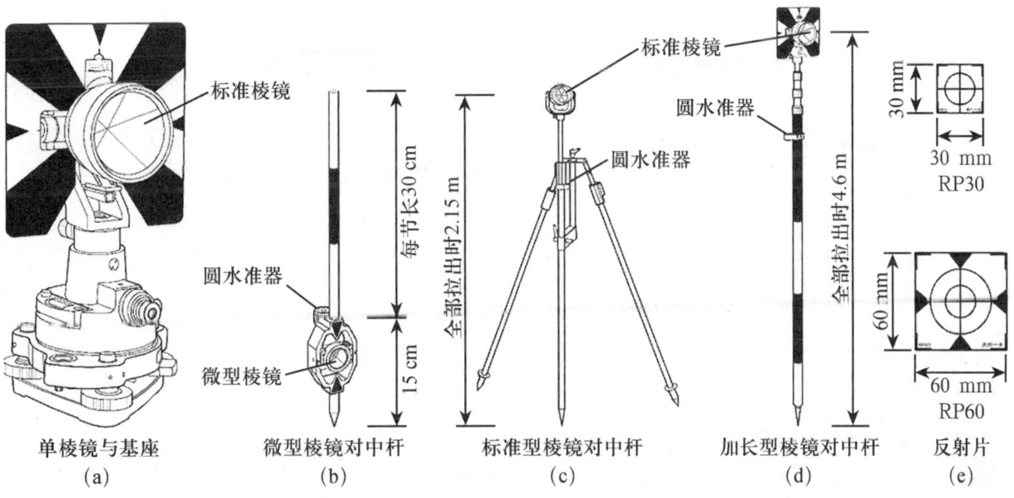

图 4-1-2　棱镜与反射片

要点3 全站仪的使用

1. 仪器开箱和存放

(1)开箱

轻轻地放下箱子,让其盖朝上,打开箱子的锁栓,开箱盖,取出仪器。

(2)存放

盖好望远镜镜盖,使照准部的垂直制动手轮和基座的圆水准器朝上,将仪器平卧(望远镜物镜端朝下)放入箱中,轻轻旋紧垂直制动手轮,盖好箱盖并关上锁栓。

2. 安装仪器

将仪器安装在三脚架上,精确整平和对中,为保证测量成果的精度,应使用专用的三脚架。

仪器的整平与对中(在此介绍利用激光对点器对中):

①架设三脚架。将三脚架伸到适当高度,确保三腿等长、打开,并使三脚架顶面近似水平,且位于测站点的正上方。将三脚架腿支撑在地面上,使其中一条腿固定。

②安置仪器和对点。将仪器小心地安置到三脚架上,拧紧中心连接螺旋,打开激光对点器。双手握住另外两条未固定的架腿,通过对激光对点器光斑的观察调节该两条腿的位置。当激光对点器光斑大致对准测站点时,使三脚架三条腿均固定在地面上。调节全站仪的三个脚螺旋,使激光对点器光斑精确对准测站点。

③利用圆水准器粗平仪器。调整三脚架三条腿的高度,使全站仪圆水准气泡居中。

④利用管水准器精平仪器。a. 松开水平制动螺旋,转动仪器,使管水准器平行于某一对角螺旋A、B的连线。通过旋转角螺旋A、B,使管水准气泡居中。b. 将仪器旋转90°,使其垂直于角螺旋A、B的连线。旋转角螺旋C,使管水准气泡居中。

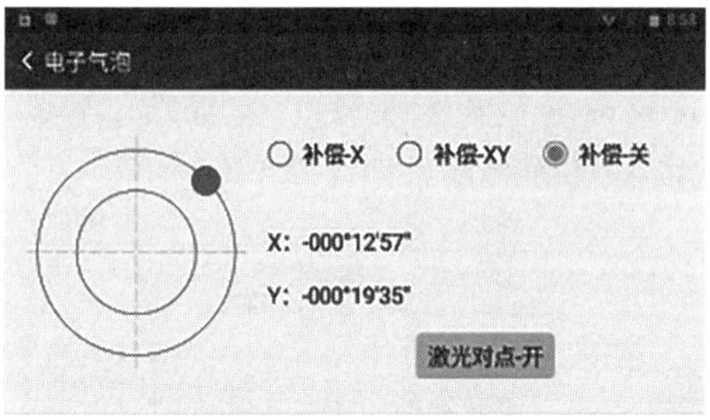

图4-1-3 电子气泡

⑤精确对中与整平。通过对激光对点器光斑的观察,轻微松开中心连接螺旋,平移仪器(不可旋转仪器),使仪器精确对准测站点。再拧紧中心连接螺旋,再次精平仪器。重复此项操作到仪器精确整平对中为止。

⑥关闭激光对点器。

注:也可使用电子气泡代替上面的利用管水准器精平仪器部分,超出±4′范围会自动进入电子气泡界面。如图4-1-3所示。

- X:显示X方向的补偿值
- Y:显示Y方向的补偿值
- [补偿-关]:点击关闭双轴补偿
- [补偿-X]:点击打开X方向补偿
- [补偿-XY]:点击打开XY方向补偿

常用快捷功能图标:

该键为快捷功能键,点击该键或者在主菜单界面左侧边缘向右滑动可唤出该功能键的快捷设置,包含激光指示、十字丝照明、激光下对点、温度气压设置;

该键为数据功能键,包含点数据、编码数据及数据图形;

S 该键为测量模式键，可设置精测单次、N 次测量、连续测量或跟踪测量；

该键为合作目标键，可设置目标为反射板、棱镜或无合作；

该键为电子气泡键，可设置 X 轴、XY 轴补偿或关闭补偿。

常用符号意义，如表 4-1-1：

表 4-1-1 全站仪常用符号意义

显示符号	含义	显示符号	含义
V/%	竖直角(坡度显示)	N	北向坐标(X)
HR	水平角(右旋角)	E	东向坐标(Y)
HL	水平角(左旋角)	Z	高程或高差(H 或 h)
HD	水平距离	*	EDM(电子测距)正在进行
VD	高差	m	以米为单位
SD	倾斜距离(斜距)	ft	以英尺为单位
		fi	以英尺与英寸为单位

要点 4 全站仪的注意事项

①日光下测量应避免将物镜直接瞄准太阳。若在太阳下作业应安装滤光镜。

②避免在高温和低温下存放仪器，亦应避免温度骤变(使用时气温变化除外)。

③仪器不使用时，应将其装入箱内，置于干燥处，注意防震、防尘和防潮。

④若仪器工作处的温度与存放处的温度差异太大，应先将仪器留在箱内，直至它适应环境温度后再使用。

⑤仪器长期不使用时，应将仪器上的电池卸下分开存放。电池应每月充电一次。

⑥仪器运输应将仪器装于箱内进行，运输时应小心避免挤压、碰撞和剧烈震动，长途运输最好在箱子周围使用软垫。

⑦仪器安装至三脚架或拆卸时，要一只手先握住仪器，以防仪器跌落。

⑧外露光学件需要清洁时，应用脱脂棉或镜头纸轻轻擦净，切不可用其他物品擦拭。

⑨仪器使用完毕后，用绒布或毛刷清除仪器表面灰尘。仪器被雨水淋湿后，切勿通电开机，应用干净软布擦干并在通风处放一段时间。

⑩作业前应仔细全面检查仪器，确信仪器各项指标、功能、电源、初始设置和改正参数均符合要求时再进行作业。

⑪即使发现仪器功能异常，非专业维修人员不可擅自拆开仪器，以免发生不必要损坏。

⑫本系列全站仪发射光是激光，使用时不得对准眼睛。

⑬保持触摸屏清洁，不要用利器擦刮触摸屏。

【中国智慧】

国产第一台全站仪

改革开放初期，我国的测绘地理信息行业还处在模拟测绘时代，虽然普通水准仪和光学经纬仪已经实现规模化生产，但电子测绘设备纯靠进口，其销售价格昂贵，维修周期长，核心技术保密。中国若没有自己的测绘装备,将会一直受制于人。一定要实现测绘装备的国产化。最初,南方测绘公司一没资金,二没工厂,还面临着我国光机技术、无线电基础差,缺少关键技术,更缺少懂技术的人才等一系列难题。但就是通过一步步引进、消化、模仿、创新、生产,硬是一口一口把困难啃下去了。

终于,1995 年,南方测绘研发出了国内第一台全站仪 NTS-202,它是首台完全国产自主研发生产的全站仪,填补了国家空白,由此打破了进口仪器垄断国内测绘装备市场的局面,开启了国产测绘装备快速发展的时代。

视频 30　国产第一台全站仪

【1+X 证书】

测绘地理信息数据获取与处理职业技能等级要求(初级)

工作领域	工作任务	职业技能要求
1. 全站仪测量	1.1　全站仪的认识及使用	1.1.1　能熟记全站仪使用的一般注意事项 1.1.2　能认识全站仪的系列及精度指标 1.1.3　能识别出指定全站仪的基本结构及各操作部件的名称和作用 1.1.4　能识别指定全站仪各按键的名称及其功能、显示符号的含义及使用 1.1.5　能完成指定全站仪的安置

知识点 2　全站仪的基本测量

知识结构线划图

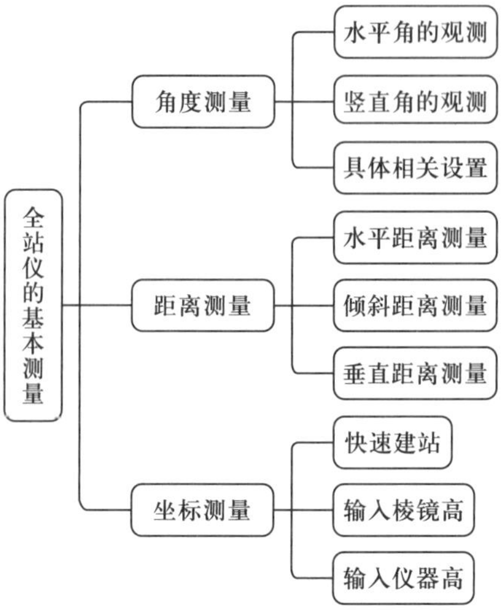

要点 1 角度测量

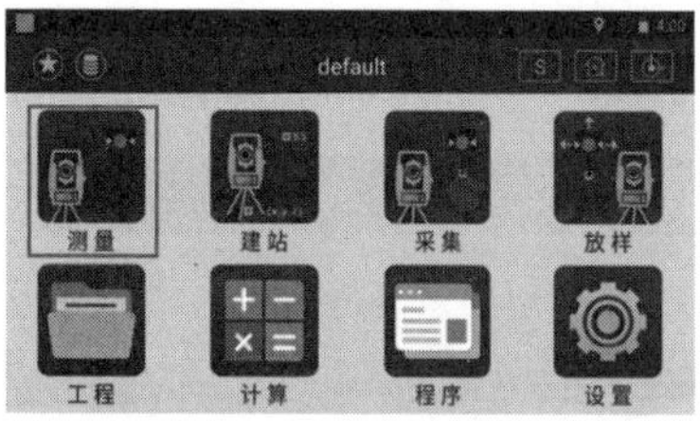

图 4-2-1 测量界面

进入测量程序,如图 4-2-1 所示。

1. 水平角的观测

①确认处于测量程序中角度测量模式;

②瞄准第一个目标 A;

③置零或者置盘(设置任意角度),如图 4-2-2 所示;

④照准第二个目标 B,显示目标 B 的 H。如果测量时为 HR(右旋角)模式,H 值即为图中的水平角 β;如果为 HL(左旋角)模式,图中的水平角 $\beta=360°-H$。

视频 31 全站仪观测水平角

2. 竖直角的观测

①确认处于角度测量模式;

②瞄准目标,即显示目标的 V 值(天顶距或竖直角)

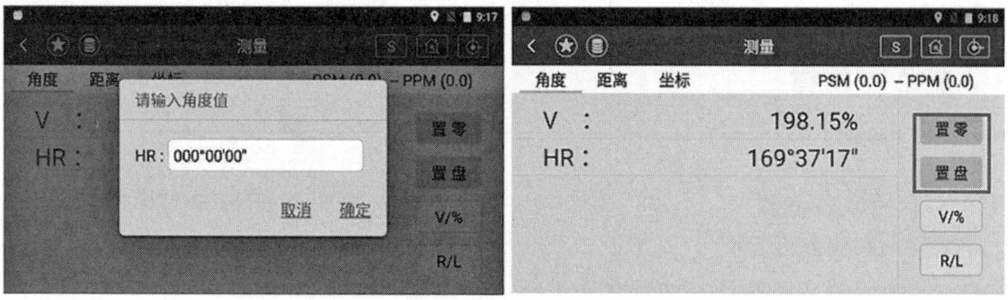

图 4-2-2 置盘、置零界面

3. 具体相关设置

◆ V:显示垂直角度

◆ HR 或者 HL:显示水平右角或者水平左角

◆ [置零]:将当前水平角度设置为零,设置后将需要重新进行后视设置

◆ [置盘]:通过输入设置当前的角度值,设置后将需要重新设置后视

◆ [V/%]:在垂直角度和坡度之间进行切换

◆ [R/L]:水平角显示在左角和右角之间转换

● 置盘界面,HR:输入水平角度值

全站仪照准目标的方法与经纬仪基本相同,其过程如下:

①将望远镜对准明亮地方,旋转目镜筒,调焦看清十字丝(先朝自己方向旋转目镜筒,再慢慢旋进调焦,使十字丝清晰)。

②利用粗瞄准器内三角形标志的顶尖瞄准目标点,照准时眼睛与瞄准器之间应保留一定距离。

③利用望远镜调焦螺旋使目标成像清晰。

注意:当眼睛在目镜端上下或左右移动发现有视差时,说明调焦不正确或目镜屈光度未调好,这将影响观测的精度。应仔细进行物镜调焦和目镜屈光度调节即可消除视差。

要点 2　距离测量

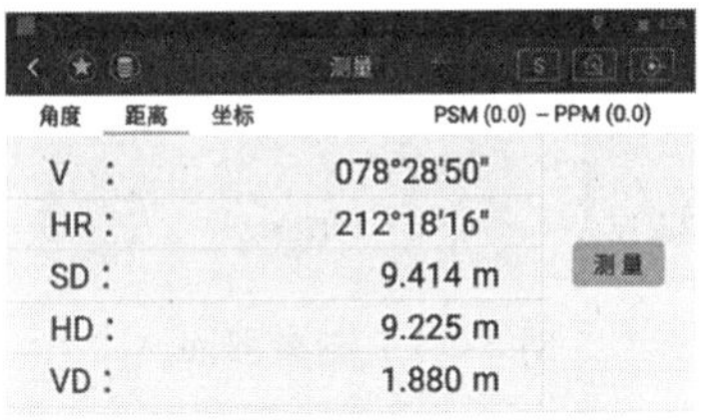

图 4-2-3　测量距离界面

①确认处于基本测量中距离模式，并已设置好温度、气压、棱镜常数、棱镜高和仪器高，照准棱镜中心；

②按测量键，开始距离测量；

③测量完成后，屏幕上显示的 HR 值为水平角读数，HD 值为水平距离，SD 值为倾斜距离，VD 值为高差（垂直距离），如图 4-2-3 所示。

注意：

a. 在测距模式下，一定确定好配套使用的工具：棱镜、无棱镜还是反射板。并且对于不同种类的棱镜，为保证测量精度，需确保不同反射棱镜的正确附加常数。

b. 全站仪在测量过程中，应该避免在红外测距模式及激光测距条件下，对准强反射目标（如交通灯）进行距离测量。因为其所测量的距离要么错误，要么不准确。

c. 在无反射器测量模式及配合反射片测量模式下，测量时要避免光束被遮挡干扰。

要点 3　坐标测量

坐标界面

◆ N：北坐标 E：东坐标 Z：高程

◆ [镜高]：进入输入棱镜高度界面

◆ [仪高]：进入输入仪器高度界面，设置后需要重新定后视

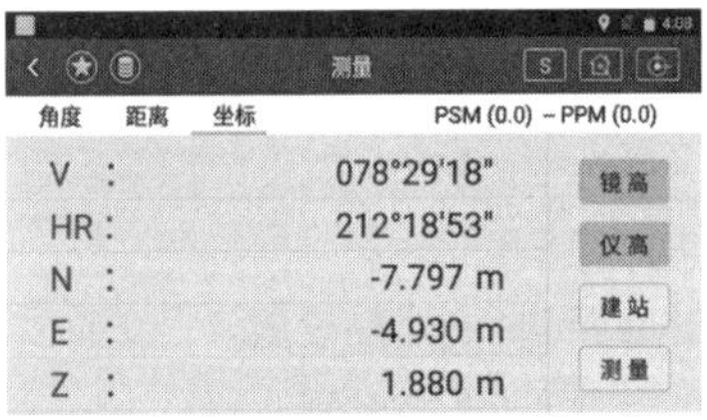

◆ [建站]：进入快捷建站界面，输入测站点和后视点坐标后，瞄准后视点完成建站

◆ [测量]：进行距离测量并根据角度计算出测量点坐标

● 输入棱镜高界面

◆ 镜高：输入当前的棱镜高

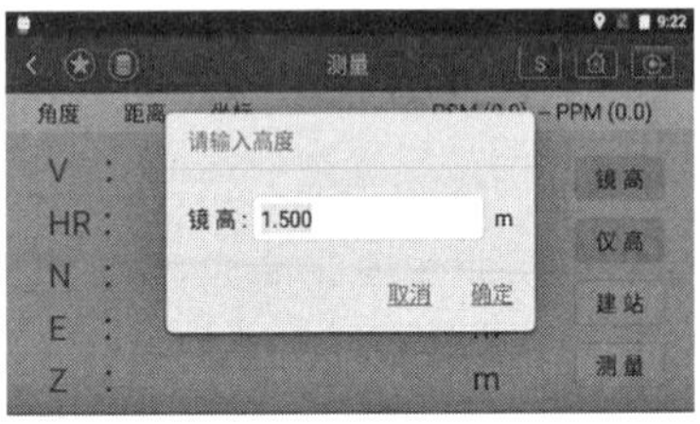

快速建站

◆ N：输入测站、后视点 N 坐标

◆ E：输入测站、后视点 E 坐标

◆ Z：输入测站、后视点高程

◆ [方位角]：输入方位角进行定向

◆ [确定]：完成建站

● 输入仪器高界面

◆ 仪高：输入当前的仪器高

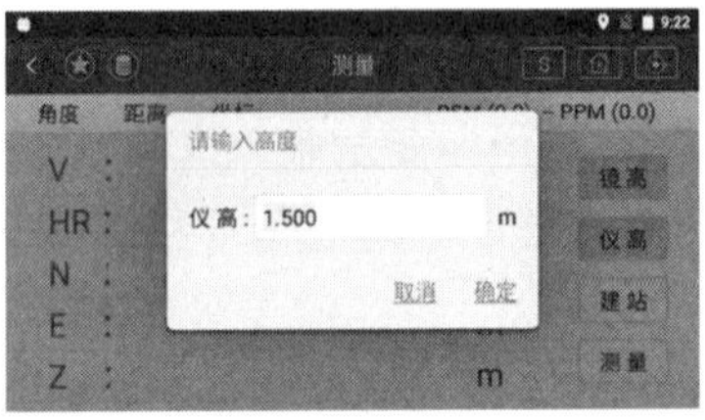

【1＋X 证书】

测绘地理信息数据获取与处理职业技能等级要求(初级)

1. 全站仪测量	1.1　全站仪的认识及使用	1.1.7　能在一个测站上使用全站仪测量角度、距离和坐标并将数据记录在记录表中

【技能大赛】

本节知识点在“全国职业院校技能大赛工程测量——导线测量”中加以应用,需要进行角度、距离的测量,具体操作见工作手册。

知识点 3　全站仪数据采集

知识结构线划图

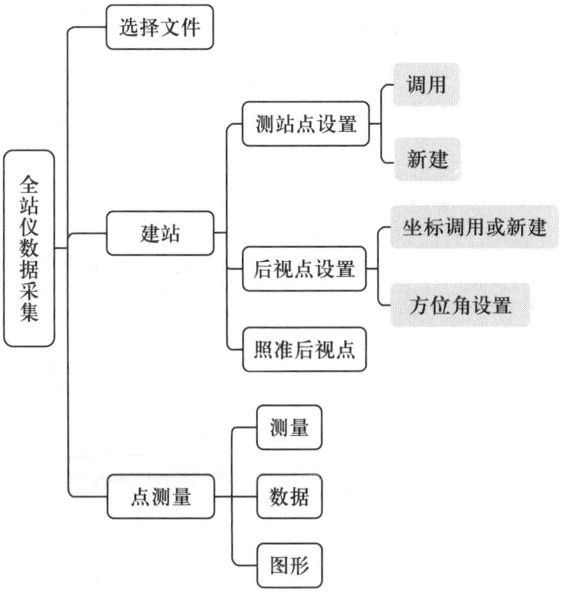

全站仪进行数据采集操作过程中,必须严格对中、整平,照准目标,注意棱镜常数设置。运用全站仪对待测点进行数据采集,如图 4-3-1 所示。

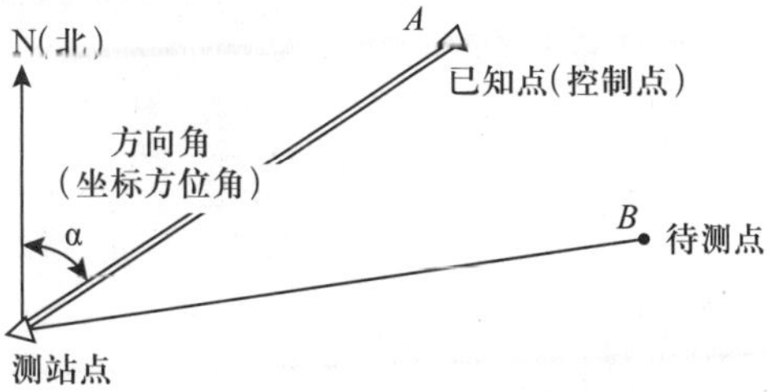

图 4-3-1　待测点数据采集示意图

要点 1　数据采集步骤

①选择数据采集文件，使其所采集数据存储在该文件中。

②选择坐标数据文件，可进行测站坐标数据及后视坐标数据调用（当无须调用已知点坐标数据时，可省略此步骤）。

③建站中设置测站点，包括仪器高和测站点号及坐标，如图 4-3-2 所示。

④建站中设置后视点，通过测量后视点进行定向，确定方位角。

⑤设置待测点的棱镜高。

⑥在采集菜单中点测量进行测量，具体操作如图 4-3-3 所示。

视频 32　全站仪测坐标

操作步骤	按键	界面显示
①在主菜单按“建站”键，选择“已知点建站”功能。	【已知点建站】	
②设置测站点坐标。 ※1）、※2）	【调用】或【新建】	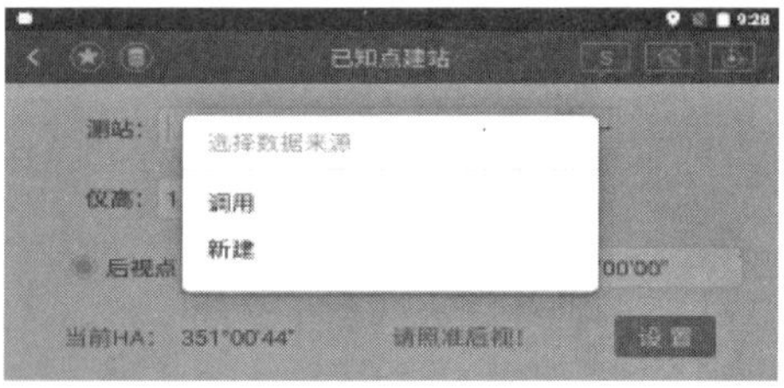
③选择需要调用的已知点，选择完毕返回建站页面。		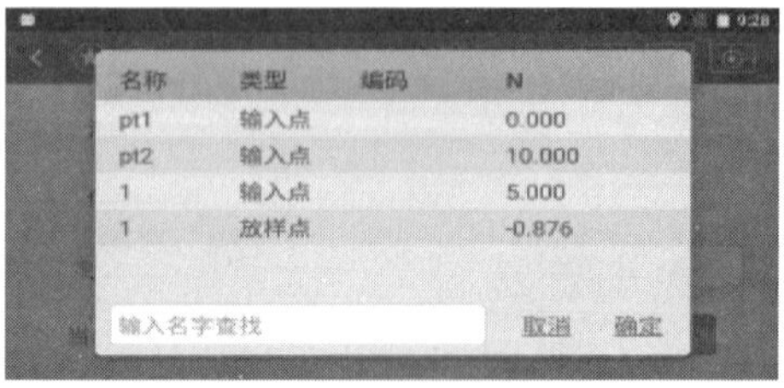
④以同样的方式设置后视点，点击设置，照准后视点，不进行多点定向，完成建站。		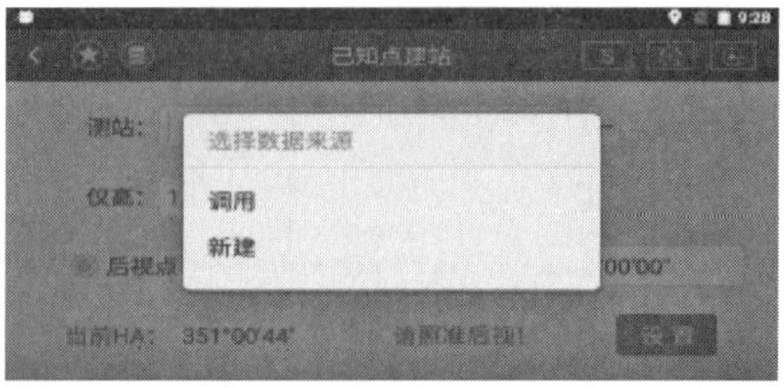

※1）提供两种测站点坐标获取模式：直接输入、点库获取

※2）编码可以输入、编码库获取。

图 4-3-2　全站仪建立测站操作步骤

<table>
<tr><th>操作步骤</th><th>按键</th><th>界面显示</th></tr>
<tr><td>①建站完成后，在主菜单按下“采集”键，选择“点测量”进入测量界面。照准目标后按下“测量”键能测量当前目标点的水平角度值、垂直角度值和坐标值。</td><td>【点测量】</td><td>
</td></tr>
<tr><td>②按下“数据”键显示当次测量的详细信息，点名、坐标、编码、水平角度、垂直距离、水平距离、垂直距离、斜距。</td><td>【数据】</td><td>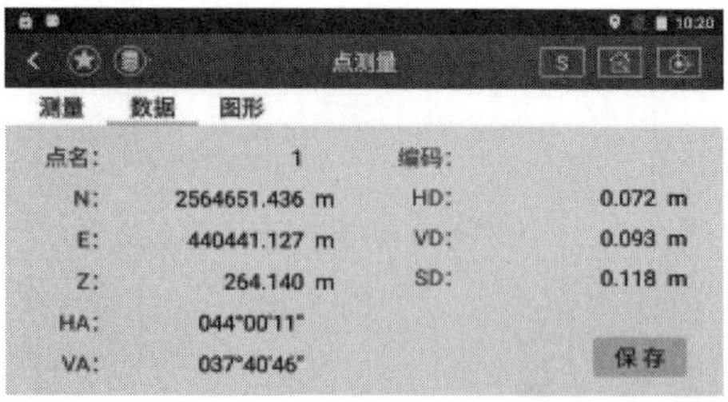
</td></tr>
<tr><td>③按下“图形”键显示当前坐标点显示的图形。</td><td></td><td>
</td></tr>
</table>

图 4-3-3　数据采集步骤

【1+X 证书】

测绘地理信息数据获取与处理职业技能等级要求（初级）

1. 全站仪测量	1.2　全站仪的基本应用	1.2.1　能使用全站仪建站

【技能大赛】

本节知识点在“全国职业院校技能大赛——数字测图”中加以应用，详见“项目六 大比例尺地形图测绘”。

知识点 4 全站仪放样

知识结构线划图

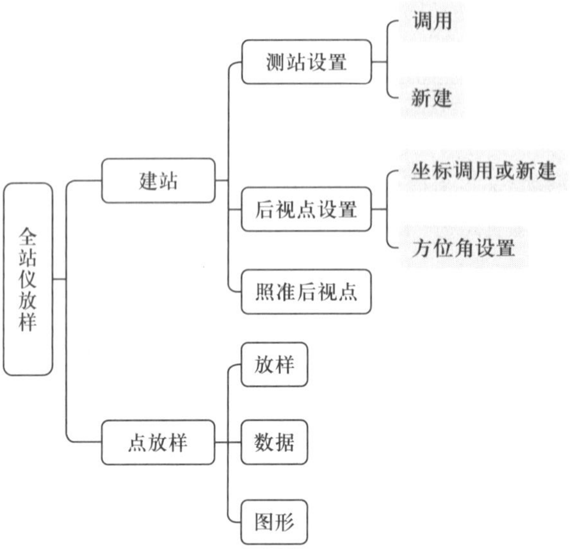

全站仪进行数据采集操作过程中，必须严格对中、整平，照准目标，注意棱镜常数设置。

放样步骤如下：

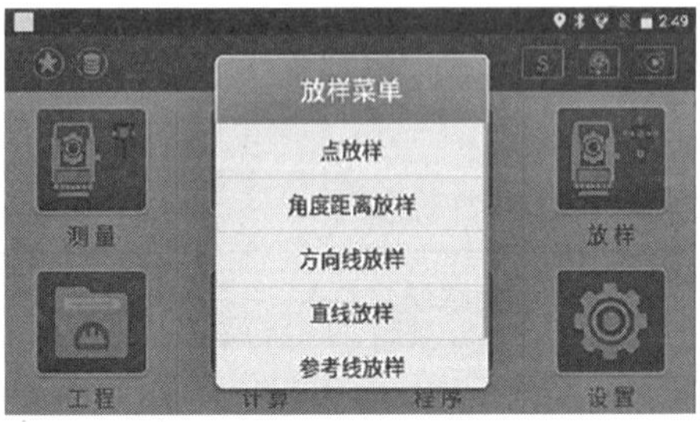

图 4-4-1 放样菜单

①在设置好温度、气压、棱镜常数后，放样前还需要设置测站点并设置后视点。方法与数据采集建站操作步骤相同。

设定后视点的坐标或设定后视方向的水平度盘读数为其方位角。当设定后视点的坐标时，全站仪会自动计算后视方向的方位角，并设定后视方向的水平度盘读数为其方位角。

②实施点的坐标放样——放样菜单(图 4-4-1)

a. 输入或者调用放样点坐标。

b. 输入棱镜高。

c. 全站仪自动计算出放样元素。

d. 照准棱镜，执行(角度)功能，进行角度放样，仪器操作员指挥棱镜左右移动。当 dHA=0°00′00″时，即表明放样方向正确。

e. 执行测量功能，进行距离和高差放样。仪器操作员指挥棱镜前后移动，当显示值 dHR，dHD 和 dZ 均为 0 时，则放样点的测设已经完成。

具体步骤如图 4-4-2 所示。

视频 33 全站仪放样

<table>
<tr>
<td>点放样</td>
<td>
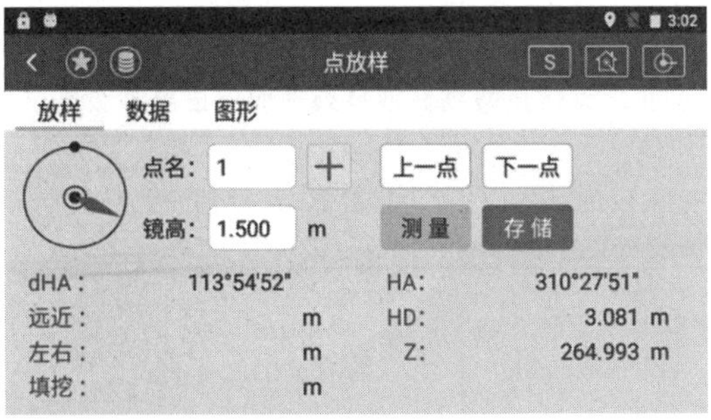

调用一个已知点进行放样。
dHA:仪器当前水平角与放样点方位角的差值;
[+]:调用、新建或输入一个放样点;
[上一点]:当前放样点的上一点,当是第一个点时将没有变化;
[下一点]:当前放样点的下一点,当是最后一个点时将没有变化;
远近:棱镜相对仪器移近或者移远的距离;
左右:棱镜向左或者向右移动的距离;
填挖:棱镜向上或者向下移动的距离;
HA:放样的水平角度;
HD:放样的水平距离;
Z:放样点的高程;
[存储]:存储前一次的测量值;
[测量]:进行测量;
{数据}:显示测量的结果;
{图形}:显示放样点,测站点,测量点的图形关系。
</td>
</tr>
<tr>
<td>角度距离放样</td>
<td>
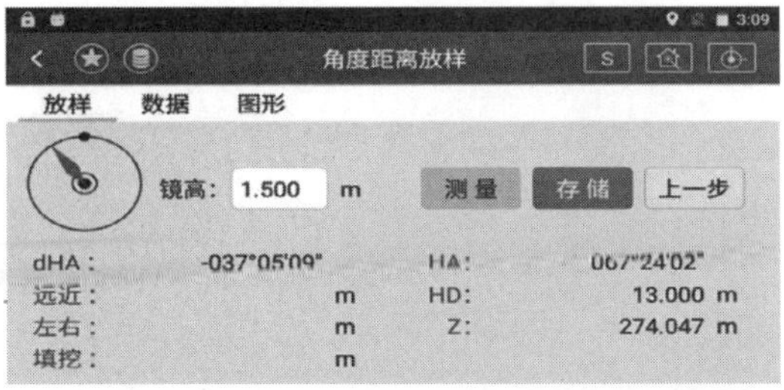

通过输入测站与待放样点间的距离、角度及高程值进行放样。

</td>
</tr>
</table>

图 4-4-2　点放样具体操作步骤

【1+X证书】

测绘地理信息数据获取与处理职业技能等级要求(初级)

1. 全站仪测量	1.2　全站仪的基本应用	1.2.2　能使用全站仪进行距离测设及点位三维坐标的测设

【技能大赛】

本节知识点在“全国职业院校技能大赛——曲线测设和施工放样”中加以应用，具体操作见工作手册。

项目五　控制测量

知识点 1　控制测量基础知识

知识结构线划图

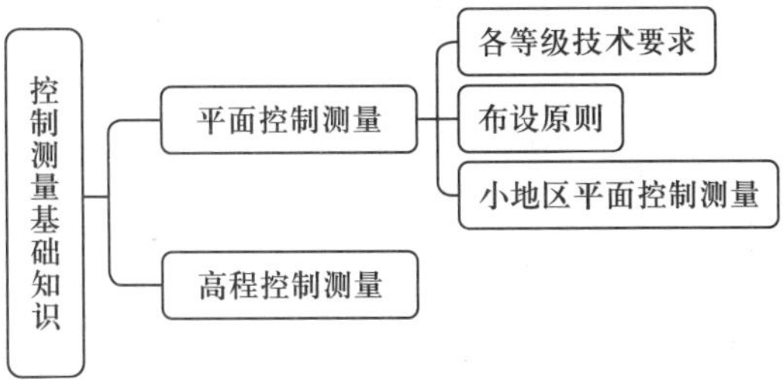

在测量工作中，为统一坐标系统和限制误差的积累，应遵循“从整体到局部，先控制后碎部”的原则。也就是在测区选定若干个起控制作用的点（控制点）而构成一定的几何图形，称控制网，用来控制全局。然后根据控制网测定控制点周围的地形或进行建筑施工测量。

控制测量按其功能可分为平面控制测量和高程控制测量。

要点 1　平面控制测量

直接供地形测图使用的控制点，称为图根控制点，测定图根点位置的工作，称为图根控制测量。在小于 15 km^2 的范围内建立的控制网，称为小地区控制网。是为大比例尺测图和工程建设而建立的平面控制网。包括首级控制网和图根控制网。

在这个范围内，水准面可视为水平面，不需要将测量成果归算到高斯平面上，而是采用直角坐标，直接在平面上计算坐标。在建立小区域平面控制网时，应尽量与已建立的国家或城市控制网连测，将国家或城市高级控制点的坐标作为小区域控制网的起算和校核数据。如果测区内或测区周围无高级控制点，或者是不便于联测时，也可建立独立平面控制网。

1. 各等级控制测量的技术要求

平面控制网的建立，可采用卫星定位测量、导线测量及三角形网测量等方法。卫星定位测量技术以其精度高、速度快、全天候、操作简便而著称，已被广泛应用于测绘领域，故《工程测量标准》GB 50026—2020 将卫星定位测量技术列为平面控制网建立的首要方法。按规范要求平面控制网精度等级的划分，卫星定位测量控制网依次为二、三、四等和一、二级，导线及导线网依次为三、四等和一、二、三级，三角形网依次为二、三、四等和一、二级。表 5-1-1 至表 5-1-3 所示的是《工程测量标准》GB 50026—2020 平面控制网的主要技术要求。

表 5-1-1　卫星定位测量控制网的主要技术要求

等级	平均边长/km	固定误差/mm	比例误差系数/(mm/km)	约束点间的边长相对中误差	约束平差最弱边相对中误差
二等	9	≤10	≤2	≤1/250 000	≤1/120 000
三等	4.5	≤10	≤5	≤1/150 000	≤1/70 000
四等	2	≤10	≤10	≤1/100 000	≤1/40 000
一级	1	≤10	≤20	≤1/40 000	≤1/20 000
二级	0.5	≤10	≤40	≤1/20 000	≤1/10 000

表 5-1-2　各等级导线测量的主要技术要求

等级	导线长度/km	平均长度/km	测角中误差/(″)	测距中误差/mm	测距相对中误差	测回数				方位角闭合/(″)	导线全长相对闭合差
						0.5″级仪器	1″级仪器	2″级仪器	6″级仪器		
三等	14	3	1.8	20	≤1/150 000	4	6	10	—	$3.6\sqrt{n}$	≤1/55 000
四等	9	1.5	2.5	18	≤1/80 000	2	4	6	—	$5\sqrt{n}$	≤1/35 000
一级	4	0.5	5	15	≤1/30 000	—	—	2	4	$10\sqrt{n}$	≤1/15 000
二级	2.4	0.25	8	15	≤1/4 000	—	—	1	3	$16\sqrt{n}$	≤1/10 000
三级	1.2	0.1	12	15	≤1/7 000	—	—	1	2	$24\sqrt{n}$	≤1/5 000

注：1. 表中 n 为测站数；

2. 当测区测图的最大比例尺为 1∶1 000 时，一、二、三级导线的平均边长及总长可适当放长，但最大长度不应大于表中规定长度的 2 倍。

表 5-1-3　图根导线测量的主要技术要求

导线长度/m	相对闭合差	测角中误差/(″)		方位角闭合差/(″)	
		首级控制	加密控制	首级控制	加密控制
$\leqslant \alpha \times M$	$\leqslant 1/(2\,000 \times \alpha)$	20	30	$40\sqrt{n}$	$60\sqrt{n}$

注：1. α 为比例系数，取值以为 1，当采用 1∶500、1∶1 000 比例尺测绘图时，其值可在 1～2 之间选用；

2. M 为测图比例尺的分母；但对于工矿区现状图测量，不论测图比例尺大小，M 均应取值为 500；

3. 隐蔽或施测困难地区导线相对闭合差可放宽，但不应大于 $1/(1\,000 \times \alpha)$。

2. 平面控制网的布设，应遵循以下原则

①首级控制网的布设，应因地制宜，且适当考虑发展。当与国家坐标系统联测时，应同时考虑联测方案。

②首级控制网的等级，应根据工程规模、控制网的用途和精度要求合理选择。

③加密控制网，可越级布设或同等级扩展。

平面控制网的坐标系统，应在满足测区内投影长度变性不大于 2.5 cm/km 的要求下作下列选择：

①采用统一的高斯正形投影 3°带平面直角坐标系统。

②采用高斯正形投影 3°带，投影面为测区平均高程面的平面直角坐标系统。或任意带，投影面为 1985 国家高程基准面平面直角坐标系统。

③小测区有特殊精度要求的控制网，可采用独立坐标系统。

④在已有平面控制网的地区,可沿用原有的坐标系统。

⑤厂区内可采用建筑坐标系统。

3. 小地区平面控制测量

小地区平面控制测量的主要方法有小三角测量和导线测量。

三角测量要求通视条件较高,观测时必须满足三角形的三个点互相通视,一般适合在山区地面起伏比较大的地区,而在城市中,高楼林立,通视条件无法保证,很难布设。图根三角测量已经很少使用。

导线测量布设灵活,要求通视方向少,边长可直接测定,适宜布设在视野不够开阔的地区,如城市、厂区、矿山建筑区、森林等,也适用于狭长地带的控制测量,如铁路、隧道、渠道等。随着全站仪的普及,一测站可同时完成测距、测角的全部工作,使导线成为平面控制中简单而有效的方法。

直接为测绘地形图而建立的控制网叫图根控制网,导线测量方法特别适用于图根控制网的建立。

要点 2 高程控制测量

测定控制点高程(H)所进行的测量工作,称为高程控制测量。根据高程控制网的观测方法来划分,可以分为水准网、三角高程网和 GPS 高程网等。

水准网基本的组成单元是水准线路,包括闭合水准线路和附合水准线路。三角高程网是通过三角高程测量建立的,主要用于地形起伏较大、直接水准测量有困难的地区或对高程控制要求不高的工程项目。GPS 高程控制网是利用全球定位系统建立的高程控制网。水准网采用精密水准测量的方法。一等水准网是国家高程控制网的骨干;二等水准网布设于一等水准环内,是国家高程控制网的全面基础;三、四等水准网为国家高程控制网的进一步加密。测定控制点高程(H)的工作,称为高程控制测量。

【普法讲堂】

测绘人员职业规范

➢爱岗敬业、奉献测绘

大力弘扬爱祖国、爱事业、艰苦奋斗、无私奉献的测绘精神,增强职业荣誉感,热爱测绘,乐于奉献,吃苦耐劳,不畏艰险。

➢崇尚科学、开拓创新

弘扬科学精神,刻苦钻研技术,勇攀科技高峰;应当加强学习,大胆实践,与时俱进,积极进取,不断提高创新意识和能力。

➢维护版图、保守秘密

具有强烈的爱国主义精神,增强政治责任感和国家版图意识,确保地理空间信息安全。

➢服务用户、诚信为本

牢固树立服务意识,主动服务,优质服务,拓宽服务领域,提高服务能力;在测绘活动中应当树立信用观念,遵守合同,诚实守信。

➢严谨求实、质量第一

自觉维护国家测绘基准、测绘系统的法定性和统一性,严格遵守测绘技术标准、规范图式和操作规程，真实准确，细致及时，确保成果质量。

➢遵纪守法、团结协作

树立法制观念，依法测绘，安全生产，合法经营，公平竞争，自觉维护测绘市场秩序；应当增强集体意识和团队精神，友爱互助，文明作业。

知识点 2　高程控制测量

知识结构线划图

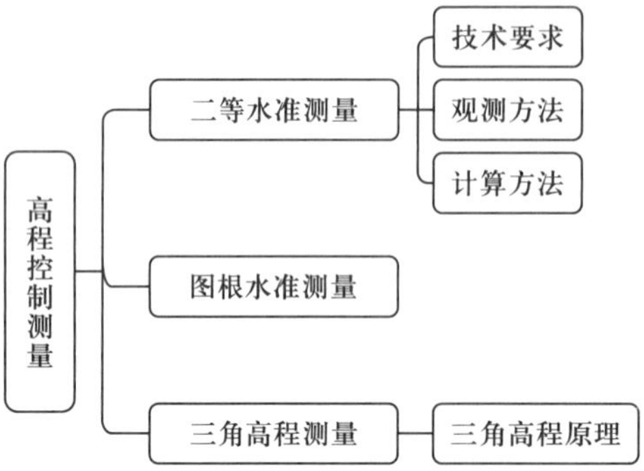

小地区的高程控制测量就是在整个场区建立可靠的水准点，组成一定形式的水准路线（一般为闭合水准路线），一般情况下可布置为四等水准路线，水准点的密度应尽可能满足 一次仪器即可测设所需的高程点，平面控制点亦可兼高程控制点。水准网一般布设成两级，首级网作为整个场地的高程基本控制，一般情况下按四等水准测量的方法确定水准点高程，并埋设永久性标志。若因某些部位测量精度要求较高时，可在局部范围采用三等水准测量，设置三等水准点。加密水准网以首级水准网为基础，可根据不同的要求按四等水准或图根水准的要求进行布设。

小地区一般以三等或四等水准网作为首级高程控制，地形测量时，再用图根水准测量或三角高程测量进行加密。

要点 1　二等水准测量

①水准测量技术要求

二等水准测量又称为精密水准测量，常用于进行沉降观测。二等水准测量的主要技术要求按照《工程测量标准》GB 50026—2020，详见表 5-2-1 至表 5-2-3。

视频 34　二等水准测量

表 5-2-1　二等水准测量技术要求

视线长度/m	前后视距差/m	前后视距累积差/m	视线高度/m	两次读数所得高差之差/mm	水准仪重复测量次数	测段、环线闭合差/mm
≥3 且≤50	≤1.5	≤6.0	≤1.85 且≥0.55	≤0.6	≥2 次	$\leq 4\sqrt{L}$

表 5-2-2 数字水准仪观测的主要技术要求

等级	水准仪级别	水准尺类别	视线长度/m	前后视的距离较差/m	前后视的距离较差累积/m	视线离地面最低高度/m	测站两次观测的高差较差/mm	数字水准仪重复测量次数
二等	DSZ1	条码式因瓦尺	50	1.5	3.0	0.55	0.7	2
三等	DSZ1	条码式因瓦尺	100	2.0	5.0	0.45	1.7	2
四等	DSZ1	条码式因瓦尺	100	3.0	10.0	0.35	3.0	2
	DSZ1	条码式玻璃钢尺	100	3.0	10.0	0.35	5.0	2
五等	DSZ3	条码式玻璃钢尺	100	近似相等	—	—	—	—

注:1. 二等数字水准测量观测顺序,奇数站应为后—前—前—后,偶数站应为前—后—后—前;

2. 三等数字水准测量观测顺序应为后—前—前—后;四等数字水准测量观测顺序应为后—后—前—前;

3. 水准观测时,若受地面震动影响时,应停止测量。

表 5-2-3 光学水准仪观测的主要技术要求

等级	水准仪级别	视线长度/m	前后视距差/m	任一侧站上前后视距差累积/m	视线离地面最低高度/m	基、辅分划或黑、红面读数较差/mm	基、辅分划或黑、红面所测高差较差/mm
二等	DS1、DSZ1	50	1.0	3.0	0.5	0.5	0.7
三等	DS1、DSZ1	100	3.0	6.0	0.3	1.0	1.5
	DS3、DSZ3	75				2.0	3.0
四等	DS3、DSZ3	100	5.0	10.0	0.2	3.0	5.0
五等	DS3、DSZ3	100	近似相等	—	—	—	—

注:1. 二等光学水准测量观测顺序,往测时,奇数站应为后—前—前—后,偶数站应为前—后—后—前;返测时,奇数站应为前—后—后—前,偶数站应为后—前—前—后;

2. 三等光学水准测量观测顺序应为后—前—前—后;四等光学水准测量观测顺序应为后—后—前—前;

3. 二等水准视线长度小于 20 m 时,视线高度不应低于 0.3 m;

4. 三、四等水准采用变动仪器高度观测单面水准尺时,所测两次高差较差,应与黑面、红面所测高差之差的要求相同。

(2)二等水准测量的观测方法

二等水准测量采用单程观测,每测站读两次高差,奇数站观测水准尺的顺序为:后—前—前—后;偶数站观测水准尺的顺序为:前—后—后—前,水准路线各测段的测站数必须为偶数。如果进行往返测量,返测的观测程序与往测相反,即奇数测站采用"前后后前",而偶数测站采用"后前前后"的观测程序(表 5-2-4)。

表 5-2-4 二等水准测量观测手簿

测站编号	后距 / 视距差	前距 / 累积视距差	方向及尺号	标尺读数 第一次读数	标尺读数 第二次读数	两次读数之差	备注
1	42.7	42.9	后 A1	121 063	121 068	−5	
			前	060 257	060 263	−6	
	−0.2	−0.2	后—前	060 806	060 805	1	
			h	0.608 06			

续表 5-2-4

测站编号	后距	前距	方向及尺号	标尺读数		两次读数之差	备注
	视距差	累积视距差		第一次读数	第二次读数		
2	40.8	41	后	182 702	182 701	1	
			前	084 366	084 341	25	
	−0.2	−0.4	后−前	098 336	098 360	−24	
			h	0.983 48			
3	39.6	40	后	110 675	110 654	21	
			前	150 456	150 475	−19	
	−0.4	−0.8	后−前	−039 781	−039 821	40	
			h	−0.398 01			
4	41.4	40.6	后	074 901	074 907	−6	
			前	176 462	176 474	−12	
	0.8	0	后−前	−101 561	−101 567	6	
			h	−1.015 64			
5	19.9	21	后	071 306	071 310	−4	
			前	174 640	174 634	6	
	−1.1	−1.1	后−前	−103 334	−103 324	−10	
			h	−1.033 29			
6	13.4	12.6	后	095 488	095 485	3	
			前 B1	151 312	151 309	3	
	0.8	−0.3	后−前	−055 824	−055 824	0	
			h	−0.558 24			

(3)二等水准路线的计算方法

各测站、测段观测完成后，整个水准路线的内业计算与模块二中介绍的水准路线内业计算相同。

要点 2　图根水准测量

图根水准测量用于测定测区首级平面控制点和图根点的高程。在小地区，图根水准测量可用作布设首级高程控制，其精度低于国家四等水准测量，故又称为等外水准测量。图根水准测量可将图根点布设成附和路线或闭合路线，其观测、记录和计算方法参见项目一内容。

要点 3　三角高程测量

当测区地形起伏较大且不便于进行水准测量时，通常采用三角高程测量，即根据地面两点间的距离和竖直角，利用三角函数关系求出两点间高差，进而求算待定点高程的方法。

进行三角高程测量时，应测定两点间的水平距离或斜距及竖直角。根据测量距离的方法不同，三角高程测量又分为光电测距三角高程测量和经纬仪三角高程测量，前者可以代替四等水准测量，后者主要用于山区图根高程控制。如图 5-2-1 所示，欲测定 A、B 两点间的高差，安置经纬仪于 A 点，在 B 点竖立标杆。设仪器高为 i，标杆高为 v，已知两点间水平距离为 D，望远镜瞄准标杆顶点 M 时测得竖直角为 α，从图 5-2-1 中看出高差 h_{AB} 公式为

$$h_{AB}=D\cdot\sin\alpha+i-v \tag{5-2-1}$$

已知 A 点高程 H_A，则 B 点高程 H_B 计算公式为

$$H_B=H_A+h_{AB} \tag{5-2-2}$$

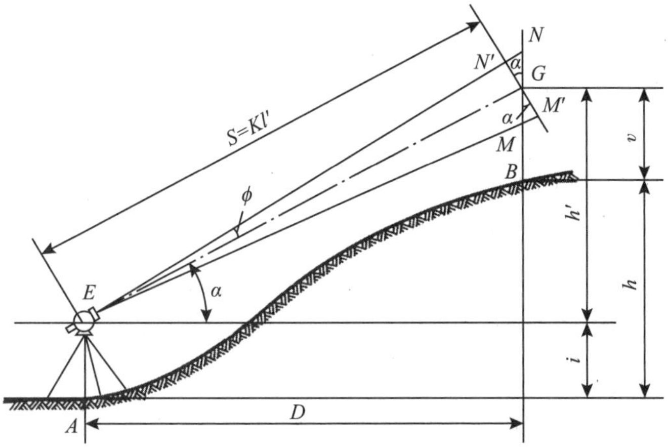

图 5-2-1 三角高程测量

当 $v=i$ 时，计算更简便。为消除地球曲率和大气折光对高差的影响，三角高程测量应往返观测，即对向观测，由 A 观测 B，又由 B 观测 A。往返观测高差之差不大于限差时，取平均点值作为两点间的高差。

【工匠故事】

用脚步传递的高程 —— 2020 珠峰高程测量之水准测量

水准测量是珠峰高程测量的重要手段。水准测量是用水准仪和水准尺测定地面上两点间高差的方法。在地面两点间安置水准仪，观测竖立在两点上的水准标尺，按标尺上读数推算两点间的高差。通常由水准已知点出发，沿选定的水准路线逐站测定各点的高差。

2020 珠峰高程测量的水准测量是从日喀则国家深层基岩水准点出发。2019 年 12 月，自然资源部第一大地测量队的水准测量组就来到西藏，复测了珠峰地区的一等水准网。然后以此一等水准网为基准，分成两条支线，进行珠峰地区的二等水准测量，一直传递到珠峰大本营的水准基点，然后再以此为已知点，通过三等水准测量、高程导线、三角高程测量、跨河水准测量等方式传递到珠峰脚下 6 个交会点。待到觇标竖立在珠峰峰顶，各交会点通过三角测量，并和其他测量手段所得结果综合计算，确定珠峰的精准高程。

一等水准的精度高于二等，二等高于三等。但即使是三等水准测量，每公里的偶然误差也是毫米级。对误差要求极其严格，以保证水准数据的精确。

在珠峰脚下的扎西宗乡和曲当乡之间，记者目睹了水准测量操作过程。

下午4点，水准组开始准备测量了。他们找到观测的间歇点，这是他们上午测到的位置。水准测量要避开正午，太阳直射不利于观测，他们的工作时间是上午8点到12点，下午4点到8点，每半天被他们称为一个光段。在这里，他们每个光段能测3公里多。每段路线，都必须一步一步走。

测量队员金良把电子水准仪从仪器箱里取出来，让其适应环境温度，以最大限度避免热胀冷缩可能带来的影响。经过简单的调试，测量就开始了。

一个负责测距的工人，手持推轮测距仪，从点位出发，量12 m，画出一个标记，再量12 m，再画出一个标记。金良扛起测距器，把三脚架架设在第一个标记正上方。另外一名工人扛着标尺快步走过第二个标记处，先把一个金属的尺台放在地上，再把标尺固定在尺台上。这样，水准仪距离前后两个标尺的距离都是12 m，用他们的专业术语说就是前后视距要相等。

金良先把水准仪对准后方的标尺，观测、瞄准，读取并记录数据，再转过头，对准前方的标尺，同样的流程，就得出了这两点之间的高差。等前后都测量好了，他一挥手，扛起仪器就走，固定后方两个标尺的雇工扛起标尺就走，前方的标尺保持不动。

金良把仪器扛到刚才前方标尺之前第一个标记处架设，而工人则把标尺扛到第二个标记处固定住。这时，刚才位于前方的标尺就成为后方的，而刚才后方的标尺则成为前方的，水准仪依然位于两个标尺中间。就这样再重复刚才的测量流程，一站一站测下去。

路边是陡峭的山崖，堆满乱石，经常队员们正测着测着，一块石头就滚落下来，有的石头是被风吹落，有的石头是被山上的岩羊踩落。测量队员们就这样克服各种不利因素，一步一步将高程传递到珠峰脚下。

【技能大赛】

本节知识点在“全国职业院校技能大赛——二等水准测量”中加以应用，具体操作见工作手册。

知识点 3　导线测量

知识结构线划图

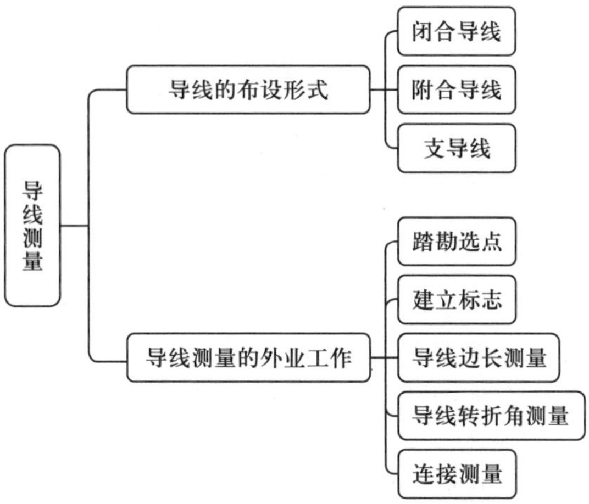

导线测量就是依次测量各导线边的边长和各转折角，根据起算数据，推算各边的坐标方位角，从而求得各导线点的坐标。导线测量只需要相邻两导线点互相通视即可，是平面控制测量的常用方法之一。特别是地物分布较为复杂的建筑区，视线障碍较多的隐蔽地区和带状地区，尤为适用。在光电测距和电子计算技术被广泛应用的今天，以导线测量的方法来建立平面控制网得以迅速推广。

要点 1　导线的布设形式

1. 闭合导线

如图 5-3-1 所示，导线从一已知高级控制点 A 开始，经过一系列的导线点 1、2、3……，最后又回到 A 点上，形成一个闭合多边形。闭合导线多用于范围较为宽阔地区的控制。

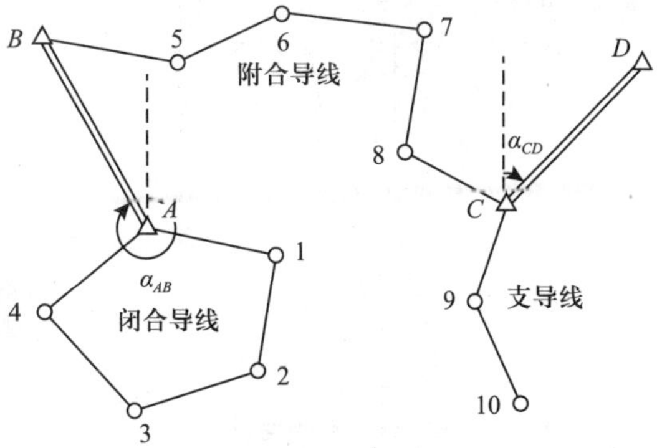

图 5-3-1　导线布设形式

2. 附合导线

布设在两个高级控制点之间的导线称附合导线。如图 5-3-1 所示，导线从已知高级控制点 A、B 开始，经过 5、6 等导线点，最后附合到另一个高级控制点 C、D 上。附合导线主要用于带状地区的控制，如铁路、公路、河道的测图控制。

3. 支导线

从一个已知控制点出发，支出 1～2 个点，既不附合到另一控制点，也不回到原来的起始点，这种形式称支导线，如图 5-3-1 所示中的 9、10。由于支导线缺乏检核条件，故测量规范规定支导线一般不超过两个点。它主要用于当主控导线点不能满足局部测图需要时采用的辅助控制。

要点 2　导线测量的外业工作

1. 踏勘选点

在踏勘选点前，应调查收集测区已有地形图和高一级控制点的成果资料，把控制点展绘在地形图上，然后在地形图拟定导线的布设方案，最后到野外去踏勘，实地核对、修改、落实点位。如果测区没有地形图资料，则需详细踏勘现场，根据已知控制点的分布、测区地形条件及测图和施工需要等具体情况，合理地选定导线点的位置。

实地选点时，应注意下列选点原则：

①相邻点间通视良好，地势较平坦，以便于测角和量距；

②点位应选在土质坚实处，便于保存标志和安置仪器；

③地势高，视野开阔，便于测绘周围地物和地貌；

④导线边长应大致相等，避免过长、过短，相邻边长之比不应超过三倍；

⑤导线点应有足够的密度，且分布均匀，便于控制整个测区。

2. 建立标志

导线点选定后，应在地面上建立标志，并沿导线走向顺序编号，绘制导线略图。要在每个点位上打一大木桩(图 5-3-2)，桩顶钉一小钉，作为临时性标志；对等级导线点应按规范埋设混凝土桩(图 5-3-3)，桩顶刻“十”字，作为永久性标志。并在导线点附近的明显地物(房角、电杆)上用油漆注明导线点的编号和距离，并测绘草图，注明尺寸，称为“点之记”(图 5-3-4)。

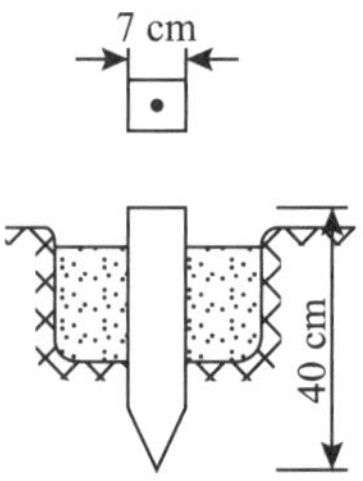

图 5-3-2　临时导线点

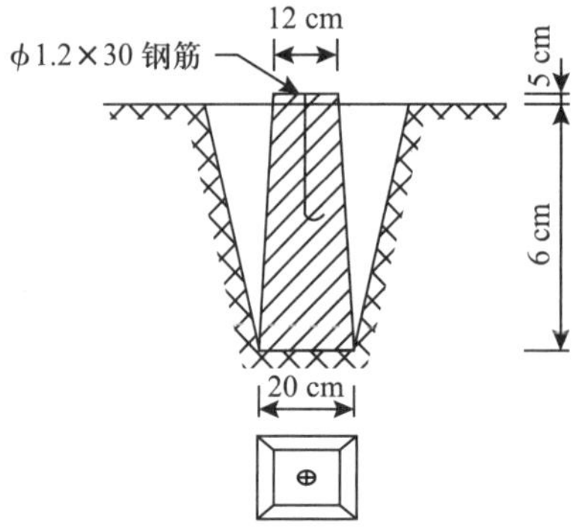

图 5-3-3　永久导线点的埋设

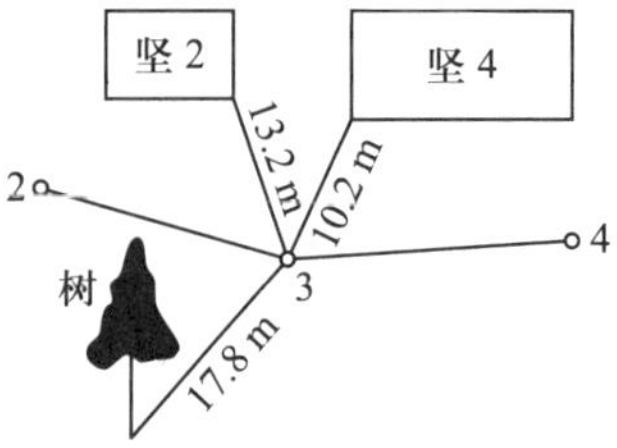

图 5-3-4　点之记

3. 导线边长测量

传统导线边长可采用钢尺、视距法等方法。随着测绘技术的发展，目前全站仪已成为距离测量的主要手段。用全站仪测边长时，应往返观测取平均值。对于图根导线仪进行气象改正和倾斜改正；对于精确度要求较高的一、二级导线，应进行仪器加常数和乘常数的改正。

4. 导线转折角测量

导线的转折角可测量左角或右角，按照导线前进的方向，在导线左侧的角称为左角，导线右侧的角称为右角，一般规定闭合导线测内角，附合导线在铁路系统习惯测右角，其他系统多测内角。但若采用电子经纬仪或全站仪，测左角要比测右角具有较多的优点，他可以直接显示出角值、方位角等。

三联脚架观测法：对于一、二级导线，由于边长较短，一般不采用单独觇标而采用觇牌（或觇牌与反射镜的组合）作为照准目标。短边导线的对中误差对水平角的影响较大，为了减小对中误差对测角的影响并提高工作效率，宜采用三联脚架法观测导线折角。

三联脚架法要用到脚架、基座、仪器（经纬仪、测距仪或全站仪）、觇牌（或觇牌与反射镜的组合）、独立对点器等设备。基座起到将仪器或觇牌与脚架联结在一起及强制对中的作用。具体使用时，先用独立对点器与基座、三脚架配合，在点位上对中后，可将觇牌直接安装在上面，也可将独立对点器取出，再将仪器安装在基座上面，当测角和测距工作与本点无关时，再取走脚架和基座，迁移到另外的点上。

实践证明，对于短边导线，采用三联脚架法进行导线测量，由于减弱了对中误差对测角和测距的影响，可以获得较好的观测成果，而且也提高了工作效率。因此，在短边导线测量工作中，应尽可能地用三联脚架法测量水平角和导线边长。

5. 与高级控制点连测需进行定向测量

为了计算导线点的坐标，必须知道导线各边的坐标方位角，因此应确定导线起始边的方位角。若导线起始点附近有国家控制点时，则应与控制点联测连接角，再来推算导线各边方位角。

如图 5-3-5 所示，导线与高级控制点连接，必须观测连接角 β_B、β_1 和连接边 D_{B1}，作为传递坐标方位角和传递坐标之用，如果附近无高级控制点，则利用罗盘仪施测导线起始边的磁方位角，并假定起始点的坐标作为起算数据。连接角测量一般缺乏严密的检核条件，连接角应采用方向观测法测量，其圆周闭合差应不大于±40″。

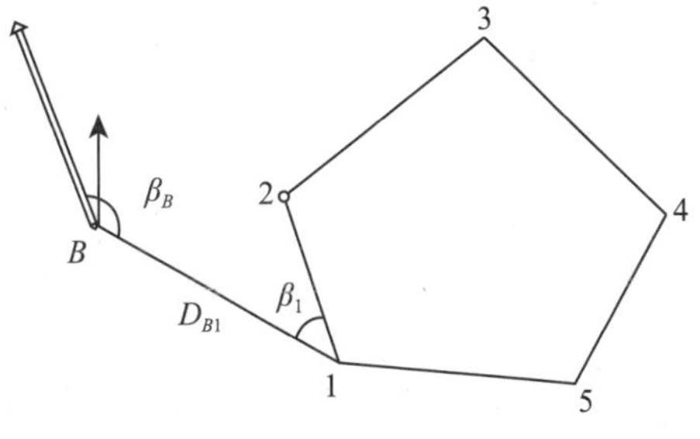

图 5-3-5　导线连测

【1＋X 证书】

测绘地理信息数据获取与处理职业技能等级要求（高级）

2. 全站仪测量	2.2　全站仪导线测量	2.2.2　能进行导线点布设

知识点 4　闭合导线测量内业计算

知识结构线划图

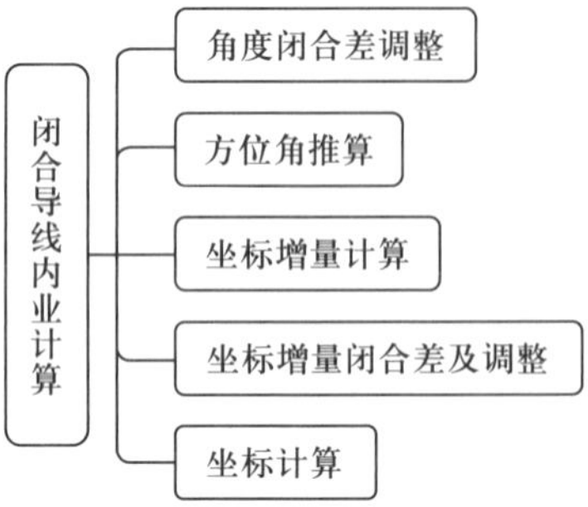

导线测量内业计算是利用外业所测得的数据资料，根据已知起算数据，推算出各导线点的坐标。计算前应全面检查导线测量的外业记录，观测成果，若发现错误应及时重测，确保计算工作顺利进行。导线测量内业计算的目的就是求得各导线点的平面坐标。

1. 计算之前，应注意以下几点

①应全面检查导线测量外业记录、数据是否齐全，有无记错、算错，成果是否符合精度要求，起算数据是否准确。

②绘制导线略图，把各项数据标注于图上相应位置。

③确定内业计算数字取位的要求。内业计算中的取位，对于四等以下各级导线，角值至少为秒(″)，边长及坐标取至毫米(mm)。对于图根导线，角值取至秒(″)，边长和坐标取至厘米(cm)。

2. 闭合导线的坐标计算

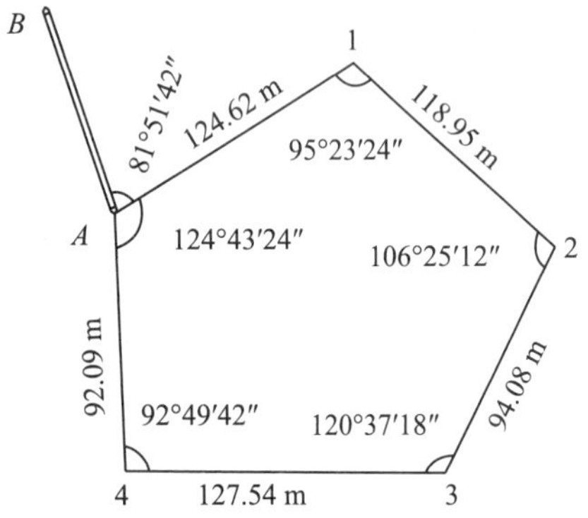

导线计算的目的是推算各导线的坐标 $x_i y_i$，下面结合实例介绍闭合导线的计算方法。计算前必须按计算要求对观测成果进行检查和核算，然后将观测的内角，边长填入表 5-4-1 中的 2、6 栏，起始边方位角和起点坐标填入 5、11、12 栏顶上格(带有横线的值)。对于四等以下导线角值取至秒，边长和坐标取至毫米，图根导线边长和坐标取至厘米，并绘出导线草图。在表内进行计算。

(1)角度闭合差的计算与调整

n 边形内角和的理论值：

$$\sum \beta_{理} = (n-2) \times 180° \tag{5-4-1}$$

由于测角误差，使得实测内角和 $\sum\beta_{测}$ 与理论值不符，产生的角度闭合差 f_β，即

$$f_\beta = \sum \beta_{测} - \sum \beta_{理} \tag{5-4-2}$$

各级导线角度闭合差的容差值 $f_{\beta容}$ 参照表中“方位角闭合差”栏。当 $f_\beta \leqslant f_{\beta容}$ 时，可进行

闭合差调整将 f_β 以相反的符号平均分配到各观测角去。其角度改正数为：

$$v_\beta = -\frac{f_\beta}{n} \tag{5-4-3}$$

改正后角值为：$\beta_i = \beta_i' + \nu_\beta$，当 f_β 不能整除时，则将余数分配到若干短边所夹角度上去。调整后的角值必须满足：$\sum \beta_{理} = (n-2) \times 180°$。否则表示计算有误。

(2)各边坐标方位角推算

根据导线点编号，导线内角改正值和起始边，即可按公式

$$\alpha_{前} = \alpha_{后} \pm 180° + \beta_{左}$$
$$\alpha_{前} = \alpha_{后} \pm 180° - \beta_{右} \tag{5-4-4}$$

依次计算 α_{23}、α_{34}、α_{41}，直到回到起始边 α_{12}（填入表 5 栏）。经校核无误，方可继续往下计算点坐标增量。

(3)坐标增量计算

$$\Delta x_{AB} = D_{AB} \cos \alpha_{AB}$$
$$\Delta y_{AB} = D_{AB} \sin \alpha_{AB} \tag{5-4-5}$$

(4)坐标增量闭合差及其调整

如图 5-4-1 所示，闭合导线纵横坐标增量的总和理论值应等于零，即

$$\sum \Delta x_{理} = 0$$
$$\sum \Delta y_{理} = 0 \tag{5-4-6}$$

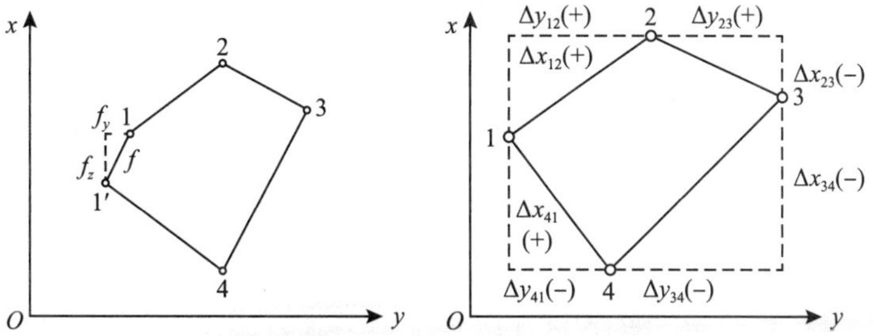

图 5-4-1　坐标增量闭合差及导线坐标增量计算

由于量边误差和改正角值的残余误差，其计算的观测值 $\sum \Delta x_{理}$、$\sum \Delta y_{理}$ 不等于零，与理论值之差，称为坐标增量闭合差，即

$$f_x = \sum \Delta x_{测} - \sum \Delta x_{理} = \sum \Delta x_{测}$$
$$f_y = \sum \Delta y_{测} - \sum \Delta y_{理} = \sum \Delta y_{测} \tag{5-4-7}$$

如图 5-4-1，由于 f_x、f_y 的存在，使得导线不闭合而产生 f，称为导线全长闭合差，即

$$f = \sqrt{f_x^2 + f_y^2} \tag{5-4-8}$$

f 值与导线长短有关，通常以全长相对闭合差 k 来衡量导线的精度。即

$$k = \frac{f}{\sum D} = \frac{1}{\sum D / f} \tag{5-4-9}$$

式中，$\sum D$ 为导线全长。当 k 在容许值范围内，可将以 f_x 和 f_y 反符号按边长成正比分配到各增量中去，其改正数为：

$$\left.\begin{aligned} v_{xi} &= -\frac{f_x}{\sum D} \cdot D_i \\ v_{yi} &= -\frac{f_y}{\sum D} \cdot D_i \end{aligned}\right\} \tag{5-4-10}$$

按增量的取位要求，改正数凑整至 cm 或 mm，凑整后的改正数之和必须与增量闭合差的相反数相等。然后将表 5-4-1 中 7、8 栏相应的增量计算值加改正数，计算改正后的增量。

$$\left.\begin{aligned} \Delta x'_i &= \Delta x_i + v_{xi} \\ \Delta y'_i &= \Delta y_i + v_{yi} \end{aligned}\right\} \tag{5-4-11}$$

(5)坐标计算

根据起点已知坐标和改正后的增量。按公式(5-4-10)依次计算 2、3、4 直至回 1 点坐标。以资检查。

$$\left.\begin{aligned} x_i &= x_{i-1} + \Delta x'_{i-1} \\ y_i &= y_{i-1} + \Delta y'_{i-1} \end{aligned}\right\} \tag{5-4-12}$$

表 5-4-1　闭合导线坐标计算表

点号	观测角	改正数	改正角	坐标方位角	距离/m	增量计算值		改正后增量		坐标	
						Δx/m	Δy/m	Δx/m	Δy/m	x/m	y/m
A										1 246.81	3 308.65
				50°28′48″	124.62	+0.02 +79.30	+0.04 +96.13	+79.32	+96.17		
1	95°23′24″	+12″	95°23′36″							1 326.13	3 404.82
				135°05′12″	18.95	+0.02 −84.24	+0.04 +83.98	−84.22	+84.02		
2	106°25′12″	+12″	106°25′24″							1 241.91	3 488.84
				208°39′48″	94.08	+0.02 −82.55	+0.03 −45.13	−82.53	−45.10		
3	120°37′18″	+12″	120°37′30″							1 159.38	3 443.74
				268°02′18″	127.54	+0.02 −4.37	+0.05 −127.47	−4.35	−127.42		
4	92°49′42″	+12″	92°49′54″							1 155.03	3 316.32
				355°12′24″	92.09	+0.01 +91.77	+0.03 −7.70	+91.78	−7.67		
A	124°43′24″	+12″	124°43′36″							1 246.81	3 308.65
				50°28′48″							
1											
Σ	539°59′00″	+60	540°00′00″		557.28	−0.09	−0.19	0	0		
辅助计算	$\sum\beta_{理}=(n-2)\times180^\circ=(5-2)\times180^\circ-540^\circ00'00''$ $f_\beta=\sum\beta_{测}-\sum\beta_{理}=539^\circ59'00''-540^\circ00'00''=-1'00''$ $f_{\beta容}=\pm60''\sqrt{n}=\pm60''\sqrt{5}=\pm2'14''$ $f_x=\sum\Delta x_{测}-\sum\Delta x_{理}=-0.09-0=-0.09$ m $f_y=\sum\Delta y_{测}-\sum\Delta y_{理}=-0.19-0=-0.19$ m $f_D=\sqrt{f_x^2+f_y^2}=\sqrt{(-0.09)^2+(-0.19)^2}=0.21$ m $k=f_D/\sum D=0.21/557.28=1/2\ 650<1/2\ 000$										

知识点 5　附合导线测量内业计算

知识结构线划图

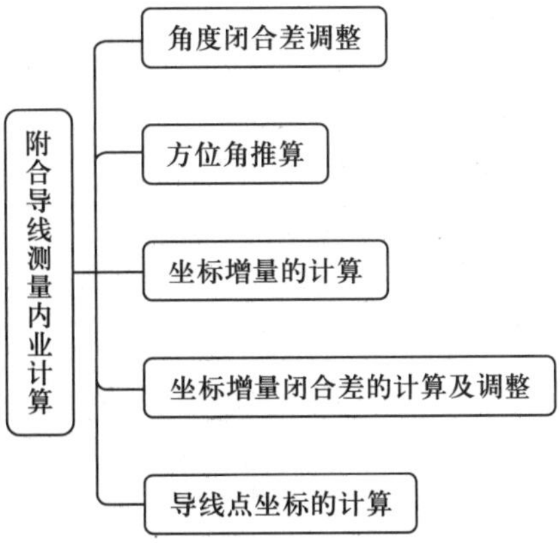

1. 角度闭合差 f 中 $\sum\beta_{理}$ 的计算

如图 5-5-1 所示，已知始边和终边方位角 α_{AB}、α_{CD} 导线各转折角（左角）β 的理论值应满足下列关系式：

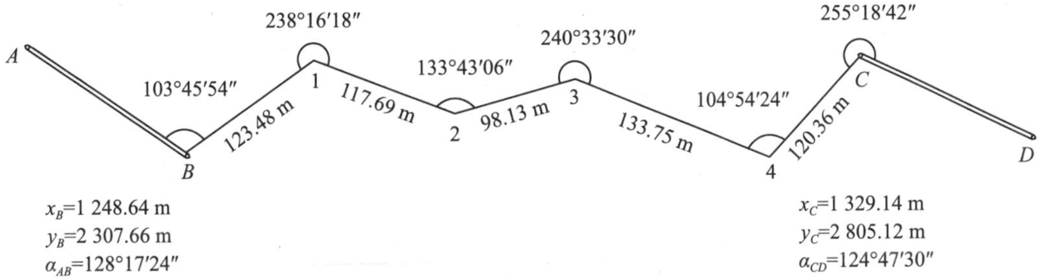

图 5-5-1　附合导线坐标计算

式中 $\sum\beta$ 即为各转折角（包括连接角）理论值的总和。写成一般式，则

$$\sum\beta_{理左}=\alpha_{终}-\alpha_{始}+n\times180^{\circ} \tag{5-5-1}$$

同理，为右角时

$$\sum\beta_{理右}=\alpha_{始}-\alpha_{终}+n\times180^{\circ} \tag{5-5-2}$$

当观测左角时的角度闭合差为：

$$f_{\beta左}=\sum\beta_{测}-\sum\beta_{理左}=\sum\beta_{测}+\alpha_{始}-\alpha_{终}-n\times180^{\circ} \tag{5-5-3}$$

观测右角的角度闭合差为：

$$f_{\beta右}=\sum\beta_{测}-\sum\beta_{理右}=\sum\beta_{测}-\alpha_{始}+\alpha_{终}-n\times180^{\circ} \tag{5-5-4}$$

2. 坐标增量 f_x、f_y 闭合差中 $\sum \Delta x_{理}$、$\sum \Delta y_{理}$ 的计算

由附合导线图可知，导线各边在纵横坐标轴上投影的总和，其理论值应等于终、始点坐标之差，即

$$\sum \Delta x_{理} = x_{终} - x_{始}$$
$$\sum \Delta y_{理} = y_{终} - y_{始} \tag{5-5-5}$$

附合导线的导线全长闭合差、全长相对闭合差和容许相对闭合差的计算，以及增量闭合差的调整等，均与闭合导线相同。附合导线计算过程，见表 5-5-1 的算例。

表 5-5-1　附合导线坐标计算表

点号	观测角	改正数	改正角	坐标方位角	距离/m	增量计算值		改正后增量		坐标	
						Δx/m	Δy/m	Δx/m	Δy/m	x/m	y/m
A											
				128°17′24″							
B	103°45′54″	−18″	103°45′36″							1 248.64	2 307.66
				52°03′00″	123.48	+0.04 +75.94	−0.03 +97.37	+75.98	+97.34		
1	238°16′18″	−18″	238°16′00″							1 324.62	2 405.00
				110°19′00″	117.69	+0.03 −40.86	−0.02 +110.37	−40.83	+110.35		
2	133°43′06″	−18″	133°42′48″							1 283.79	2 515.35
				64°01′48″	98.13	+0.03 +42.97	−0.02 +88.22	+43.00	+88.20		
3	240°33′30″	−18″	240°33′12″							1 326.79	2 603.55
				124°35′00″	133.75	+0.04 −75.92	−0.03 +110.12	−75.88	+110.09		
4	140°54′24″	−18″	104°54′06″							1 250.91	2 713.64
				49°29′06″	120.36	+0.04 +78.19	−0.02 +91.50	+78.23	+91.48		
C'	255°18′42″	−18″	255°18′24″							1 329.14	2 805.12
				124°47′30″							
D											
Σ	1 076°31′54″	−1′48″	1076°30′06″		593.41	+80.32	+497.58	+80.50	+497.46		
辅助计算	$\Sigma\beta_{理}=(\alpha_{终}-\alpha_{始})+n\times180°=(\alpha_{CD}-\alpha_{AB})+6\times180°=(124°47'30''-128°17'24'')+6\times180°=1\ 076°30'06''$ $f_\beta=\Sigma\beta_{测}-\Sigma\beta_{理}=1\ 076°31'54''-1\ 076°30'06''=+1'48''$ $f_{\beta容}=\pm60''\sqrt{n}=\pm60''\sqrt{6}=\pm2'27''$ $f_x=\sum\Delta x_{测}-\sum\Delta x_{理}=\sum\Delta x_{测}-(x_C-x_B)=+80.32-(1\ 329.14-1\ 248.64)=-0.18$ m $f_y=\sum\Delta y_{测}-\sum\Delta y_{理}=\sum\Delta y_{测}-(y_C-y_B)=+497.58-(2\ 805.12-2\ 307.66)=+0.12$ m $f_D=\sqrt{f_x^2+f_y^2}=\sqrt{(-0.18)^2+(+0.12)^2}=0.22$ m $k=f_D/\sum D=0.22/593.41=1/2\ 697<1/2\ 000$											

以上计算需运用专业计算器，除普通型功能键外，它还应设有三角函数键等，可进行三角函数运算。

举例说明卡西欧 fx-120 操作法：

按 ON 开机后，首先要按 DRG 键把角度状态设置为 DEG，即圆周为 360°制（RAD 为弧度状态，GRA 表示圆周为 400 g 制）。计算器运算时要将度分秒转变成度，计算器才能运算，如

要计算 cos 166°39′36″的结果，则先输入 166.393 6，然后按 DEG 键转变为 166.66 度，再按 cos 键即可算得 cos 166°39′36″的结果为−0.973 018 03；按 sin 键即可算得 sin 166°39′36″的结果为 0.230 729 088。

用计算器进行角度加减运算时也应先将度分秒转变成度后才加减，最后再将结果从度转化成度分秒。如 166°39′36″+54°47′27″=？首先输入 166.393 6 按 DEG 键显示 166.66，按+键后输入 54.472 7 按 DEG 键显示 54.790 833 33，按=显示 221.145 083 33，再按 2ndf DEG 即可得到最后结果为 221°27′03″。

举例说明卡西欧 fx-5800P 操作法：

如要计算 cos 166°39′36″的结果，先按

键再按 166 加度分秒键，然后再按 39 再按，最后再按 36 再按，最后按等于即得出最后结论。

【1+X 证书】

测绘地理信息数据获取与处理职业技能等级要求(高级)

2. 全站仪测量	2.2　全站仪导线测量	2.2.3　能规划观测顺序及记簿 2.2.4　能进行方位角的推算、坐标正算及平差

【技能大赛】

本节知识点在“全国职业院校技能大赛工程测量——导线测量”中加以应用，需要进行导线计算，具体操作见工作手册。

知识点 6　全球导航卫星系统控制测量

知识结构线划图

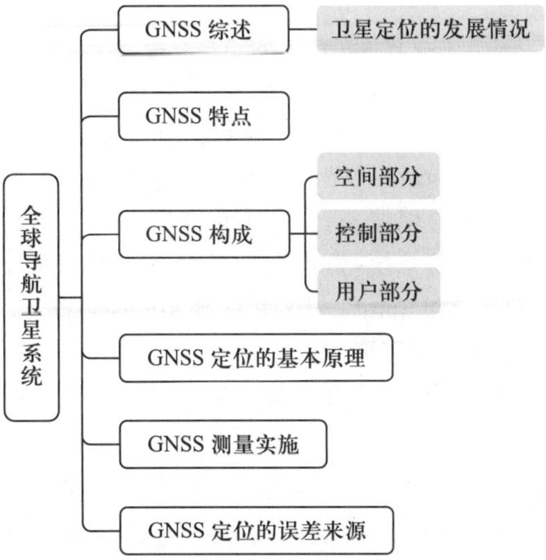

要点 1　GNSS 综述

卫星定位的发展概况及 GPS 卫星定位：

1957 年 10 月 4 日，苏联成功地发射了世界上第一颗人造地球卫星。从此以后，利用人造卫星为军事、经济和科学文化等服务成为各国争相发展的前沿科技。

1973 年 12 月，美国国防部批准了陆海空三军联合研制新的卫星导航系统 NAVSTARGPS / GPS，它是“Navigation Satellite Timing And Ranging /Global Position System”的缩写，简称 GPS。该系统是以卫星为基础的无线电导航定位系统，具有全能性、全球性、全天候、连续性和实时性的导航、定位、定时功能，它能向全球数目不限的用户连续地、全天候提供较高精度的三维坐标、速度以及时间信息，可广泛地应用于军事、民用飞机和船舶的导航、高精度的大地测量、精密工程测量、地壳形变监测、地球物理测量、海空救援、资源勘探、科考、探险、旅游、航天发射及卫星回收等领域。

GPS 从 1974 年开始，经历了方案设计、系统论证和生产试验等三个阶段。1978 年 2 月，第一颗 GPS 试验卫星发射成功；1994 年已全部完成 24 颗工作卫星（含 3 颗备用卫星）的发射工作。GPS 卫星分布如图 5-6-1 所示。

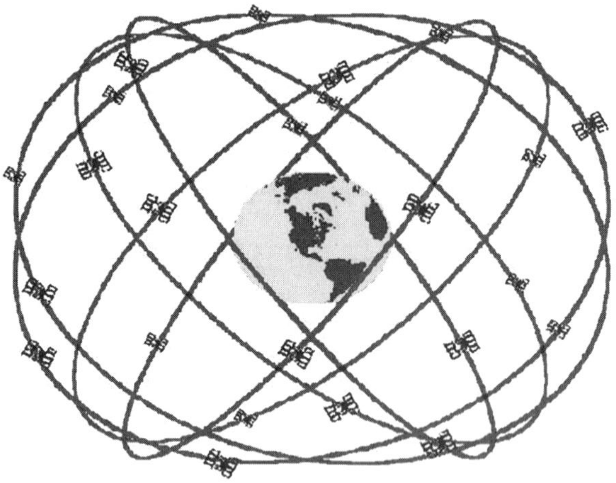

图 5-6-1　GPS 卫星分布

由于这一时期全球只有美国这一个卫星导航系统，因此 GPS 就成了卫星导航的代名词。1993 年俄罗斯开始独自建立本国的格洛纳斯全球卫星导航系统（GLONASS），2007 年在俄罗斯境内开始运营，2009 年提供全球服务。2000 年欧盟向世界无线电委员会申请并获准建立伽利略（ GALILEO ）卫星导航系统，目前只部分完成；同时期，我国也开始建立中国自己的北斗卫星导航系统(Bei Dou Navigation Satellite System，简称 BDS)，2020 年 7 月 31 日上午，北斗三号全球卫星导航系统正式开通。

目前，我们把以上四种卫星导航系统合称为全球卫星导航系统(Global Navigation Satellite System)，即 GNSS 。

要点 2　GNSS 特点

GNSS 作为一种导航和定位系统，主要具有高精度、全天候、高效率、多功能、操作简便、应用广泛等特点。

(1)定位精度高

应用实践已经证明,GNSS 相对定位精度在 50 km 以内可达 10^{-6},100～500 km 可达 10^{-7},1 000 km 可达 10^{-9}。在 300～1 500 m 工程精密定位中,1 h 以上观测的解,其平面位置误差小于 1 mm,与高精度电磁波测距仪测定的边长比较,其边长较差最大为 0.5 mm。

(2)观测时间短

用户只需装备接收机就可以接收信号进行定位工作,而无须发射任何信号。又由于接收机可利用多个通道同时对多颗卫星进行观测,因而一次定位只需几秒钟至几十秒钟,大大提高工作效率。

随着 GNSS 系统的不断完善,软件的不断更新,目前,20 km 以内快速静态相对定位,仅需 15～20 min;RTK 测量时,当流动站与参考站相距在 10 km 以内时,流动站观测时间只需数秒钟。

(3)测站间无须通视

GNSS 测量不要求测站之间互相通视,只需测站上空开阔即可,因此可节省大量的造标费用。由于无须点间通视,点位位置可根据需要设置,密度可稀可密,这使选点工作甚为灵活,也可省去经典大地网中的传算点、过渡点的测量工作。

(4)可提供统一的三维坐标

GNSS 定位是在国际统一的 WGS—84 世界大地坐标系统(属地心坐标系)中计算的,因此全球不同地点的测量成果可相互关联。在经典大地测量中,将平面与高程采用不同方法分别施测。GNSS 可同时精确测定测站点的 WGS—84 三维坐标(或平面+大地高)。目前通过局部大地水准面精化,GPS 水准可满足四等以下水准测量的精度。

(5)操作简便

随着 GNSS 接收机不断改进,其自动化程度越来越高,有的已达“傻瓜化”的程度,且接收机的体积越来越小,重量越来越轻,极大地减轻测量工作者的工作紧张程度和劳动强度。

(6)全天候作业

地球上任何地方的用户在任何时间,一般至少可以同时观测到 4 颗卫星,因而观测受时间和气象条件的限制很小,基本可以进行全天候的观测。

(7)功能多、应用广

GNSS 系统不仅可用于测量、导航,精密工程的变形监测,其应用领域在不断扩大,例如还可用于测速、测时。测速的精度可达 0.1 m/s,测时的精度为数十纳秒。当初,设计 GNSS 系统的主要目的是用于导航,收集情报等军事目的。但是,后来的应用开发表明,GNSS 系统不仅能够达到上述目的,而且用 GNSS 卫星发来的导航定位信号能够进行厘米级甚至毫米级精度的静态相对定位,厘米级至米级精度的动态定位,亚米级至厘米级精度的速度测量和毫微秒级精度的时间测量。因此,GNSS 系统展现了极其广阔的应用前景。

我国测绘行业在 GNSS 定位技术的引进、消化、开发、研究、应用等方面发展很快。从 20 世纪 80 年代末到现在短短的三十几年中,我国实施了一系列广泛的 GNSS 卫星测量工程项目。首先应用于城市和工程控制网的建立与改造;长距离大陆和岛礁的联测;在地震活动断裂带布设地壳变形 GNSS 监测网;大坝变形 GNSS 监测网;国家测绘部门布设了全国高精度的 GNSSAA 级、A 级、B 级控制网和测轨网;还参加了 1991 年和 1992 年两期国际 GNSS 联测会战，首次进入了国际全球GNSS联测计划，对精化我国地心坐标起到了一定作用。与此同时，我国除从国外引进各种型号的GPS软、硬件外，还广泛深入地开展了GNSS定位数据处理理论和技术的研究；开发了精密后处理和GNSS网平差软件，并实现了商品化和打入国际市场。目前，我国也能制造GNSS接收机并广泛地应用于生产。GNSS的应用领域正在我国迅速扩展，有关的研究也十分活跃，取得了许多科研成果。GNSS定位已经取代常规手段，成为我国建立高精度大地网和控制网的基本方法。

要点3　GNSS构成

以GPS为例，GPS整个系统由空间部分、控制部分、用户部分三大部分组成，如图5-6-2所示。

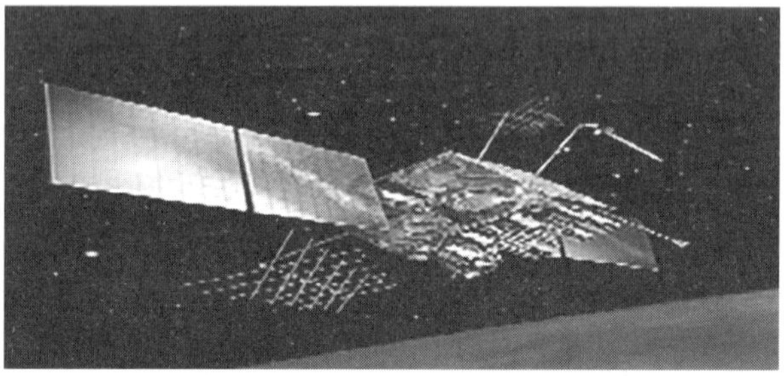

图5-6-2　GPS工作卫星

1. 空间部分

整个系统全部建成后，空间部分共有24颗工作卫星，其中3颗是随时可以启用的备用卫星。工作卫星分布在6个轨道面内，每个轨道面分布有4颗卫星。各轨道平面相对地球赤道面的倾角均为55°，各轨道平面彼此相距60°，轨道平均高度约为20 200 km，卫星运行周期为11 h 58 min。在正常情况下，地面观测者见到的卫星颗数随时间和地点的不同而异，最少为4颗，最多可达11颗。

每颗GPS卫星连续地发播L1（波长为19.05 cm）和L2（波长为4.45 cm）两个频带的载波信号。利用伪噪声码的调制特性，对载波进行三种相位调制。即：载波的正弦波被一伪噪声码，称为C/A码，又称"粗码"(民用)所调制；余弦波被另一频率的伪噪声码，称为P码，又称"精码"（美国军方及特殊授户）所调制。此外，正弦波和余弦波上都调制了基本单位为1 500比特长的数据码(也称卫星电文)，简称D码。L1的信号既包括P码，又包括C/A码，L2的信号只包括P码。这些电码具有三个作用：一是辨认接收的卫星和发播卫星星历；二是测定信号到达接收机的时间；三是限制用户使用。

2. 控制部分

控制部分的任务是：监视卫星系统；确定GPS时间系统；跟踪并预报卫星星历和卫星钟状态；向每颗卫星的数据存储器注入更新的卫星导航数据。

GPS的地面控制部分由分布在全球的由若干个跟踪站组成的监控系统所构成。根据其作用的不同，跟踪站分为主控站、监控站和注入站。主控站有一个，位于美国科罗拉多（Colorado)的法尔孔（Falcon）空军基地，它的作用是根据各监控站对GPS卫星的观测数据，计算出卫星的星历和卫星时钟的改正参数等，并将这些数据通过注入站注入卫星中去；同时，它还对卫星进行控制，向卫星发布指令；当工作卫星出现故障时，调度备用卫星，替代失效的工作卫星工作；另外，主控站还具有监控站的功能。监控站有 5 个，除了主控站外，其他 4 个分别位于夏威夷、阿松森群岛、迭哥伽西亚和卡瓦加兰。监控站的作用是接收卫星信号，监测卫星的工作状态。注入站有 3 个，它们分别位于阿松森群岛、迭哥伽西亚和卡瓦加兰。注入站的作用是将主控站计算的卫星星历和卫星时钟的改正参数等注入卫星中去。

地面监控系统提供每颗 GPS 卫星所播发的星历。并对每颗卫星工作情况进行监测和控制。地面监控系统另一重要作用是保持各颗卫星处于同一 GPS 时间系统。

3. 用户部分

用户部分主要指 GPS 接收机，此外还包括气象仪器、计算机、钢尺等仪器设备组成。

GPS 接收机主要由天线单元，信号处理部分，记录装置和电源组成。

接收机的主要功能是：跟踪接收所选择的卫星信号，测定信号从卫星到接收天线的传播时间，解译出 GPS 卫星所发送的导航电文，实时地计算出定位或导航的所需数据。

天线单元由天线和前置放大器组成，灵敏度高，抗干扰性强。接收天线把卫星发射的十分微弱的信号通过放大器放大后进入接收机。GPS 天线分为单极天线、微带天线、锥形天线等。信号处理部分是 GPS 接收机的核心部分，进行滤波和信号处理，由跟踪环路重建载波，解码得到导航电文，获得伪距定位结果。

记录装置主要有接收机的内存硬盘或记录卡（CF 卡）。

电源分为外接和内接电池（12V），机内还有一锂电池。

GPS 接收机的基本类型主要分为大地型、导航型和授时型三种。其中，大地型接收机按接收载波信号的差异分为单频（L1）型和双频（L1，L2）型。

应当指出：GPS 接收机作为一个用户测量系统，除了应具有接收机、天线和电源等硬件设备外，其软件部分也是构成 GPS 测量系统的重要组成部分之一。

要点 4　GNSS 定位的基本原理

GNSS 定位方法按接收天线的运动状态可分为静态定位和动态定位，按照测距原理的不同可分为伪距定位、载波相位定位和 GNSS 差分定位。

1. GNSS 伪距定位

GNSS 伪距定位通过 GNSS 接收机锁定 4 颗以上的卫星，接收卫星发射的测距信息，从而确定卫星到接收机之间的空间距离。

卫星所发射的测距信号分为 C/A 码和 P 码。C/A 码频率 1.023 MHz，重复周期 1 ms，码间距 1 μs，相当于 300 m；P 码频率 10.23 MHz，重复周期 266.4 天，码间距 0.1 μs，相当于 30 m。通常 P 码用于发给特许用户，而 C/A 码用于发给非特许用户。

当用一测站所得精度不能满足用户要求时，可以选择多测站安置 GNSS 接收进行空间定位。所得数据的精度值可大幅度提高。

2. GNSS 载波相位定位

GNSS 载波相位定位主要利用卫星发射的载波 L1 和 L2 分别作为测距信号进行比较分析，计算地面测站点与卫星之间的伪距。

3. GNSS 差分定位

GNSS 差分定位是通过在已知坐标点上安置 GNSS 接收机，测定接收站与卫星的精确距离，并把正确的距离发回到运动中的 GNSS 接收机进行实时校正，从而消除外界环境对 GNSS

测量精度的影响。目前精度最高的差分方法为载波相位实时差分(RTK),其精度可达1～2 cm。

要点5　GNSS测量实施

GNSS测量主要分为外业测量和内业检核计算两大部分。外业部分主要包括GNSS测点的选择、测站点标记的建立,外业测量、外业测量数据的检核等。内业主要进行对外业数据的处理、计算等工作。

GNSS控制网根据不同用户的需求,确定不同的布网方案。与传统的测量方法相比,GNSS测量所具有的优势在于控制网上的两点并不要求通视,这样更便于控制网的布置。

GNSS控制网的所构成的图形一般为三角形网、环形网、星形网。

1. GNSS选点

由于GNSS测量不严格要求通视,所以选点工作相对比较简便,但是需要了解相关测区的地形及原有坐标点的分布情况。GNSS选点一般要避开电磁辐射装置,防止其对GNSS卫星信号的干扰,GNSS选点一般选择地势平坦,视野开阔,交通便利的地方,利于控制网的联测。在选完GNSS点后,应对本点设立标石,绘制点之记,以便以后应用(表5-6-1)。

表5-6-1　各等级卫星定位测量控制网定位观测技术要求

等级		二等	三等	四等	一级	二级
接收机类型		多频	多频或双频	多频或双频	双频或单频	双频或单频
仪器标称精度		$3\ mm+1\times10^{-6}$	$5\ mm+2\times10^{-6}$	$5\ mm+2\times10^{-6}$	$10\ mm+5\times10^{-6}$	$10\ mm+5\times10^{-6}$
观测量		载波相位	载波相位	载波相位	载波相位	载波相位
卫星高度角/(°)	静态	≥15	≥15	≥15	≥15	≥15
有效观测卫星数/个	静态	≥5	≥5	≥4	≥4	≥4
有效观测时段长度/min	静态	≥30	≥20	≥15	≥10	≥10
数据采样间隔/s	静态	10～30	10～30	10～30	5～15	5～15
PDOP		≤6	≤6	≤6	≤8	≤8

(1)GNSS布网原则

①新布设的GNSS网应尽量与已有平面控制网联测,至少要联测两个已有控制点。

②应利用已有水准点联测GNSS点高程。

③GNSS网应构成闭合图形,以便进行检核。

④当用常规测量方法进行加密控制时,GNSS网内各点尚须考虑通视问题。

(2)GNSS控制网与传统控制网的区别

①GNSS网淡化了“分级布网,逐级控制”的布设原则,不同等级间依赖关系不明显。

②高级网对低级网只起定位和定向作用,不再发挥整体控制作用。

③GNSS网中各控制点是彼此独立直接测定的,因此网中各起算元素、观测元素和推算元素无依赖关系。

④GNSS网对点的位置和图形结构没有特别要求,不强求各点间通视。

⑤各接收机采集的是从卫星发出的各种信息数据,而不是用常规方法获得的角度、距离、

高差等观测数据，因此点位无须选在制高点，也不用建造觇标。

当采用 GNSS 进行相对定位时，网形的设计在很大程度上取决于接收机的数量和作业方式。如果只用两台接收机同步观测，一次只能测定一条基线向量。如果能有三四台接收机同步观测，GNSS 网则可布设如图 5-6-3 所示的由三角形和四边形组成的网形。其中图(a)、(b)为点连接，表示在两个基本图形之间有一个点是公共点，在该点上有重复观测；图 (c)、(d)为边连接，表示每个基本图形中，有一条边是与相邻图形重复的。

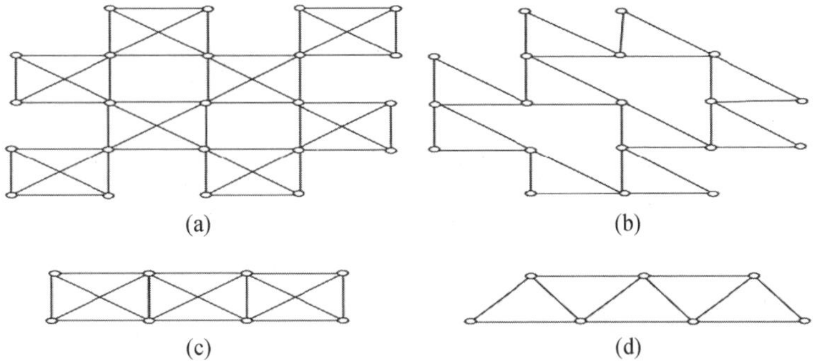

图 5-6-3　GNSS 布设网

2. GNSS 外业观测

GNSS 外业观测主要分为安置天线，观测作业，以及观测记录。

GNSS 测量对于天线安置的要求很高，需要把仪器安置在三脚架上，进行对中，然后调整三脚架高度，使得基座上的圆水准器气泡居中，调整仪器的定向标记线，使其指向正北，并量取天线高。GNSS 接收机的自动化程度很高，用户只需按说明书所示，进行简单操作即可完成测量工作。

GNSS 记录主要采取两种方式：一种是由工作人员将 GNSS 所测信息记录到测量手簿中；另一种是直接记录在接收机的内存中。

3. GNSS 的数据处理

对于外业大量的测量数据，我们需要对其进行检核，对于一些误测、漏测的点位需要进行重新测量。数据检核完成后，我们要对海量数据进行相应处理。由于 GNSS 测量采取每 15 s 采集一次数据的方式，使得 GNSS 所测数据量巨大，数据处理的过程也相当复杂。在现实工作中，我们通常利用计算机软件进行数据处理，这样可以大大提高工作效率。

要点 6　GNSS 定位的误差来源

1. 卫星有关的误差。

(1)卫星星历误差

由卫星星历所计算出的卫星位置与卫星的实际位置之差称为卫星星历误差，星历误差的大小主要取决于卫星定轨系统的质量，如定轨站的数量及其地理分布，观测值的数量及精度，定轨时所有的数学力学模型和定轨软件的完善程度等。此外与星历的外推时间间隔（实测星历的外推时间间隔可视为零）也有直接关系。在影响 GPS 测量精度的众多误差源中，轨道误差是主要误差源。

(2)卫星钟的误差

卫星上虽然使用了高精度的原子钟,但它们也不可避免地存在误差,这种误差既包含着系统性的误差(如钟差、钟速、频漂等偏差),也包含着随机误差。系统误差远较随机误差的值大,而且可以通过检验和比对来确定并通过模型来加以改正;而随机误差只能通过钟的稳定度来描述其统计特性,无法确定其符号和大小。

(3)卫星信号发射天线相位中心偏差

GPS 卫星信号发射天线的标称相位中心与真实相位中心之间的差异。

2. 与信号传播有关的误差。

与 GPS 信号传播有关的误差主要是大气折射误差和多路径效应。

(1)离层延迟

电离层(含平流层)是高度在 60～1 000 km 间的大气层。在太阳紫外线、X 射线、γ 射线和高能粒子的作用下,该区域内的气体分子和原子将产生电离,形成自由电子和正离子。带电粒子的存在将影响无线电信号的传播,使传播速度发生变化,传播路径产生弯曲,从而使信号传播时间 t 与真空中光速 c 的乘积 $\rho=t\times c$ 不等于卫星至接收机的几何距离,产生所谓的电离层延迟。电离层延迟取决于信号传播路径上的总电子含量 TEC 和信号的频率 f。而 TEC 又与时间、地点、太阳黑子数等多种因素有关。测距码伪距观测值和载波相位观测值所受到的电离层延迟大小相同,但符号相反。

(2)流层延迟

对流层是高度在 50 km 以下的大气层。整个大气中的绝大部分质量集中在对流层中。GPS 卫星信号在对流层中的传播速度 $V=c/n$。c 为真空中的光速,n 为大气折射率,其值取决于气温、气压和相对湿度等因子。此外,信号的传播路径也会产生弯曲。由于上述原因使距离测量值产生的系统性偏差称为对流层延迟。对流层对测距码伪距和载波相位观测值的影响是相同的。

(3)多路径误差

经某些物体表面反射后到达接收机的信号如果与直接来自卫星的信号叠加干扰后进入接收机,就将使测量值产生系统误差。多路径误差对测距码伪距观测值的影响要比对载波相位观测值的影响大得多。多路径误差取决于测站周围的环境、接收机的性能以及观测时间的长短。

3. 与接收机有关的误差

(1)接收机的钟误差

与卫星钟一样,接收机钟也有误差。而且由于接收机中大多采用的是石英钟,因而其钟误差较卫星钟更为显著。该项误差主要取决于钟的质量,与使用时的环境也有一定关系。它对测距码伪距观测值和载波相位观测值的影响是相同的。

(2)接收机的位置误差

在进行授时和定轨时,接收机的位置是已知的,其误差将使授时和定轨的结果产生系统误差。该项误差对测码伪距观测值的影响是相同的。进行 GPS 基线解算时,需已知其中一个端点在 WGS-84 坐标系中的坐标,已知坐标的误差过大也会对解算结果产生影响。

(3)接收机的测量噪声

这是指用接收机进行 GPS 测量时,由于仪器设备及外界环境影响而引起的随机测量误差，其值取决于仪器性能及作业环境的优劣。一般而言，测量噪声的值均小于上述的各种偏差值。观测足够长的时间后，测量噪声的影响通常可以忽略不计。

4. 其他因素

①GPS 控制部分人为或计算机造成的影响；

②由于 GPS 控制部分的问题或用户在进行数据处理时引入的误差等；

③数据处理软件的算法不完善对定位结果的影响。

【1＋X 证书】

测绘地理信息数据获取与处理职业技能等级要求（高级）

3. GNSS 测量	3.1　卫星定位系统认识	3.1.1　能掌握 GPS 卫星定位系统的相关知识点 3.1.2　能掌握 GLONASS 卫星定位系统相关知识点 3.1.3　能掌握中国北斗卫星定位系统的相关知识点

【中国智慧】

《新时代的中国北斗》白皮书

2020 年 7 月 31 日，习近平总书记向世界宣布北斗三号全球卫星导航系统正式开通。自此，北斗系统圆满完成“三步走”发展战略，全面进入高质量发展新阶段。

正值全党全国人民掀起认真学习中国共产党二十大精神热潮之际，我们在这里正式发布《新时代的中国北斗》白皮书。白皮书全面回顾了中国北斗的发展历程，全面展示了北斗系统进入新时代以来，形成了服务新能力，实现了产业新发展，构建了开放新格局，开启了未来新征程。

第一，新时代的中国北斗是世界一流的北斗。

中国始终坚持立足国情、自主创新建设北斗系统。核心技术自主研发、系统组成创新引领、系统服务优质多样。北斗三号开通以来，系统运行连续稳定可靠，服务性能世界一流。

北斗三号在轨 30 颗卫星运行状态良好，星上 300 余类、数百万个器部件全部国产，性能优异。实测表明，全球定位精度优于 5 m，亚太地区性能更好，服务性能全面优于设计指标。

独具特色的国际搜救、全球短报文通信、区域短报文通信、星基增强、地基增强、精密单点定位等六大特色服务，性能优越，真正实现了“人有我优，人无我有”。

系统实现智能运维、在轨卫星软件重构升级，实时全球监测评估，及时发布系统动态。系统开通以来分秒不断，连续稳定运行，性能稳步提升。中国北斗走出了一条高质量、高效益、低成本、可持续的建设发展道路。

第二，新时代的中国北斗进入规模应用发展快车道。

北斗应用产业实现可持续发展。制定产业发展战略，将产业发展纳入国家“十四五”规划。北斗深度融入基础设施、赋能各行各业、走进千家万户，产生了显著的经济社会效益。2021 年，中国卫星导航与位置服务产业总体产值达到约 4 700 亿元人民币，年均复合增长率超过 20%。

产业链供应链安全稳健，基础持续夯实。形成芯片、模块、天线、板卡等完整型谱，软件、算法等完全自主研制，构建国家检测认证体系。国产芯片出货量超亿级规模，国外同类芯片支持北斗系统，形成良性发展态势。

行业领域全面覆盖，应用深度持续增强。截至今年6月，北斗终端数量在交通运输营运车辆超过800万台，农林牧渔业达到130余万台，公安达到180余万台。通信授时、气象监测、应急减灾、城市管理等领域正在加速推进北斗规模化应用。

大众应用融入百姓生活，特色服务触手可及。北斗正在成为智能手机、可穿戴设备等大众消费产品的标准配置。2022年上半年，中国境内申请入网的智能手机中，128款支持北斗定位，出货量超1.3亿部，占上半年总出货量的98%以上。手机地图导航中，北斗定位服务日均使用量突破千亿次。特别是，北斗高精度定位服务已进入大众手机，在深圳、重庆、天津等8个城市开通车道级导航应用。全球首款支持北斗三号区域短报文通信服务的手机已正式发布，用户不换卡不换号不增加外设，就能通过北斗卫星发送短信。

第三，新时代的中国北斗助力人类命运共同体建设。

中国始终坚持开放融合理念，推进北斗国际化进程。倡导卫星导航系统间兼容与互操作，推进北斗系统进入国际标准体系，拓展北斗国际应用，服务全球，造福人类。

与GPS、格洛纳斯系统等签署信号兼容与互操作声明，与伽利略系统开展合作会谈。在联合国框架下，推动实现多系统兼容共用，真正实现北斗好用，多个系统共用，共同为全球用户提供更加优质多样、安全可靠的服务。

拓展深化双边合作。与亚非拉地区多个区域组织和国家建立合作机制，自2016年以来签署卫星导航合作协定、谅解备忘录、合作路线图等50余份成果文件。

巩固加强多边合作。创设中国-东盟、中国-阿拉伯国家、中国-非洲等北斗合作论坛，实施卫星导航合作行动计划。每年举办中国卫星导航年会、中国卫星导航与位置服务年会，创办北斗规模应用国际峰会，近20国百余名留学生在华获得专业硕士和博士学位，50余国逾千人参加卫星导航的专题培训。

持续推动北斗系统进入民航、海事、移动通信、搜救等领域国际标准。北斗产品已在全球半数以上国家和地区得到应用，出口产品种类更加丰富，应用领域不断拓展。

此外，本版白皮书还首次规划了2035年前北斗发展蓝图。中国将建设技术更先进、功能更强大、服务更优质的新一代北斗系统，建成更加泛在、更加融合、更加智能的国家综合定位导航授时体系，为实现中国式现代化奠定更加坚实的时空设施基础。

探索浩瀚宇宙，是中华民族的千年梦想。从夜观“北斗”到建用“北斗”，从仰望星空到经纬时空，新时代的北斗将继续书写人类时空文明，为实现中华民族伟大复兴，为构建人类命运共同体、建设更加美好的世界做出新的更大贡献。

项目六　大比例尺地形图测绘

知识点 1　地形图基本知识

知识结构线划图

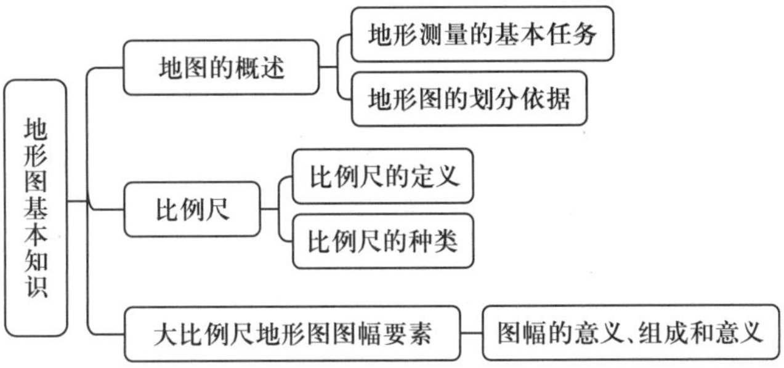

要点 1　地图的概述

测绘科学研究的对象主要是地球的形状、大小和地球表面上各种物体的几何形状及其空间位置，目的是为人们了解自然和改造自然服务。假如要研究的只是地球表面上一个小区域，由于地球半径很大，就可以把这块球面当作平面看待而不考虑地球曲率。研究这类小区域地表各类物体形状和大小的测绘科学是地形测量学的范畴。测绘地形图的程序是先建立测区控制网，然后可根据不同的方法在高级控制点间逐步地进行控制点的加密，直至满足测图工作要求为止。这种为测图而加密的控制点称为地形控制点(也称为图根点)。再以图根点为测站，测出其周围能代表各种地物、地貌特征点的点位及高程，这种测量就称为地形测量。

地形测量的主要任务就是测绘各种不同比例尺的地形图。地球表面十分复杂，但总的来说，大致可以分为地物和地貌两类。地物是指地表具有明显轮廓的固定性物体，包括各种自然物体和人工建(构)筑物，如房屋、道路、河流、湖泊、森林等；地貌是指地表高低起伏的形态，如高山、丘陵、平原、洼地等。地物和地貌合称为地形。地形图就是用特定的符号将地物、地貌沿铅垂线方向投影(正射投影)到水平面上，并按一定的比例缩绘，表示地物的平面与地貌的高低起伏情况的图。地形图上需要表示的是与地理要素相关的自然、社会经济要素，主要包括地物、道路、水系、地貌、土壤植被、地理名称等，这些地形要素在满足地形图要求的前提下，可适当进行综合取舍。

为了将地形测绘到图纸上，需要在地物和地貌的轮廓线上选择一些具有特征意义的点，这些点即为地形特征点。只要将这些点测绘到图纸上，就可以参照实地情况比较准确地将地物、地貌描绘出来而获得地形图。由此可见，测量工作的根本任务就是确定地面点的位置。

地形图按用途不同分为不同的比例尺，我国规定的基本比例尺为 1∶500、1∶1 000、1∶2 000、1∶5 000；1∶1 万、1∶2.5 万、1∶5 万、1∶10 万、1∶25 万、1∶50 万、1∶100 万。其中 1∶500～1∶5 000 比例尺的地形图称为大比例尺地形图；(1∶1 万)～(1∶10 万)比例尺的地形图称为中比例尺地形图；(1∶25 万)～(1∶100 万)比例尺的地形图称为小比例尺地形图。1～1 000 和 1～2 000 比例尺的地形图，主要供各种工程建设的技术设计、施工设计及工业企业的详细规划之用。一般情况下，根据工程项目的特点，对地形图的精度和内容要求不同而选择不同的比例尺。不同的设计阶段，也往往选择不同的比例尺。地形图测图的比例尺，根据工程建设的设计阶段、规模大小和运营管理的需要进行选择。

要点 2　比例尺

1. 比例尺的定义

地形图的比例尺就是指图上某一线段的长度 d 与实地对应线段的投影长度 D 之比。通常为了表示地形图的缩小倍数，又将比例尺的分子化为 1，分母用 M 来表示，通过比例尺可以将图上长度和实地水平距离进行换算。

$$\frac{d}{D}=\frac{1}{M} \tag{6-1-1}$$

2. 比例尺的种类

地形图的比例尺如果按照比值的大小划分可分为大比例尺、中比例尺、小比例尺三种。如果按表示的方式划分，又可分为数字比例尺、直线比例尺和复式比例尺三种。

(1) 数字比例尺

用数字形式表示的比例尺称为数字比例尺。如 1∶500、1∶1 000、1∶2 000 等。地形图下面一般都注有数字比例尺，因为数字比例尺直观、准确。但是要进行图上距离与实地距离换算，必须进行计算才可完成。

(2) 直线比例尺

用一定长度的线段表示图上长度，且按它所对应的实地长度进行注记，这种比例尺称为直线比例尺。如图 6-1-1 就是一种直线比例尺。

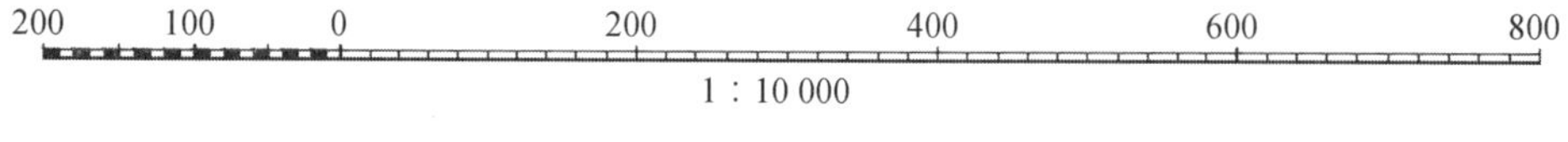

图 6-1-1　直线比例尺

(3) 复式比例尺

复式比例尺又称斜线比例尺，通常制作在受温度影响较小的金属板上。复式比例尺精度为最小格值的 1/10，可估读到最小格值的 1/100。上述复式比例尺称为标准百分复式比例尺。如图 6-1-2 中 pq 与 st 之间的距离分别为 488 m 和 336 m。

3. 比例尺的精度

正常情况下，人们用眼睛一般只能清楚地分辨出图上距离大于 0.1 mm 的两点，距离再小

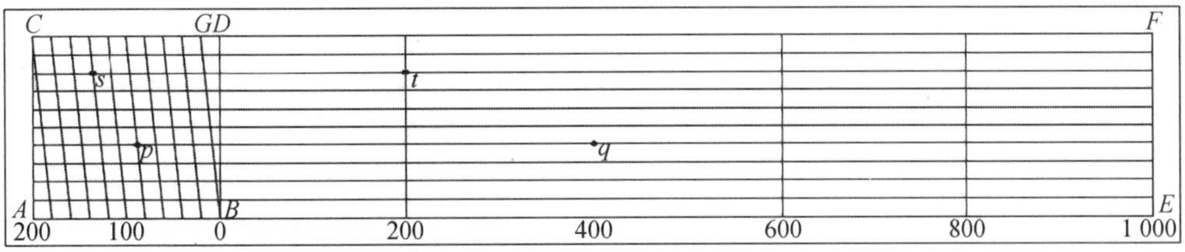

图 6-1-2　复式比例尺

就难以分辨了。因此实地平距按比例尺缩绘到图上时不宜小于 0.1 mm，在测量工作中把相当于图上 0.1 mm 的实地水平距离称为比例尺精度。比例尺精度的意义在于一方面可以根据比例尺精度确定测图比例尺的大小；另一方面可根据比例尺确定测绘地形图时应准确到什么程度。

要点 3　大比例尺地形图图幅要素

1. 图幅

指一幅地形图的幅面大小，即一幅图所测绘地貌、地物的范围。(1∶500)～(1∶5 000)大比例尺地形图采用按坐标格网划分的矩形分幅法，其图幅为正方形或矩形分幅，图幅大小分别有 50 cm×50 cm、40 cm×50 cm 等几种。如图 6-1-3 所示即为一幅 1∶1 000 地形图的图幅。包括图名、图号、接图表、比例尺、图廓和坐标格网、测绘日期、采用的平面和高程基准及图式等信息。

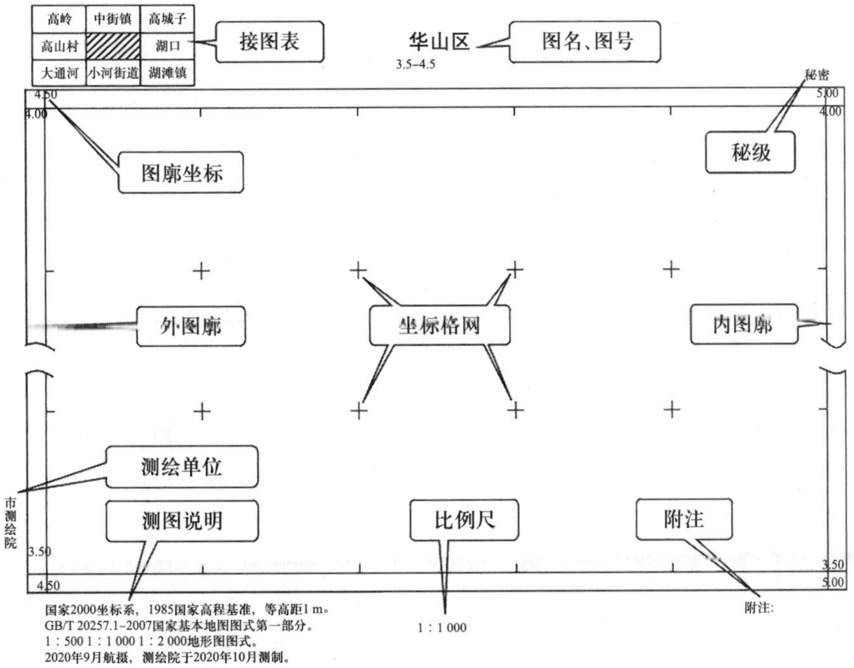

图 6-1-3　图幅

2. 图廓与坐标格网

图廓是图幅四周的边界线，有内、外图廓之分。内图廓线就是图幅内容的测量边界线。外图廓是一幅图最外边界，一般按一定距离平行于内图廓绘制的框线，以粗实线表示，仅起装饰作用。内图廓线上，坐标网线在图廓内侧绘制长 5 mm 的短线，内图廓之内展绘 10 cm 间隔互相垂直交叉的短线，称为坐标格网，坐标格网也可根据需要连通描绘。

3. 图名、图号

地形图图名一般用本幅图内最大的城镇、村庄、名胜、古迹或突出的地物、地貌的名称来表示，也可不注图名，仅注图号，图名写在图幅上方中央。在保管、使用地形图时，为使图纸有序地存放和便于检索，要将地形图进行编号。此编号称为地形图图号，一般注在图名下方。

4. 接图表与比例尺

为了便于查找相邻图幅，在图幅左上方绘制图幅接合表，标明本图幅周围 8 个图幅的图名（若没有，该图幅则为空）。图幅接合表可采用图名或图号任取一种注出。在每幅图的下方中央标注测图的数字比例尺，有的则在数字比例尺的下方绘出图式比例尺。

5. 测图说明

测图文字说明是了解图件来源及成图方法的重要的资料。文字说明通常布局于图廓外下方或左、右两侧，通常包括测绘单位，施测方法、成图方法与测绘日期，测量所用的坐标系、高程系，图式版本等。采用航测法成图时，测图说明加注航摄和调绘日期。

【测绘科普】

一张地图这样诞生①

地图作为国际三大通用语言之一，是人们认识世界、改造世界、从事社会活动的重要工具，是社会文化现象的一部分。可以说，人们日常的出行、工作、旅游、学习都离不开各式各样的地图产品。地图通过丰富的线条、颜色、符号和文字等信息，描绘出地表的整体风貌。可是你知道它是怎么制作的吗？

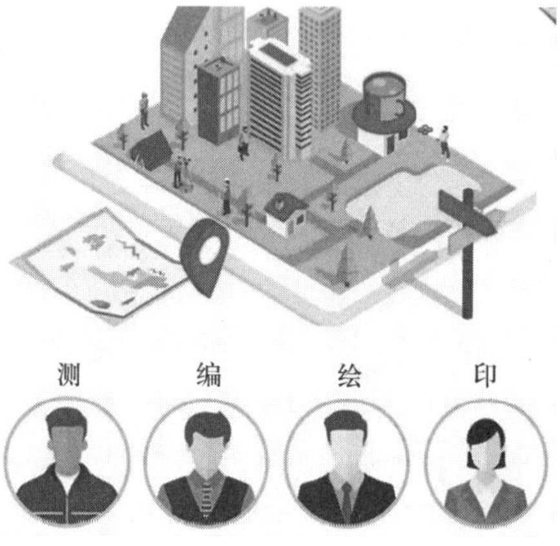

图 6-1-4　地图的制作步骤

早在 1 700 多年前，我国古代制图学家裴秀就提出了“制图六体”理论，通过分率（比例尺）、望准（方位）、道里（距离）、高下（地势起伏）、方邪（倾斜角度）和迂直（河流、道路的曲直）等理论总结了地图制作的经验和方法。裴秀的“制图六体”对后世制图的影响十分深远，直到明末西方的地图投影方法传入中国，中国的制图学才迎来再次革新。如今，一张纸质地图的制作需要通过测、编、绘、印四个步骤（图 6-1-4）。

第一步：测

地图制作的第一步是“测”，主要目的是获得地物的位置信息。由于地球并不是一个正圆体，其表面高低起伏变化大，确定地面点的位置，需要建立统一的坐标系，确定它的水平和高程的零点，也就是起算点（X、Y、Z）的（0、0、0）点。其

① 中国测绘学会官网

中，大地原点是经纬度的起算点和基准点，水准原点是高程的起算点和基准点。在我国地图测量的起算点中，大地原点在陕西省永乐镇，水准原点在青岛。

我国当前使用的最新国家大地坐标系是2 000国家大地坐标系，其原点为包括海洋和大气的整个地球的质量中心，是测制国家基本比例尺地图的基础。确定坐标系统之后，利用各种测量仪器、传感器以及集成系统，对自然地理要素或者地表人工设施的形状、大小、空间位置及其属性等进行测定、采集，并且通过关联各类型地物要素（如地貌、水系、植被和土壤等自然地理要素，居民地、道路网、通信设备、工农业设施、经济文化和行政标志等社会经济要素），形成基础地形图或基础地理信息数据库。目前获得地物空间地理信息的方式主要有外业测量、航空遥感测量、街景采集、无人机航拍、三维激光扫描等，由于获取信息的方式日趋多样便捷，所以数据的类型也更加丰富。

第二步：编

地图制作的第二步是"编"。通过测量获得各类数据和信息后，如何在此基础上制作成各类用途的地图呢？这就需要为地图的绘制设计规则，并且遵循相关地图编制行业规范。编制中，根据实际工作需要，首先要确定地图制图区域和尺寸大小。制图区域关系着地图内容的范围大小和制图核心，一般有全国、省、市域、县域和城区范围，有时还会因工作需要定制特定区域范围的地图。尺寸大小关系着地图的载体大小和应用场景，一般有全开、对开、4开、8开、16开等常规尺寸。景区旅游地图通常采用2开或4开的尺寸，这样更方便携带和手持查看，办公挂图或作战图则采用全开或更大尺寸，便于更全面详细地展示图中各类地理要素。

第三步：绘

地图制作的第三步是"绘"，就是依照设计好的规则利用数据成果绘制成地图。在传统制图时代，制图者使用专业绘图工具以手工绘制的方式制作地图，制作一张地图往往需要大半年时间。由于传统地图制作工艺复杂、耗时较长，所以每一幅地图都十分珍贵。在古代，通常能使用地图的都是帝王，甚至大部分官员都没有资格使用地图。

不过，到了数字化制图时代，依靠地理信息数据库进行数据提取、综合取舍、分层符号转化、图外整饰，可以更加便捷地实现地图数字化绘制。

第四步：印

地图制作的第四步是"印"。地图绘制好之后，在印刷出版前，需要按照相关法律法规通过自然资源部门的地图审核，审核通过的地图，就可进行制版印刷了。

通过以上四个步骤，最终我们才能看到一张精美的地图。所以，一张地图的诞生并不简单，它的背后凝聚着测绘专业人士的汗水和智慧。

随着科学技术的发展，地图的内容、形式、载体也在不断变化，除了传统纸质地图，目前还有电子地图、手机地图、互联网地图等各类地图产品，它们以各自独特的方式服务于城市建设和人民生活。

知识点 2　地形图的表示方法

知识结构线划图

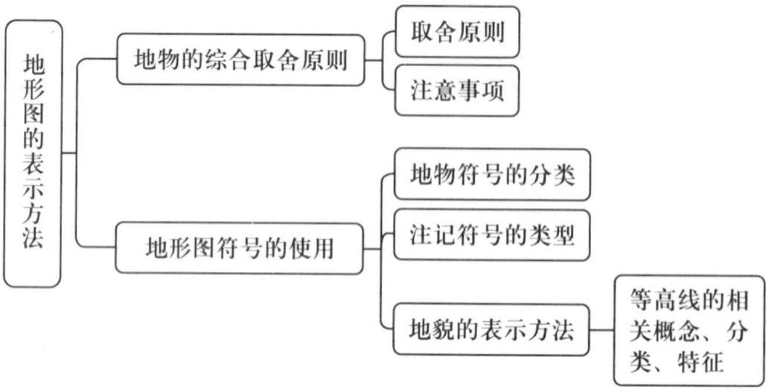

地形测量工作者的任务，就是把错综复杂的地形测量出来，并用最简单、明显的符号表示在图纸上，最后完成一张与实地相似的地形图，这种符号称为地形图符号，只要我们熟悉了这些符号，就可以看懂地形图。在测绘地物时，每一个测绘人员都应认真熟悉和执行作业中所采用的统一规范和图式，以使所测地图规范化。但同时由于地物的种类繁多，形状各异，千差万别，将如此之多的地物无一遗漏地测绘到地形图上，显然是不可能的。因此不论测绘何种比例尺的地形图，都要按一定的原则进行。

要点 1　地物的综合取舍原则

测绘地物时，既要注意显示和保持地物分布的特征，又要保证图面的清晰易读，故必须对待测的地物进行综合取舍。其基本原则是：

①要求地形图上地物位置准确，主次分明，符号运用得当，充分反映地物特征，图面清晰易读，便于使用。

②由于测图比例尺的限制，在一处不能同时清楚地描绘两个以上地物符号时，可将主要地物精确表示，次要地物适当移位、舍去或综合表示。移位时应保持其相关位置正确；综合取舍时要保持其总貌和轮廓特征，防止因综合取舍而影响地貌性质变化，如河流、沟渠、道路图上太密时，只能取舍，不能综合。

③对临时性、易变化的，以及对识图意义不大的地物，可以不表示。

总而言之，综合取舍问题实质上就是在保证地形图精度要求的前提下，按照需要和可能，正确与合理地处理地形图内容中的“繁与简”“主与次”的关系问题。当内容繁多，图上无法描绘或影响图纸清晰时，原则上舍掉一些次要内容和将某些内容予以综合表示。各种要素的主次之分是相对比较而言的，且随用图目的和测区情况不同而异。

要点 2　地形图符号的使用

国家基本比例尺地图图式（部分内容）

为了更好地满足各种用图的需要，要求所用的地物符号必须满足两个基本条件：第一，有准确的图上位置；第二，图上符号要清晰、美观、便于识别。要运用好图式符号，必须了解地形符号的性质。现将《国家基本比例尺地图图式第 1 部分：1∶500　1∶1 000　1∶2 000 地形图图式》(GB/T 20257.1—2017) 中部分地物符号、地貌符号和注记符号列于表 6-2-1 中以供参考（表中符号上所注尺寸，均以毫米为单位）。

表 6-2-1　地形图图式符号（部分）

编号	符号名称	1∶500　1∶1 000　1∶2 000	编号	符号名称	1∶500　1∶1 000　1∶2 000
1	三角点	凤凰山 394.186 3.0	11	盐井	3.5 1.5
2	不埋石的图根点	1.5 25/62.74 2.5	12	石油井、天然气井	2.5 油
3	水准点	2.0 Ⅱ京石5/32.804	13	窑	瓦 2.0 陶 2.0
4	普通房屋	1.5 2	14	一、开采的矿井 1. 竖井	4.0 3.5 风 3.0 铁
5	学校	3.0		2. 斜井	3.0 6.0 煤 1.5 4.5
6	庙宇	2.5 1.2		3. 平硐	4.0 3.0 铜 0.7
7	亭	3.0 3.0 1.5 1.5		4. 小矿井	2.0 2.0 煤
8	坟地	2.0 2.0		二、废弃的矿井 1. 竖井	
9	宝塔、经塔	3.5 1.0		2. 斜井	废
10	烟囱	3.5 1.0		3. 平硐	

续表 6-2-1

编号	符号名称	1∶500　1∶1 000　1∶2 000
14	4．小矿井	
15	钻孔	
16	浅探井	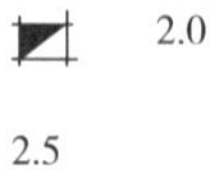
17	探槽	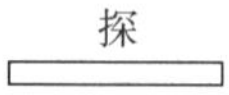
18	露天矿、采掘场	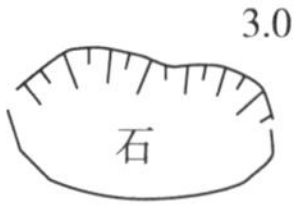
19	电力线 1．高压线	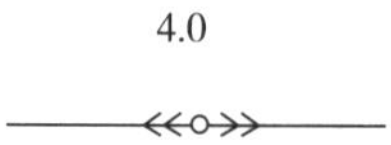
	2．低压线	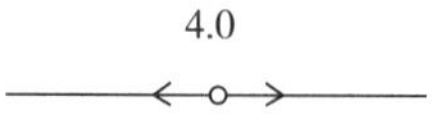
20	1．电杆	
	2．电线架	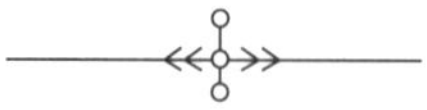
	3．铁塔	
21	通信线	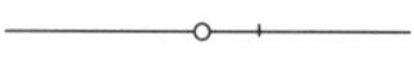
22	砖、石及混凝土墙	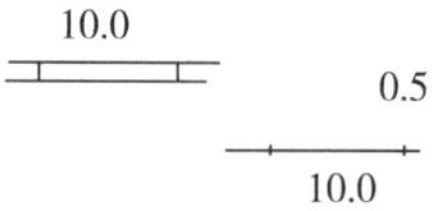
23	土墙	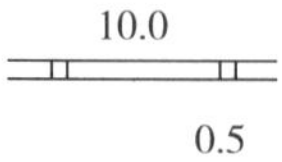
24	县、自治县、旗、市界	
25	铁路	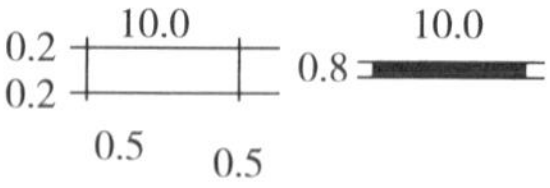
26	大车路	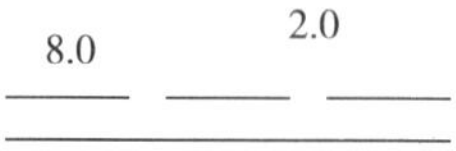
27	小路	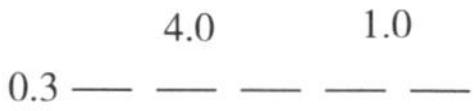
28	河流、池塘 1．水涯线 2．一般河流的流向 3．有潮汐河流的流向	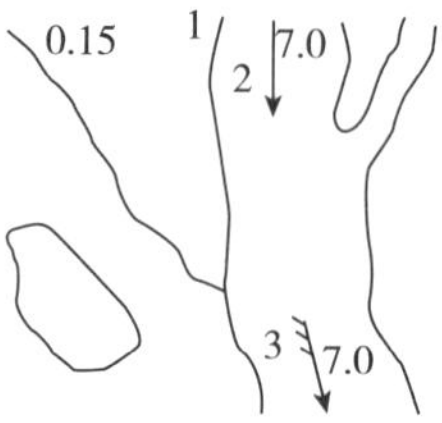
29	有沟堑的沟渠	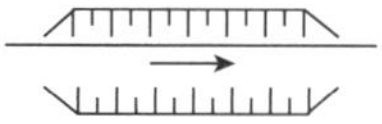
30	车行桥	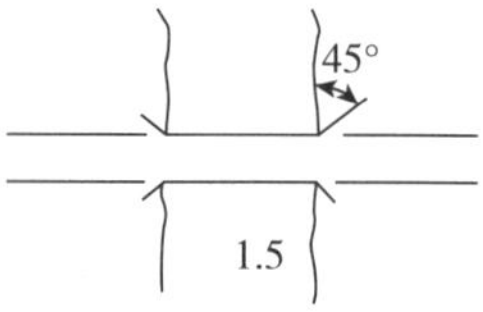
31	水井	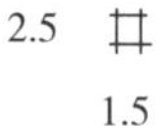
32	泉	

续表 6-2-1

编号	符号名称	1∶500 1∶1 000 1∶2 000	编号	符号名称	1∶500 1∶1 000 1∶2 000
33	能通行的沼泽	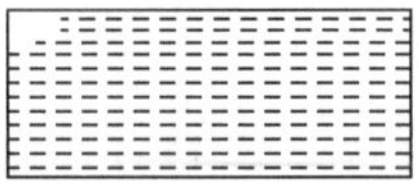 1.0	37	耕地 1. 水稻田	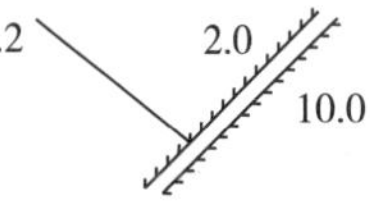 0.2 2.0 10.0
34	树林	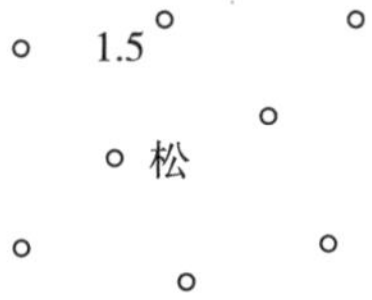 1.5 松		2. 旱地	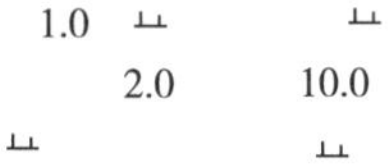 1.0 2.0 10.0
35	独立树 1. 阔叶 2. 针叶 3. 果树	 1.5 3.0 3.0 3.0 0.7 0.7 0.7	38	3. 菜地	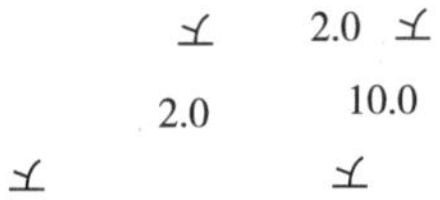 2.0 2.0 10.0
36	大面积的竹林	 2.0 3.0			

1. 根据地物的特征和大小，地物符号一般分为比例符号、非比例符号和半比例符号三种

(1)比例符号

把地物的轮廓，按测图比例尺缩绘于图上的相似图形，称为比例符号，比例符号正确地表示了地物的位置、形状和大小。如房屋、道路、江河、湖泊等。

(2)非比例符号

当地物的轮廓很小，若按比例尺无法表示出来，但这些地物又很重要，不能舍掉时，就必须采用统一规定的符号，将其表示在图上，这类符号称为非比例符号。非比例符号只能表示地物几何中心或其他定位中心的位置，它能表明地物的类别，但不能反映地物的大小。如测量控制点、电杆、矿井和烟囱等。

(3)半比例符号

凡是长度能依比例，而宽度却不能依比例缩绘的延伸性带状地物符号，被称为半比例符号。这类符号可以在图上量测地物的长度，但不能量测其宽度，如管道、电缆、围墙和垣栅等。

2. 注记符号的类型

地物在图上除用一定的符号表示外，为更好地说明地面情况，还应配合以文字、数字的注记说明。用以说明地物性质或名称等属性的符号称为注记符号。注记符号是地物符号和地貌符号的补充说明，可用文字、数字或线段表示。如用文字注明的有地名、河流、道路、植被等，用数字注明的有高程、比高、水位等。

3. 地貌的表示方法

地貌测绘和地物测绘是同时进行的，地貌测绘实际上就是测定足够数量的地貌特征点的平面位置和高程，然后描绘等高线以显示地面的起伏形态。地貌形态虽错综复杂，其基本形态可归纳为三类：平地、丘陵和山地。在大比例尺地形图中，通常用等高线来表示地貌。用等高

线表示地貌，不仅能表示出地面起伏形态，而且还能科学地表示出地面的坡度和地面点的高程。对于不便用等高线表示的特殊地貌，如峭壁、崩崖、陡坎、滑坡、冲沟、雨裂、沙地等，可用相应的地貌符号来表示。

(1)等高线定义

等高线就是地面上高程相等的各相邻点所连成的闭合曲线，也就是水平面与地面相交所形成的闭合曲线。例如日常看到的池塘水面与岸边的水涯线，就是一条等高线。如图 6-2-1 所示，设想有一座高出水面的小山，与某一静止的水面相交形成的水涯线为一闭合曲线，曲线的形状随小山与水面相交的位置而定，曲线上各点的高程相等。当水面高程为 80 m 时，水面和小山相交所形成的闭合水涯线，就是一条高程为 80 m 的等高线，即在这条水涯线上的各点高程都是 80 m，如水位上涨了 10 m，则该水面的高程为 90 m，这时水面又和小山相交形成了一条高程为 90 m 的等高线。以此类推，可以得出一系列不同高程的等高线，这些等高线的形状，代表了小山各部位的形状。把这些等高线都垂直投影在同一个水平面上，并按测图比例尺缩绘在图纸上，就得到用等高线表示的该小山地貌形态的等高线图。

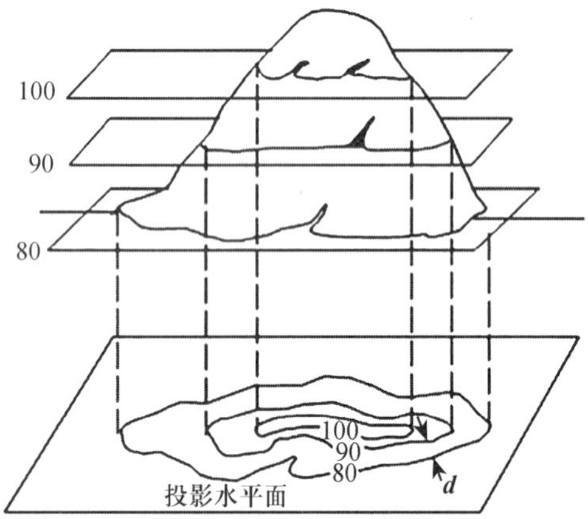

图 6-2-1　山头的等高线

(2)等高距

等高距与等高线平距：相邻等高线之间的高差称为等高距。在同一幅地形图上，等高距是相同的。相邻等高线之间的水平距离称为等高线平距，如图 6-2-1 中的 d 。

(3)示坡线

如图 6-2-2 所示，用等高线表示地形图时，有时山头和洼地（盆地）的等高线在外形上十分相似。为了区别这两种地形，就在其等高线上绘一垂直于等高线的短线来表示坡度下降的方向，这一短线我们称之为示坡线。示坡线一般仅选在最高、最低两条等高线上表示，能明显地表示出坡度方向即可。

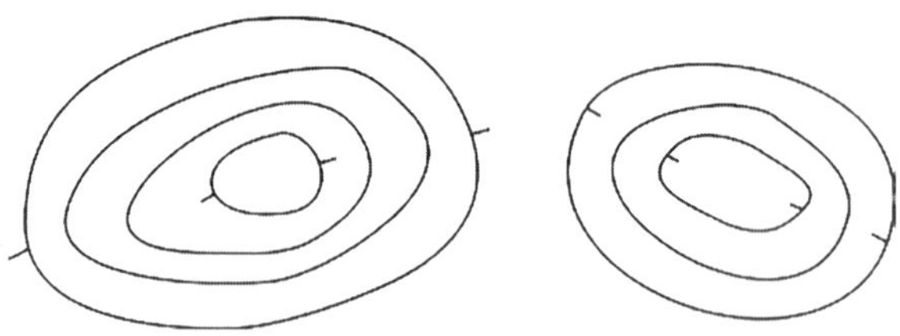
(a) 山丘的示坡线　　(b) 洼地的示坡线

图 6-2-2　示坡线

(4)等高线的分类

为了更详实地表示地貌特征，便于识图用图，地形图上主要采用下列四种等高线。如图 6-2-3 所示即为各类等高线。

首曲线：首曲线也称基本等高线，是指从高程基准面起算，按规定的基本等高距描绘的等

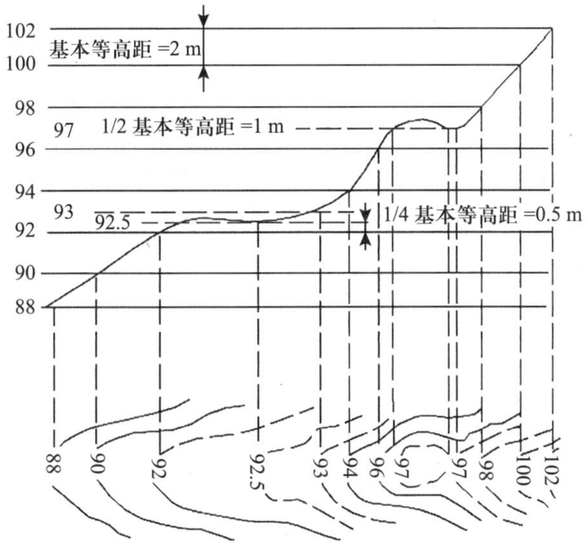

图 6-2-3　等高线分类

高线，故首曲线的高程必须是基本等高距的整数倍。

计曲线：为了读图方便，从高程基准面起算，规定每逢 5 倍等高距的等高线应加粗描绘，并在该等高线上适当部位注记高程，该等高线称为计曲线，也叫加粗等高线。

间曲线和助曲线：当基本等高线不足以显示局部地貌特征时，则需在首曲线间加绘等高线，其等高距为基本等高距的 1/2，称为间曲线，又称半距等高线，一般用长虚线表示。如采用了间曲线仍不能表示较小的地貌特征时，则应当在首曲线和间曲线间按 1/4 基本等高距加绘等高线，该等高线称为助曲线，一般用短虚线表示。间曲线和助曲线都是辅助性曲线，在图幅何处加绘没有强制规定，在图幅中也可不需要自行闭合。

(5)等高线的特征

通过研究等高线表示地貌的规律性，可以归纳出等高线的特征，它对于地貌的测绘和等高线的勾画，以及正确使用地形图都有很大帮助。

①同一条等高线上各点的高程相等。但高程相等的地面点不一定在同一条等高线上。

②等高线是闭合曲线，如果不在本图幅内闭合，则必定延伸或迂回到其他图幅内闭合。

③不同高程的等高线，不能相交或者合并成一条；一条等高线不能分叉为两条；在悬崖处的等高线虽然相交，但必须有两个交点，只有在绝壁处才会重合；陡壁、悬崖、陡坎等地貌一般不绘制等高线，而是用规定的地貌符号表示，等高线在符号两边断开。

④等高线通过山脊线时，与山脊线成正交，并凸向低处；等高线通过山谷线时，则应与山谷线成正交，并凸向高处。

⑤在同一幅地形图上，等高线平距的大小与地面坡度成反比。

⑥经过河流（沟）的等高线不能直接跨越而过，应该在接近河岸时，渐渐折向上游，直到与河底等高处才能越过河流，然后再折向下游渐渐离开河岸。

【测绘科技】

"高分"家族添"七娃",能画误差 1 m 以内地形地貌立体图

2019 年 11 月 3 日,中国航天科技集团有限公司所属空间技术研究院总体部研制的高分七号卫星,在太原卫星发射中心成功发射。我国"高分"家族再添一员。

对于"高分"家族这位"七娃",早在它闭关修炼时,江湖上就有许多传说。有人说它有洞察秋毫的千里眼;有人说它是丹青圣手,最擅长绘制壮丽山河的图景;还有人说它是航天界的"詹姆斯·卡梅隆",拍出来的 3D 大片足以媲美《阿凡达》。

如今,"七娃"横空出世,它到底有多传奇,一起来了解下。

一、身怀绝技

作为我国首颗亚米级高分辨率光学传输型立体测绘卫星,"七娃"拥有不少特殊功能。

比如与一般光学遥感卫星只能拍摄平面图像相比,"七娃"可以绘制立体图像。在它眼中,建筑物不再只是地图上的方格,而是一个个立体"模型"。

同时,"七娃"的分辨率不仅能够达到亚米级,而且拥有目前国内最高的定位精度。如果说我国首颗民用高分立体测绘卫星资源三号能绘制 1∶50 000 比例尺地形图,解决了我国立体测绘从无到有的问题,"七娃"则能获得 1∶10 000 比例尺地形图。在资源三号的立体地图上,我们可以准确定位高速公路,而有了"七娃",即使一条乡间小路的位置也能明察秋毫。

能在技术上迈一个大台阶,得益于"七娃"配备了两台高精度相机,同时还拥有一台激光测高仪。这个"独门武器"让它如虎添翼,测高精度进一步提高。

此外,"七娃"还有许多高强本领。例如其采用可变编码调制技术,可以自适应提高数据传输速率;借助自主任务功能,它拥有极强的高智能处理能力,操作简便,便于用户使用。设计师还赋予"七娃"自主健康管理功能,使它精通医术。如果它在执行任务时突然有点小病小灾,就算得不到地面帮助,也可以自己发现病情、自己诊断,然后对症下药。

二、胸怀天下

"七娃"师出名门、家学渊源。高分辨对地观测系统重大专项于 2006 年被列入《国家中长期科学与技术发展规划纲要(2006—2020 年)》,是当年我国部署的 16 个重大专项之一。这是个庞大的项目,包括 7 颗民用卫星和多种观测平台。7 颗卫星各有所长,只有"七娃"能够拍摄 3D 立体大片。

作为家族里的重要成员,"七娃"肩负着重要使命。它开展工作后,将为我国乃至全球画出一幅误差在 1 m 以内的地形地貌立体图,为规划、环保、税务、国土、农业等部门提供宝贵信息,届时将使我国具备世界一流的立体测绘技术。

五院高分七号卫星总指挥王祥介绍,"七娃"发射入轨后,可与两颗已在轨运行的资源三号卫星组建首个光学立体测绘卫星星座,"三星"组网运行可有效提高国土立体覆盖能力,更快更好地完成国土测绘和全球测图,打破地理信息产业上游高分辨率立体遥感影像市场大量依赖国外卫星的现状,开启我国自主大比例尺航天测绘新时代。

"七娃"的问世为我国民用高分系列卫星研制任务画上了圆满句号,填补了我国民用高分卫星 1 m 精度高程信息获取能力的空白。五院高分七号卫星总设计师曹海翊介绍,"七娃"将

与高分系列其他卫星一起，构成能够覆盖从全色、多光谱到高光谱，从光学到雷达，从太阳同步轨道到地球同步轨道，具有高空间分辨率、高时间分辨率和高光谱分辨率能力的对地观测系统。

同时，“七娃”还将通过数据共享促进国际高科技产业合作，为国家“一带一路”倡议提供有力支撑。

知识点 3　地形图的野外数据采集

知识结构线划图

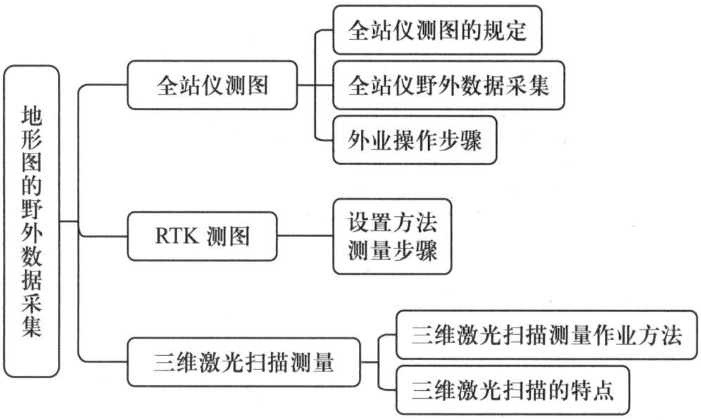

地形大比例尺数字化测图野外数据采集按测量仪器的不同，分为全站仪测量法和 RTK 测量法。按采用的成图方式不同，可分为草图法（测记法）、编码法和电子平板法。编码法是利用测图软件约定的编码表示碎部点的地理属性和测点的连接关系，野外测量时，将对应的编码输入仪器或便携机的存储器，经测图软件自动识别生成地形图；草图法是利用全站仪或 GNSS 采集碎部点数据并绘制工作草图，利用仪器内存自动记录数据，再传输到测图软件中，经处理编辑成地形图；电子平板法是利用全站仪或 GPS 与便携机或 PDA 组合，现场测点，实时展绘所测点位，作业员根据实地情况，现场直接连线、编辑且加以注记生成地形图。

数字化测图，可按图幅施测，也可分区施测。为了便于多个作业组作业，在野外采集数据之前，通常要对测区进行划分。一般以沟渠、道路等明显线状地物将测区划分为若干个作业区。数字化测图时应测出图幅或分区界线外图上 5 mm。

要点 1　全站仪测图

视频 35　全站仪测图视频

全站仪能根据外业观测数据（角度、距离），实时计算并显示出所需要的测量成果，即点与点之间的方位角、平距、高差和点的三维坐标等。通过输入、输出设备，可以与计算机交互通信，使测量数据直接传输到计算机，进行计算、编辑和绘图。测量作业所需要的已知数据也可以从计算机传输到全站仪，实现了测图的数字化。这样，不仅使测量的外业工作高效化，而且可以实现整个测量作业的高度自动化。全站仪测图可采用编码法、测记法或电子平板法等。全站仪或 GNSS

测量时，可直接测定出点位的高程。但要注意个别点位举高或降低镜杆高测定的值应加上或减去立镜点高度变动值。

1. 全站仪测图的规定

①测绘地形图使用的全站仪不宜低于 6″级，其测距标称精度，固定误差不应大于10 mm，比例误差不应大于 5 ppm。数据传输后，能将测量数据转换为常用数据格式。

②当布设的图根点不能满足测图需要时，可采用极坐标法增设少量测站点。

③全站仪测图的仪器安置及测站检核，应符合下列要求：

a. 仪器的对中偏差不应大于 5 mm，仪器高和棱镜高的量取应精确至 1 mm。

b. 应选择较远的图根点作为测站定向点，并施测另一图根点的坐标和高程，作为测站检核。作业过程中和作业结束前，应对定向方位进行检查。

④当采用手工记录时，观测的水平角和垂直角读记至秒，距离读记至厘米，坐标和高程的读记（或计算）精确至 1 cm。

⑤全站仪测图的测距长度，不应超过表 6-3-1 中的要求。

表 6-3-1　全站仪测图的最大测距长度

比例尺	最大测距长度/m		比例尺	最大测距长度/m	
	地物点	地形点		地物点	地形点
1∶500	160	300	1∶2 000	450	700
1∶1 000	300	500	1∶5 000	700	1 000

2. 全站仪野外数据采集

(1)准备工作

测图前必须做好准备工作。主要包括仪器、器材和成果资料的准备，工作底图及测绘软件的测试，测区的划分，作业组组织等。主要仪器工具应经过检校，各项指标符合规范的要求方可用于测绘工作。成果、资料准备主要包括已有控制测量成果和技术资料。成图软件符合测绘地形图的要求，软件的测试主要是便携机与全站仪保证通信正常。

(2)野外数据采集

全站仪野外数据采集可采用极坐标法、一步测量法和电子平板法。极坐标法就是在某一通视良好的控制点上，一次测定所有可见碎部点，直接测出坐标。一步测量法就是将图根导线与碎部测量同时作业，即在一个测站上，先测图根导线的数据，接着就测碎部点，这是一种少安置一轮仪器、少跑一轮路，大大提高外业工作效率的测量方法。电子平板法一般配置为全站仪＋便携机(安装了测图软件的笔记本电脑或 PDA)，在测量碎部点的同时，在便携机屏幕上同步展绘所测点位置，绘图员依据点位的信息现场直接编辑成图，这是一种真正的内外业一体化测图方式，也是数字化测图发展的方向。

3. 外业操作步骤

全站仪碎部测量外业操作步骤如下：

(1)测站设置与检核

测站设置即安置仪器，即在已知测量控制点上架设仪器。包括对中、整平、定向、输入测站点的坐标、高程、仪器高和各项改正参数等。为确保设站正确，必须要选择其他已知点做检核，不通过检核不能进行测量。

(2)碎部测量

作业员进入测区后，根据事先的分工，各司其职。绘图人员首先要熟悉测站周围的地形、地物分布情况，便于开始观测并及时在图上标明所测碎部点的位置及点号。地面数字测图最常用的方法是极坐标法，分别观测碎部点的方向值、垂直角、斜距、输入棱镜高(野外测量中棱镜高一般设置为一个固定高度)。对全站仪来讲，可直接计算并显示出碎部点的坐标，此时观测员输入点号和编码后，数据可直接存储在全站仪的内存中或便携机等记录器中。

(3)草图绘制

若测量中需要绘草图，则必须把所测点的属性在草图上显示出来，以供数据处理、图形编辑时用。草图的绘制要遵循清晰、易读、相对位置准确和比例一致的原则，在野外采集时，能测到的点要尽量测，测不到的点可利用钢尺量距，利用全站仪或便携机软件的间接量算功能，生成这些直接测不到的点的坐标。在一个测站上所有的碎部点测完后，还要找一个已知点重测，以检查施测过程中是否存在因误操作、仪器碰动或出故障等原因造成的错误。检查确定无误后，关机、搬站。到下一测站，重新按上述采集方法、步骤进行施测。

要点 2 RTK 测图

用 RTK 实时动态测量系统，这种数据采集方法完全类似全站仪数字测图，只是利用 RTK 系统代替全站仪。RTK 野外数据采集过程如下：

1. 设置基准站

基准站点位的选择、基准站和流动站作业参数设置和对中、整平的要求与 RTK 图根控制测量相同。RTK 测图基准站的作业半径宜≤10 km。

2. RTK 转换参数设置与检核

RTK 作业前，应对转换参数的精度和可靠性进行分析和实测检查。RTK 碎部测量平面转换残差应≤图上±0.1 mm，高程转换残差应≤1/10 等高距。转换参数可用已有的高等级点的两套成果进行，也可在测区现场通过点校正的方法获取，参与校正的点数应不少于 3 个。当测区面积较大，采用分区求解转换参数时，相邻分区应不少于 2 个重合点。实测检查点应分布在测区的中部和边缘。应检测 2 个以上不低于图根精度的已知点，检测结果与已知成果的平面较差应≤图上±0.20 mm，高程较差不应大于基本等高距的 1/5。超限时，应分析原因并重新建立转换关系。

3. RTK 数据采集

根据以上所述基准站和流动站设置的检核，用户可携带流动站在测区往来行走，将流动站依次安置于地形点上采集数据。每次观测历元数应大于 5 个。连续采集一组地形碎部点数据超过 50 点，应重新进行初始化，并检核一个重合点，当检核点位较差≤图上±0.3 mm 时，可继续测量。由于 RTK 流动站可即时计算点位坐标，用户对系统的工作状态可实时查看，做到心中有数。RTK 作业中，如出现卫星信号失锁，应重新初始化，并经重合点测量检查合格后，方能继续作业。结束前，应进行已知点检查。不同参考站作业时，流动站应检测一定数量的地物重合点。点位较差不应>图上±0.6 mm，高程较差不应大于基本等高距的 1/3。

要点 3　三维激光扫描测量①

地面三维激光扫描系统主要指固定式的三维激光扫描仪，其原理类似全站仪，可通过仪器发射激光经过物体返回得到大量的三维坐标。其具体作业流程包括数据采集（拍照、扫描），数据处理（拼接、去噪、抽稀、建模），获取地形数据。

1. 三维激光扫描测量作业方法

（1）测区踏勘

首先要对测区进行实地踏勘，了解整个测区的概况，初步划分扫描作业区域，同时收集测区内已有的地形图、控制点等成果资料，另外，在测区内寻找可利用的外接电源，以便为扫描仪提供外接电源。

（2）控制点布设

要在测区的有效观测范围内布设足够数量的控制点，各控制点间要保证至少与一个点通视，各点间的距离大致相等，以间距 150～200 m 为宜，控制点应选择在利于安置仪器且不易受外界环境影响的地方。将 GPS 定位和三维激光扫描仪测量结合起来，可将三维激光扫描成果转换到局部坐标系中。布设控制点的目的就是利用其实现从点云数据的扫描坐标系到绝对坐标的转换。控制点布设方法有 GNSSRTK 法及全站仪导线法，控制点的精度决定了点云数据转换到绝对坐标系的精度。

（3）点云采集

在控制点附近选择适当位置设站采集点云数据。扫描站点必须选择在平坦、稳定的地方，严禁在路上的非固定石板、石块、杂草丛生或者土质松软处安置仪器，在保证精度的情况下，每个扫描站点应能最大限度地扫描目标场景，并且尽量保证每个扫描站点上无被遮挡区域，受周围人员、车辆等影响较小。根据测量要求和实际情况，在测区内布设标靶。标靶应布设在不同扫描区域内的重叠区内，至少要布设 3 个以上的标靶，各个标靶不能布设在一条直线上，标靶的高度尽量与设站高度相当。设站点与目标点距离不宜大于 150 m，为了满足各站点云数据拼接的需要，相邻两站之间至少要保证 4 个同名点，为了使标靶在点云上判读起来更清晰，要控制在距离设站点 30 m 以内。在扫描站点上安置好仪器并设置好扫描分辨率等参数开始扫描，当使用标靶进行点云配准时，应对标靶进行高分辨率扫描，以确保靶心坐标的提取精度。扫描过程中应尽可能避免人员走动，以减少仪器震动引起的扫描异常。每站扫描结束后，应现场检查数据，判断是否有遗漏和重复扫描区域，检查标靶的空间采样率是否符合要求等。在控制点上架设全站仪实测标靶坐标。标靶定位的准确性会直接影响到点云配准的精度及后续的数据处理精度。

（4）点云处理

点云处理是三维激光扫描作业的重点，虽然地面三维激光扫描作业获取数据速度非常快，但因其数据量巨大，数据处理需要花费大量时间，一般每种扫描仪都配备专用点云数据处理软件。点云处理主要分为点云降噪、点云拼接、坐标转换、点云化简及三维建模等工作。原始点云数据中包含大量的噪声，噪声来源多种多样，如非被测目标物点、周围震动引进的扫描异常点等，可通过人工选择删除及软件自动去除两种方式消除噪声。由于每一站所获得的点云数

① 引自《基层建设》杂志 2019 年第 9 期。作者：李文鹏．杨益军．李天兰

据坐标均处于以当前扫描站为基准的扫描坐标系下，为了得到整个区域的完整点云数据，必须将每站的点云数据转换到同一坐标系下，可通过标靶定位来实现点云拼接及坐标转换。

2. 三维激光扫描的特点

①与传统逐个获取数据的手段相比，三维激光扫描仪可以短时间获取海量数据，不但能够获取更精细的地形数据，而且大大节省了数据采集的时间。

②三维激光扫描仪采用非接触式智能扫描系统，可以实现自动化扫描，并且无需反射棱镜，对于一些较为危险、测量人员难以到达的地区尤为适用。

③与 RTK 相比，不受卫星信号及基站信号的影响。与传统测量相比，在平面精度上都能达到毫米级，但在高程精度上略低。另外在树木较多的地区，由于遮盖严重，数据处理较为麻烦，且不能保证精度。

【测绘之光】

国测精神

国家测绘局第一大地测量队简称国测一大队，于 1954 年在西安建队，这是一支被国务院授予“英雄测绘大队”称号的英雄测绘队伍。

这是一支以知识分子为主体的队伍，全队 90％以上的队员都是技术人员，每个技术人员一年中有大半年的时间都在野外度过。最高的地方海拔高于 7 000 m，最低的低于海平面 154 米；在寒冷的南极，在酷热的赤道；他们到过最冷的地方，低温达到－40 ℃；到过最热的测区，温度高达 70 ℃；到过蚊子最多的新疆阿尔金山；到过最费鞋的青海盐碱滩上。第一代测绘人中有 46 人长眠在了沙漠、沼泽、雪山和戈壁滩上。第二代、第三代测绘队员顺利接过了“艰苦奋斗，无私奉献”的传家宝。三代人向着同一个目标；三代测绘人，传承的是同一种精神；三代知识分子，执着与传承取得了辉煌的成绩。

1975 年开始，经过 3 年的野外选点、建设，肩负国家重任的国测一大队终于建立起了我们自己的大地原点。有了这个原点，在不到两年的时间内，我国自己的坐标系也迅速确立。

他们七闯“生命禁区”。1975 年，第一次准确测定珠穆朗玛峰海拔高度为 8 848.13 m；2005 年，第一次精确测定珠峰的岩石面海拔高程为 8 844.43 m。2020 年 5 月国测一大队第 7 次测量珠峰高度 8 848.86 m。这是最新测定的珠穆朗玛峰高程，向世界展示了我国测绘科技的巨大成就。

60 多年来国测一大队 2 次下南极、7 次测珠峰、39 次进驻内蒙古荒原、52 次深入高原无人区、52 次踏入沙漠腹地、60 多年来他们用双脚丈量祖国大地，用血汗乃至生命绘出祖国的壮美蓝图。

经济发展测绘先行，从早期上海市的城市沉降测绘，西安大雁塔倾斜监测，到 30 km 长误差只有 1 mm 的磁悬浮列车轨道定位，从南水北调、西气东输的选线，到四川地震的重建规划，从国界勘定到神舟飞船的精确定轨等等，国测一大队承担了一个个国家重任。他们踏遍祖国的千山万水，累计完成国家各等级三角测量 1 万余点，建造测量觇标 10 万多座，提供各种测量

数据5 000多万组，得出近半个中国的大地测量控制成果，出色完成了2 000国家重力基本网、国家高精度GPS A、B级网、中国地壳运动观测网络等国家重大测绘工程项目；在抗灾重建、城市规划、国土资源、水利、电力、交通、国防等领域，到处可见他们奔波忙碌的身影，时时都有他们做出的贡献。中蒙、中巴、中尼边界勘测等重大测绘工程，用血汗乃至生命绘出祖国的壮美蓝图。

2006年走出国门，仅用了三个多月时间就完成了阿尔及利亚东西高速公路的测绘任务，比同时参加测绘的日本队快了一半时间。

量天测地60余载，这支浑身流淌着军人血液的大队为祖国的测绘事业做出了贡献，争得了荣誉：大队先后26次受到国家、省、部级表彰，有25人获得国家、省和市级各种荣誉称号；2005年珠峰复测有4人荣立一等功，12人荣立二等功，9人荣立三等功。

1991年国务院通令嘉奖，授予大队"功绩卓著，无私奉献的英雄测绘大队"荣誉称号。

六十多年了，吃苦一直是传家宝，奉献还是家常饭。人们都在向着幸福奔跑，国测人偏向艰苦挑战，为国家苦行、为科学先行。穿山跨海、经天纬地。他们的身影是插在大地上的猎风旗。

知识点4　内业数据处理

知识结构线划图

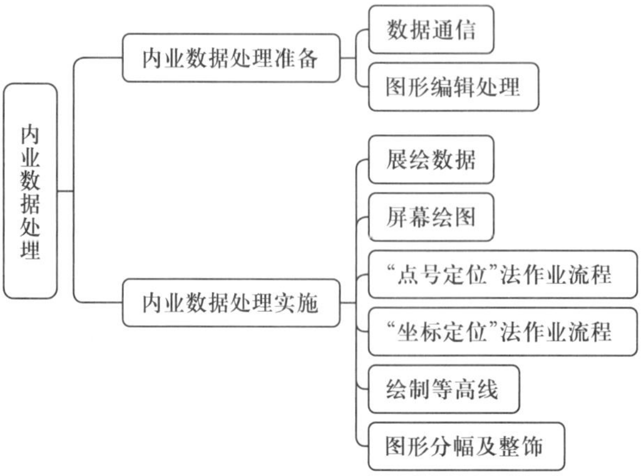

CASS 地形地籍成图软件是基于 AutoCAD 平台技术的数据处理系统。作为一个综合性数字化测图软件，CASS 提供了从数据采集、图形编辑到数据无缝进入 GIS 系统的功能，广泛应用于地形成图、地籍成图、工程测量应用、空间数据建库等领域。CASS 系统提供了“纸质地图数字化成图”“全野外数字化测图”等多种成图作业模式和 GIS 无缝接口等先进技术，使之成为目前应用较为广泛的一种内、外业一体化成图软件。下面就其主要内容加以介绍。

要点 1 内业数据处理准备

1. 数据通信

野外采集的数据，需要传输到计算机中进行相应的检查、展绘与编辑处理，就需要进行数据通信。CASS 软件支持多种仪器、设备的数据通信，与电子手簿、带内存全站仪、GPS 等测量仪器进行双向通信，自动识别多种仪器设备的数据格式，方便上传、下载，并能够将它们转换为 CASS 软件的格式。

2. 图形编辑处理

根据作业方式的不同，外业采集的数据采用不同的图形编辑成图作业，一般情况下，都需要展绘数据文件、连绘地物、生成等高线、图形整饰、图形接边、分幅等工作。如图 6-4-1 所示，即为从绘图处理中的展绘碎部点，定显示区，选择比例尺到展绘点号和高程；然后在屏幕菜单中选择绘制地物的类型，直至具体地物的选择，依命令行提示进行绘图的功能菜单。

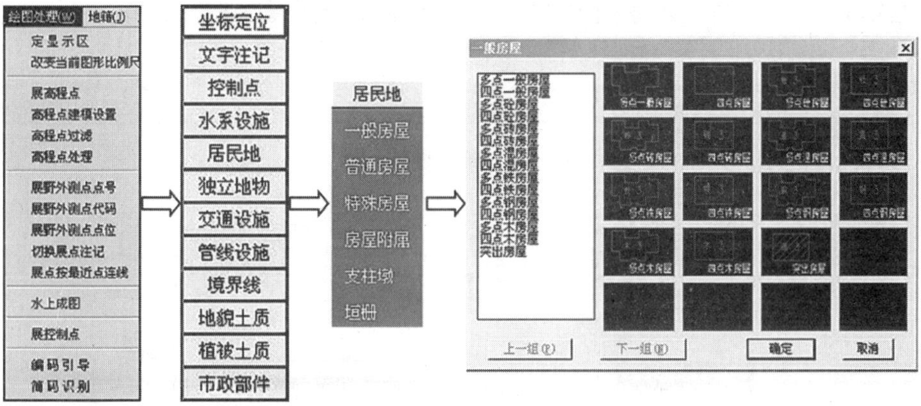

图 6-4-1 CASS 展点、屏幕菜单和地物绘制菜单

要点 2 内业数据处理实施

1. 展绘数据

采集得到的测量数据，需要展绘到计算机屏幕上进行编辑处理。在 CASS 软件菜单中选择“绘图处理”功能，可方便地进行数据展绘与交互编辑。为了保证数据文件中所有点可见，首先要进行“定显示区”，定显示区的作用是根据坐标数据的最小值和最大值，定义屏幕显示区域的大小。因测图比例尺不同，图式中符号也不同，所以先要选择成图的比例尺，系统默认为 1∶500。再展绘坐标数据文件，CASS 会自动按测区的坐标文件展绘到屏幕上，以供绘图编辑。

视频 36 展绘操作

2. 屏幕绘图

屏幕绘图就是将展绘点依据各点的空间关系，将其连绘编辑成地形图的过程。CASS 屏幕的右侧设置了“屏幕菜单”，这是一个测绘专用交互绘图菜单。屏幕菜单中定点方式包括“坐标定位”“测点点号”定位、“电子平板”等方式。在屏幕菜单选择相应的地形图图式符号，然后在屏幕中将所有的地物绘制出来。

“草图法”工作方式要求外业工作时，除了测量员和跑尺员外，还要安排一名绘草图的人员，在跑尺员跑尺时，绘图员要标注出所测的是什么地物(属性信息)及记下所测点的点号(位置信息)，在测量过程中要和测量员及时联系，使草图上标注的某点点号要和全站仪里记录的点号一致，而在测量每一个碎部点时不用在电子手簿或全站仪里输入地物编码，故又称为“无码方式”。

“草图法”在内业工作时，根据作业方式的不同，分为“点号定位”“坐标定位”“编码引导”几种方法。

视频 37　点号定位视频

3. “点号定位”法作业流程

①定显示区。定显示区的作用是根据输入坐标数据文件的数据大小定义屏幕显示区域的大小，以保证所有点可见。首先移动鼠标至“绘图处理”项，按左键，即出现如图 6-4-2 所示下拉菜单。

然后选择“定显示区”项，按左键，即出现一个对话窗如图 6-4-3 所示。

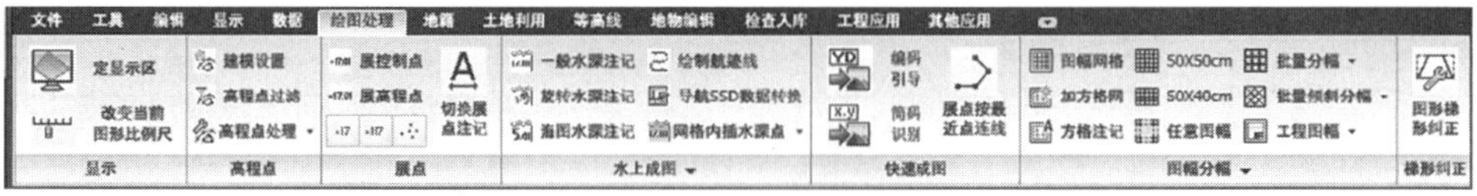

图 6-4-2　绘图处理菜单

图 6-4-3　坐标数据文件名对话窗

这时，需输入碎部点坐标数据文件名。可直接通过键盘输入，如在“文件(N)：”(即光标闪烁处)输入 C:\CASS10.1\DEMO\YMSJ.DAT 后再移动鼠标至“打开(O)”处，按左键。也可参考 WINDOWS 选择打开文件的操作方法操作。这时，命令区显示：

最小坐标(m)$X=87.315, Y=97.020$

最大坐标(m)$X=221.270, Y=200.00$

②选择测点点号定位成图法。移动鼠标至屏幕右侧菜单区之“坐标定位/点号定位”项，按左键，即出现图 6-4-4 所示的对话框。

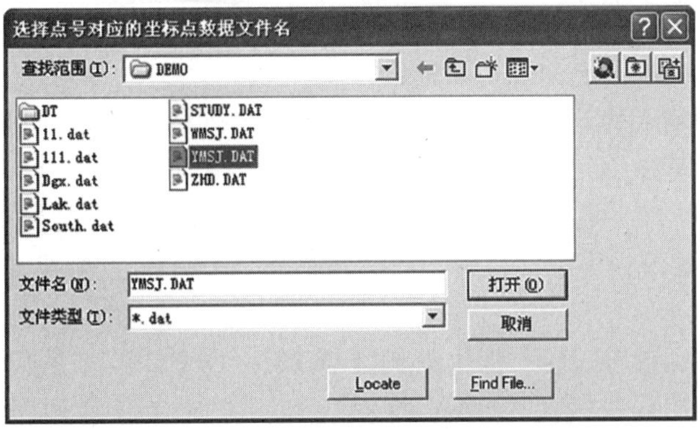

图 6-4-4　选择坐标点数据文件名对话框

输入点号坐标点数据文件名 C:\CASS10.1\DEMO\YMSJ.DAT 后，命令区提示：读点完成！共读入 60 点。

③绘平面图。根据野外作业时绘制的草图，移动鼠标至屏幕右侧菜单区选择相应的地形图图式符号，然后在屏幕中将所有的地物绘制出来。系统中所有地形图图式符号都是按照图层来划分的，例如所有表示测量控制点的符号都放在“控制点”这一层，所有表示独立地物的符号都放在“独立地物”这一层，所有表示植被的符号都放在“植被土质”这一层。

为了更加直观地在图形编辑区内看到各测点之间的关系，可以先将野外测点点号在屏幕中展出来。其操作方法是：先移动鼠标至屏幕的顶部菜单“绘图处理”项按左键，这时系统弹出一个下拉菜单。再移动鼠标选择“展野外测点点号”项按左键，便出现对话框。输入对应的坐标数据文件名 C:\CASS10.1\DEMO\YMSJ.DAT 后，便可在屏幕展出野外测点的点号。

④根据外业作业草图，选择相应的地图图式符号，在屏幕上将平面图绘出来。

如草图 6-4-5 所示，由 33、34、35 号点连成一间普通房屋。

移动鼠标至右侧菜单“居民地/一般房屋”处按左键，系统便弹出对话框。再移动鼠标到“四点一般房屋”的图标处按左键，这时命令区提示：

绘图比例尺 1：输入 1 000，回车。

1 已知三点/2 已知两点及宽度/3 已知四点<1>：输入 1，回车(或直接回车默认选 1)。

说明：已知三点是指测矩形房子时测了三个点；已知两点及宽度则是指测矩形房子时测

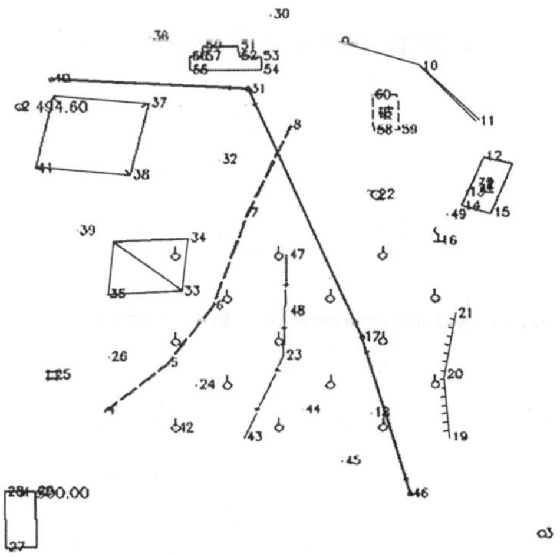

图 6-4-5　外业作业草图

了两个点及房子的一条边；已知四点则是测了房子的四个角点。

点 P/<点号>输入 34，回车。

说明：点 P 是指由您根据实际情况在屏幕上指定一个点；点号是指绘地物符号定位点的点号(与草图的点号对应)，此处使用点号。

点 P/<点号>输入 33，回车。

点 P/<点号>输入 35，回车。

这样，即将 34、33、35 号点连成一间普通房屋。

注意：绘房子时，输入的点号必须按顺时针或逆时针的顺序输入，如上例的点号按 34、33、35 或 35、33、34 的顺序输入，否则绘出来房子就不对。

重复上述操作，将 37、38、41 号点绘成四点棚房；60、58、59 号点绘成四点破坏房子；12、14、15 号点绘成四点建筑中房屋；50、52、51、53、54、55、56、57 号点绘成多点一般房屋；27、28、29 号点绘成四点房屋。

同样在“居民地/垣栅”层找到“依比例围墙”的图标，将 9、10、11 号点绘成依比例围墙的符号；在“居民地/垣栅”层找到“篱笆”的图标将 47、48、23、43 号点绘成篱笆的符号。完成这些操作后，其平面图如图 6-4-6 所示。

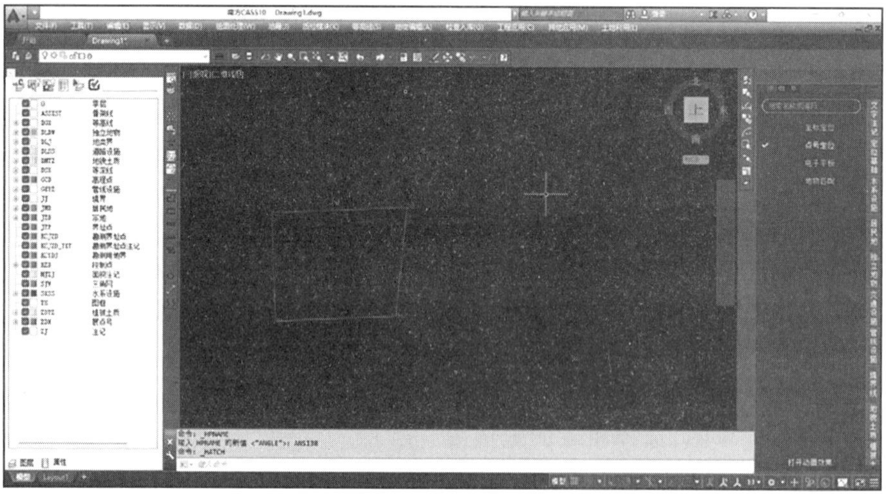

图 6-4-6　用“居民地”图层绘的平面图

再把草图中的 19、20、21 号点连成一段陡坎，其操作方法：先移动鼠标至右侧屏幕菜单“地貌土质/人工地貌”右侧的小三角处，这时系统弹出如图 6-4-7 所示的对话框。

移鼠标到表示未加固陡坎符号的图标处按左键选择其图标，命令区便分别出现以下的提示：请输入坎高，单位：米<1.0>：输入坎高，回车(直接回车默认坎高 1 m)。

说明：在这里输入的坎高(实测得的坎顶高程)，系统将坎顶点的高程减去坎高得到坎底点高程，这样在建立(DTM)时，坎底点便参与组网的计算。

点 P/<点号>：输入 19，回车。

点 P/<点号>：输入 20，回车。

点 P/<点号>：输入 21，回车。

点 P/<点号>：回车或按鼠标的右键，结束输入。

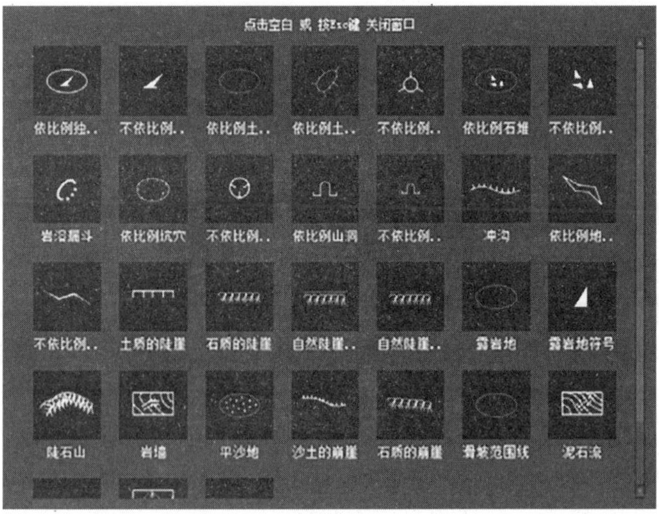

图 6-4-7 “地貌土质”图层图例

注:如果需要在点号定位的过程中临时切换到坐标定位,可以按“P”键,这时进入坐标定位状态,想回到点号定位状态时再次按“P”键即可。

拟合吗?<N>回车或按鼠标的右键,默认输入 N。

说明:拟合的作用是对复合线进行圆滑。

这时,便在 19、20、21 号点之间绘成陡坎的符号,如图 6-4-8 所示。注意:陡坎上的坎毛生成在绘图方向的左侧。

这样,重复上述的操作便可以将所有测点用地图图式符号绘制出来。在操作的过程中,您可以嵌用 CAD 的透明命令,如放大显示、移动图纸、删除、文字注记等。

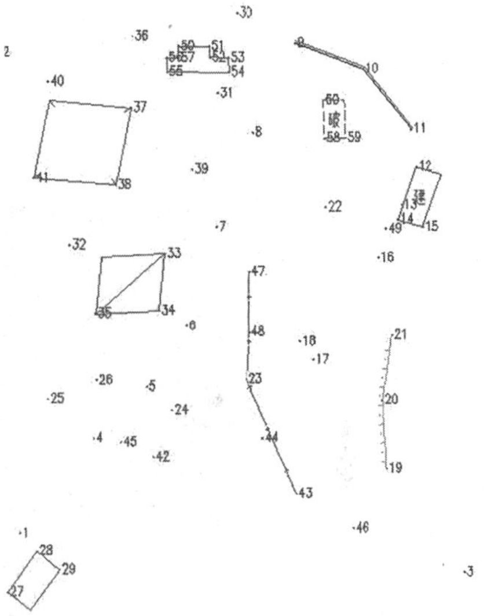

图 6-4-8 加绘陡坎后的平面图

4. “坐标定位”法作业流程

(1)定显示区

此步操作与“点号定位”法作业流程的“定显示区”的操作相同。

(2)选择坐标定位成图法

移动鼠标至屏幕右侧菜单区之“坐标定位”项,按左键,即进入“坐标定位”项的菜单。如果刚才在“测点点号”状态下,可通过选择“CASS10.1 成图软件”按钮返回主菜单之后再进入“坐标定位”菜单。

视频 38 坐标定位视频

(3)绘平面图

与“点号定位”法成图流程类似,需先在屏幕上展点,根据外业草图,选择相应的地图图式符号在屏幕上将平面图绘出来,区别在于不能通过测点点号来进行定位了。仍以作居民地为例讲解。移动鼠标至右侧菜单“居民地”处按左键,系统便弹出对话框。再移动鼠标到“四点房屋”的图标处按左键,图标变亮表示该图标已被选中,然后移鼠标至 OK 处按左键。这时命令区提示:

1 已知三点/2 已知两点及宽度/3 已知四点<1>:输入 1,回车(或直接回车默认选 1)。

输入点:这时鼠标靠近 33 号点,点击鼠标左键,捕捉该点。

输入点:同上操作捕捉 34 号点。

输入点:同上操作捕捉 35 号点。

这样,即将 33、34、35 号点连成一间普通房屋。

注意:在输入点时,嵌套使用了捕捉功能,选择不同的捕捉方式会出现不同形式的黄颜色光标,适用于不同的情况。“捕捉方式”的详细使用方法参见《参考手册》第一章。

命令区要求“输入点”时,也可以用鼠标左键在屏幕上直接点击,为了精确定位也可输入实地坐标。下面以“路灯”为例进行演示。移动鼠标至右侧屏幕菜单“独立地物/其他设施”右侧小三角处按左键,这时系统便弹出如图 6-4-9 所示,移动鼠标到“路灯”的图标处按左键,这时命令区提示:

输入点:输入 143.35,159.28,回车。

这时就在(143.35,159.28)处绘好了一个路灯。

注意:随着鼠标在屏幕上移动,左下角提示的坐标实时变化。

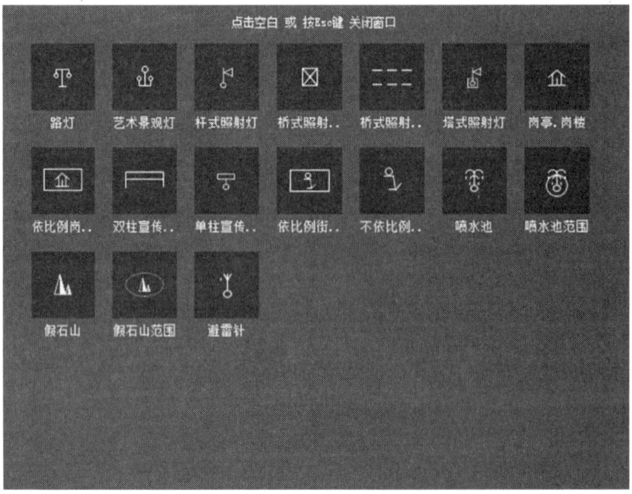

图 6-4-9 “独立地物/其他设施”图层图例

5. 绘制等高线

在地形图中,等高线是表示地貌起伏的一种重要手段。常规的平板测图,等高线是由手工描绘的,等高线可以描绘得比较圆滑但精度稍低。在数字化自动成图系统中,等高线是由计算机自动勾绘,生成的等高线精度相当高。

CASS10.1 在绘制等高线时,充分考虑到等高线通过地性线和断裂线时情况的处理,如陡坎、陡涯等。CASS10.1 能自动切除通过地物、注记、陡坎的等高线。由于采用了轻量线来生成等高线,CASS10.1 在生成等高线后,文件大小比其他软件小了很多。

在绘等高线之前,必须先将野外测的高程点建立数字地面模型(DTM),然后在数字地面模型上生成等高线。

(1)建立数字地面模型(构建三角网)

数字地面模型(DTM),是在一定区域范围内规则格网点或三角网点的平面坐标(x,y)和其地物性质的数据集合，如果此地物性质是该点的高程 Z，则此数字地面模型又称为数字高程模型(DEM)。这个数据集合从微分角度三维地描述了该区域地形地貌的空间分布。DTM 数据可以用于建立各种各样的模型解决一些实际问题，主要的应用有：按用户设定的等高距生成等高线图、透视图、坡度图、断面图、渲染图，与数字正射影像 DOM 复合生成景观图，或者计算特定物体对象的体积、表面覆盖面积等，还可用于空间复合、可达性分析、表面分析、扩散分析等方面。

在使用 CASS10.1 自动生成等高线时，应先建立数字地面模型。在这之前，可以先“定显示区”及“展点”，“定显示区”的操作与上一节“草图法”中“点号定位”法的工作流程中的“定显示区”的操作相同，出现图 6-4-10 所示界面要求输入文件名时，找到如下路径的数据文件“C:\CASS10.1\DEMO\DGX.DAT”。展点时可选择“展高程点”选项，如图 6-4-10 所示下拉菜单。

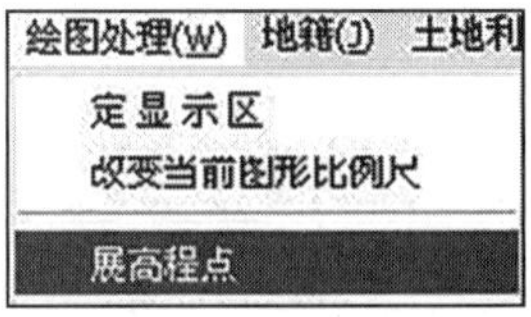

图 6-4-10　绘图处理下拉菜单

要求输入文件名时在“C:\CASS10.1\DEMO\DGX.DAT”路径下选择“打开”DGX.DAT 文件后命令区提示：

注记高程点的距离(米)：根据规范要求输入高程点注记距离(即注记高程点的密度)，回车默认为注记全部高程点的高程。这时，所有高程点和控制点的高程均自动展绘到图上。

第一步：移动鼠标至屏幕顶部菜单“等高线”项，按左键，出现如图 6-4-11 所示的下拉菜单。

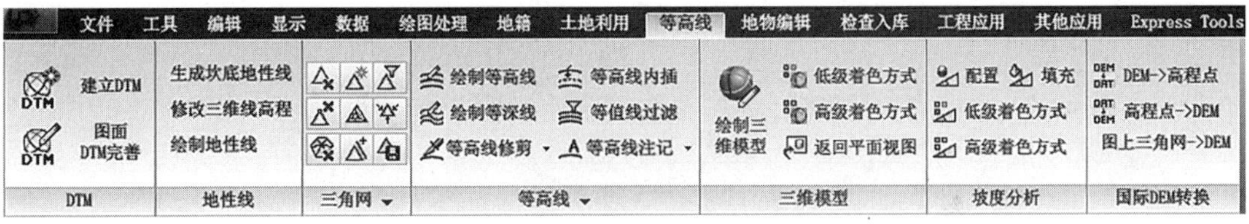

图 6-4-11　“等高线”的下拉菜单

第二步：移动鼠标至“建立 DTM”项，该处以高亮度(深蓝)显示，按左键，出现如图 6-4-12 所示对话窗。

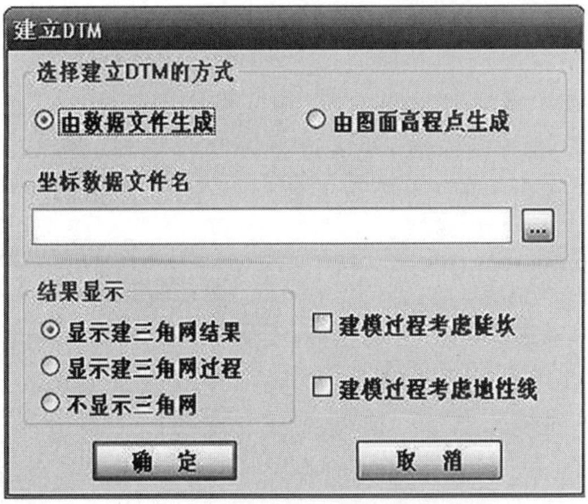

图 6-4-12　选择建模高程数据文件

首先选择建立 DTM 的方式，分为两种方式：由数据文件生成和由图面高程点生成，如果选择由数据文件生成，则在坐标数据文件名中选择坐标数据文件；如果选择由图面高程点生成，则在绘图区选择参加建立 DTM 的高程点。然后选择结果显示，分为三种：显示建三角网结果、显示建三角网过程和不显示三角网。最后选择在建立 DTM 的过程中是否考虑陡坎和地性线。点击确定后生成如图 6-4-13 所示的三角网。

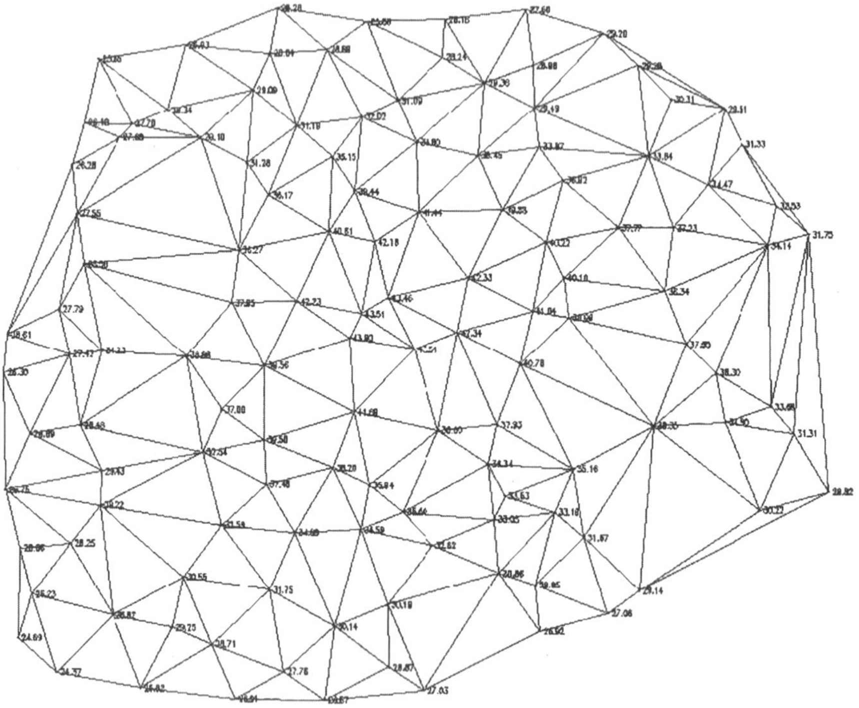

图 6-4-13　用 DGX. DAT 数据建立的三角网

(2)修改数字地面模型(修改三角网)

一般情况下，由于地形条件的限制在外业采集的碎部点很难一次性生成理想的等高线，如楼顶上控制点。另外还因现实地貌的多样性和复杂性，自动构成的数字地面模型与实际地貌不太一致，这时可以通过修改三角网来修改这些局部不合理的地方。

(3)绘制等高线

完成本节的第一、二步准备操作后，便可进行等高线绘制。等高线的绘制可以在绘平面图的基础上叠加，也可以在“新建图形”的状态下绘制。如在“新建图形”状态下绘制等高线，系统会提示您输入绘图比例尺。

用鼠标选择下拉菜单“等高线”—“绘制等高线”项，弹出如图 6-4-14 所示对话框：

对话框中会显示参加生成 DTM 的高程点的最小高程和最大高程。如果只生成单条等高线，那么就在单条等高线高程中输入此条等高线的高程；如果生成多条等高线，则在等高距框中输入相邻两条等高线之间的等高距。最后选择等高线的拟合方式。总共有四种拟合方式：不拟合(折线)、张力样条拟合、三次 B 样条拟合和 SPLINE 拟合。观察等高线效果时，可输入较大等高距并选择不光滑，以加快速度。如选拟合方法 2，则拟合步距以 2 m 为宜，但这时生成的等高线数据量比较大，速度会稍慢。测点较密或等高线较密时，最好选择光滑方法 3，也

图 6-4-14　绘制等高线对话框

可选择不光滑，过后再用“批量拟合”功能对等高线进行拟合。选择 4 则用标准 SPLINE 样条曲线来绘制等高线，提示请输入样条曲线容差：<0.0>容差是曲线偏离理论点的允许差值，可直接回车。SPLINE 线的优点在于即使其被断开后仍然是样条曲线，可以进行后续编辑修改，缺点是较选项 3 容易发生线条交叉现象。当命令区显示：绘制完成！便完成绘制等高线的工作，如图 6-4-15 所示。

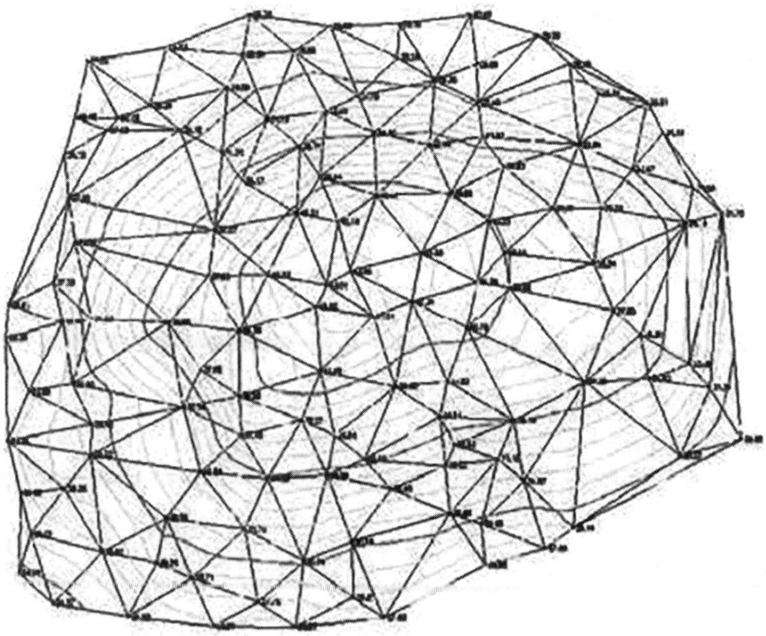

图 6-4-15　完成绘制等高线的工作

(4)等高线的修饰

第一步：注记等高线

用“窗口缩放”项得到局部放大图如图 6-4-16 所示，再选择“等高线”下拉菜单之“等高线注记”的“单个高程注记”项。

命令区提示：

选择需注记的等高(深)线：移动鼠标至要注记高程的等高线位置，如图 6-4-16 之位置 A，按左键；依法线方向指定相邻一条等高(深)线：移动鼠标至如图 6-4-16 所示的等高线位置 B，按左键。等高线的高程值即自动注记在 A 处，且字头朝 B 处。

第二步：等高线修剪

左键点击“等高线/等高线修剪/批量修剪等高线”，弹出如图 6-4-17 所示对话框：

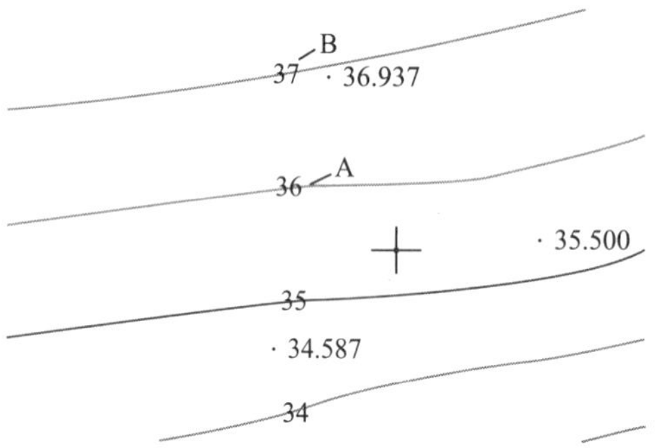

图 6-4-16　等高线高程注记

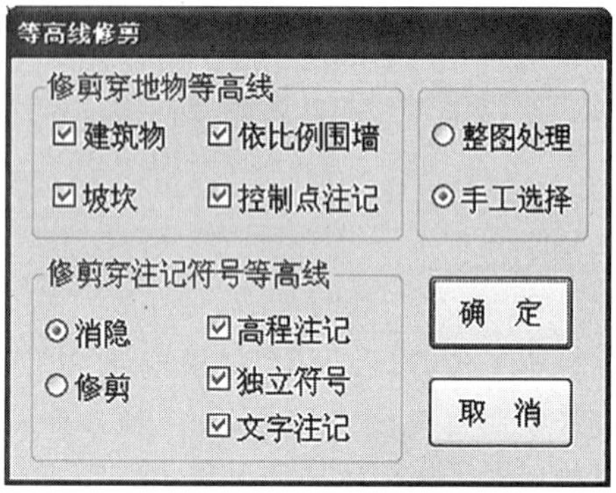

图 6-4-17　等高线修剪对话框

首先选择是消隐还是修剪等高线，然后选择是整图处理还是手工选择需要修剪的等高线，最后选择地物和注记符号，单击确定后会根据输入的条件修剪等高线。

6. 图形分幅

在图形分幅前，应做好分幅的准备工作。应了解图形数据文件中的最小坐标和最大坐标。注意：在 CASS10.1 下侧信息栏显示的数学坐标和测量坐标是相反的，即 CASS10.1 系统中前面的数为 Y 坐标(东方向)，后面的数为 X 坐标(北方向)。

将鼠标移至“绘图处理”菜单项，点击左键，弹出下拉菜单，选择“批量分幅/建方格网”，命令区提示：

请选择图幅尺寸：(1)50×50 (2)50×40 (3)自定义尺寸＜1＞按要求选择。此处直接回车默认选 1。

输入测区一角：在图形左下角点击左键。

输入测区另一角：在图形右上角点击左键。

这样在所设目录下就产生了各个分幅图，自动以各个分幅图的左下角的东坐标和北坐标结合起来命名，如：“29.50-39.50”“29.50-40.00”等。如果要求输入分幅图目录名时直接回车，则各个分幅图自动保存在安装了 CASS10.1 的驱动器的根目录下。

选择“绘图处理/批量分幅/批量输出到文件”，在弹出的对话框中确定输出的图幅的存储目录名，然后确定即可批量输出图形到指定的目录。

7. 图幅整饰

把图形分幅时所保存的图形打开，选择“文件”的“打开已有图形…”项，在对话框中输入 **.DWG 文件名，确认后 **.DWG 图形即被打开，选择“绘图处理”中“标准图幅(50 cm×50 cm)”项显示如图 6-4-18 所示的对话框。输入图幅的名字、邻近图名、批注，在左下角坐标的“东”“北”栏内输入相应坐标，例如此处输入 40 000、30 000，回车。在“删除图框外实体”前打勾则可删除图框外实体，按实际要求选择，例如此处选择打勾。最后用鼠标单击“确定”按扭即可。

因为 CASS10.1 系统所采用的坐标系统是测量坐标，即 1∶1 的真坐标，加入 50 cm * 50 cm 图廓后如图 6-4-19 所示。

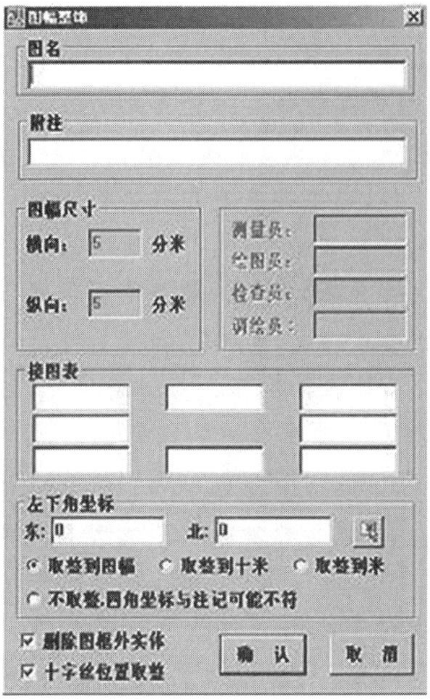

图 6-4-18 输入图幅信息对话框

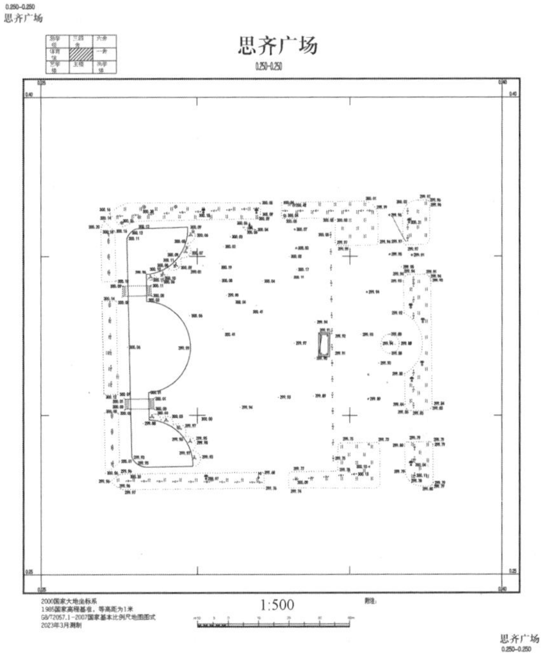

图 6-4-19 加入图廓的平面图

【拓展阅读】

升级城市数字地图的民生价值①

城市以各种面貌呈现于世，有砖瓦堆砌的“建筑之城”，有文字建构的“文明之城”。然而，随着数字时代的到来，当我们要去体验一座城市之美，首先想到的就是拿出手机中的数字地图，今天，我们对城市的感知不仅是物质世界中的具体空间，更是存在于数字世界中的“平行城市”。地图由最初对于地理信息的纸张记录和绘制，发展到现代信息技术下的数字化采集、应用和传播，经历了由纸图、电子地图、移动互联网地图等不断发展升级的过程。而数字地图作为真实世界的投影，其演进不仅是技术进步的标识，也是社会发展的基石和民生价值的保障。

城市数字地图既包括面向广大社会成员的个体化服务如导航地图、公共服务地图等，也有面向政府、企业、科研机构等公共和市场部门的以地图大数据为基础的智慧服务，在民生领域展现着其独特的价值。首先，以移动互联网为支撑、通过连接出行服务与本地生活，城市数字地图服务已充分融入人们衣食住行等各类生活场景。基于对出行时间和路线的合理规划等导航功能，城市数字地图成为人们日常行动的常用工具，可以便捷地进行地点查询、智能出行。

① 引自光明网

并且，以广泛的受众群体为基础，城市数字地图具有了媒介特质，通过流量引导、提供第三方本地服务如周边购物、网约车、停车、医院、银行等实现线上线下服务链接，成为与本地生活相关的网络经济和服务链条的重要环节。其次，在公共服务领域，越来越多的城市以数字地图为基础提供政务公开便民服务，教育、医疗、社保服务等重点民生事项和信息囊括其中，包括一键导航、政务服务事项线上办理、医院在线预约等功能。实现了多图层叠加和时空延展，发挥着实时跟踪、信息研判、分析决策、民情反馈等重要功能。最后，在打造未来智慧产业的背景下，城市数字地图通过对人、物、地的实时感知和相关信息采集、管理、计算，实现对人与城市、商业、社会的深度融合，为政府智慧管理、民生保障服务等提供算力资源等核心数字基础。

城市数字地图在快速发展的同时，也面临着数据体制发展不平衡、数据垄断、技术与民生之间的交流不充分等问题，影响着其社会价值的发挥。一方面，城市数字地图在提供丰富的交通出行、消费地图、本地服务等功能的同时，其在资本的推动下也带来了一定程度信息展示中的不平衡，形成了数据偏差。有研究指出，房产价值、商业价值更高的地点，数字地图信息标注的精细化程度也可能更高。尽管部分城市边缘社区、城乡接合部等在实践中具有支持着大量人口的本地服务和消费生活，但城市数字地图对其的采集和展现较为有限。在此背景下，这些地区的社会成员难以享受城市数字地图带来的便利，并可能进一步导致这些地区的发展难以获取网络时代红利，需要对这一新的社会建构现象保持警惕。同时，个别数字地图企业存在通过用户位置数据和其他兴趣数据等实施算法垄断、数据垄断等风险，部分以数字地图为媒介的本地服务在追求高流量目标的过程中有时存在不规范的竞争行为。另一方面，城市数字地图的技术发展与民生保障需求的结合仍不够充分。例如，城市数字地图在政务便民服务等民生领域的功能发挥有时主要在导航、服务网络链接跳转等技术层面，应用场景仍较为单一，对于通过使用地理智能优势处理民生事务、识别和挖掘民生需求等方面还缺少进一步探索；在助力应对自然灾害等非常态化情境下，城市风险数字地图的利用程度仍低于预期水平、其时效性和精确度还有待提升。

数字技术的发展最终是为了服务于人，需要从提升公共性、规范性、回应性入手，进一步升级城市数字地图的民生价值。首先，进一步发挥政策引领作用，升级城市数字地图的公共性。面对数据体制发展不平衡，需继续深化数字地图发展的顶层设计，在实施国家大数据战略的背景下，加强政府与市场的合作，将数字地图纳入政府大数据库、“城市云”等相关产业基础建设之中，实现对所有POI(地图上任何有意义的兴趣点，指代各种类型的地理实体)更为全面的覆盖，尤其是容易被市场忽略的、欠发达区域等。同时，通过定期评定符合条件的示范项目、鼓励数字地图企业为政府和公众等提供大数据行业应用服务等方式促进资源的合理流向，尤其是民生领域重难点问题。

其次，进一步强化市场监管，升级城市数字地图的规范性。面对数字地图行业可能存在的各类潜在风险和不规范行为，一方面，促进数字地图中各数字权利成员、公共部门与市场部门之间的数据开放共享，加强以数据整合为基础的数字化市场监管，减少少数大型企业的数据控制。另一方面，加强对数字地图平台上各类主体流量监管，进一步明确对虚假流量等不正当竞争行为的具体处罚办法，实施对平台、生产者、销售者等各方的诚信追溯机制，通过构建流量反欺诈分析智能模型科学识别和过滤虚假流量，营造公平、规范的数字地图媒介环境。

最后，以民生需求为导向，创新拓展更为多样化的应用场景，升级城市数字地图的回应性。城市数字地图是智慧城市建设的核心基础，并联结着作为城市治理指挥决策核心的政府与分散的社会成员。需依托以地理位置、出行等为基础的数字地图实时大数据进行数据决策、管理、评估、预测等，并从大数据中分析挖掘更多民生需求等诉求性数据，并更为及时高效地予以回应，建立医疗、交通出行、教育、社会保障、社区治理等多领域的智慧民生自动化网络。例如，可通过研究出行、商业和公共服务机构的分布等数据与就业等民生问题的相关关系，挖掘其内在逻辑和趋势；可探索将数字地图与基层数字健共体相结合，建立数字化的卫生健康管护体系；根据社会成员的动态需求继续开发社区服务、车位共享等各类民生数字地图，尤其是在各类应急状态下智能创建避险地图，搭建高效便捷的民生信息共享平台。此外，还需关注城市数字地图发展中的“数字鸿沟”、个人数据保护等问题，推进信息无障碍建设如智能语音交互、全景地图、无障碍设施地图等，进一步完善位置等数据安全立法的具体细则、建立地图数据安全监管平台、明确数字地图参与者主体责任等，确保更多社会成员平等、便捷、安全地使用普惠性数字地图服务。

知识点 5　地形图应用

知识结构线划图

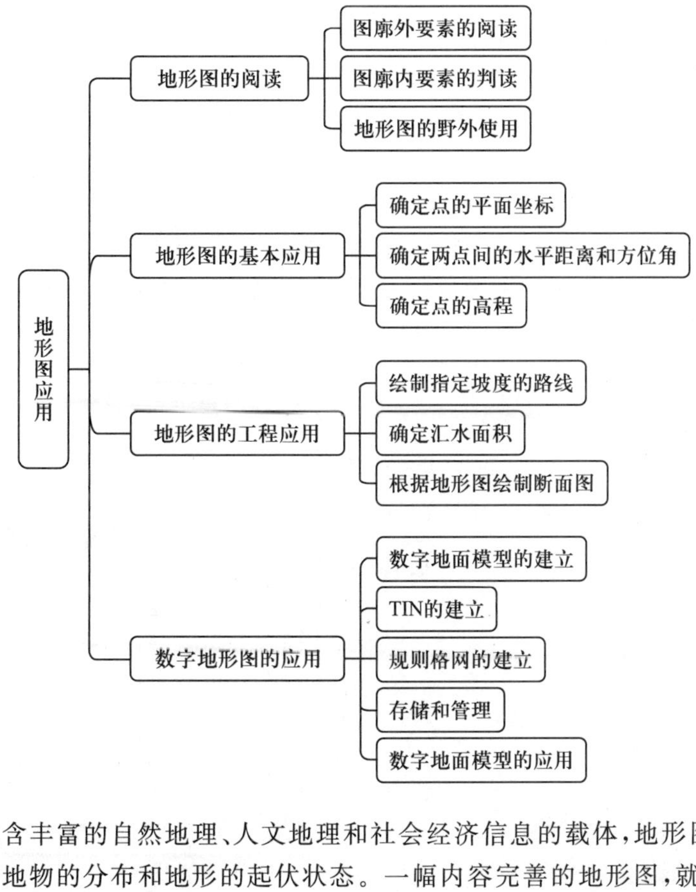

地形图是包含丰富的自然地理、人文地理和社会经济信息的载体，地形图详细、真实地反映了地面上各种地物的分布和地形的起伏状态。一幅内容完善的地形图，就可以了解到图内区域的地形变化、交通路线、河流方向、水源分布、居民点的位置，人口密度及自然资源种类分

布等情况，可为解决各种工程问题提供必要的资料。借助地形图，可以了解自然和人文地理、社会经济各方面因素对工程建设的综合影响。了解地形图的定向、坐标系统、高程系统、等高距等，对正确用图有很重要的作用。在进行国土整治、资源勘查、土地利用、工程规划、路线选择、环境保护、矿藏采掘、军事指挥等各项工程时，均需要从地形图上获取信息，作为决策和实施的依据。在设计和施工中应用大比例尺地形图，从图上了解地面的地物和地貌的分布、特征等情况比实地更全面，对整体情况的了解更加直观，而且方便。使勘测、规划、设计能充分利用地形条件，优化设计和施工方案，有效地节省工程建设费用。在施工中，利用地形图可以获取施工所需的坐标、高程、方位角等数据，从而进行工程量的估算等工作。因此地形图是国家各个部门、各项工程建设中必需的资料，是进行各项工程建设项目可行性研究的重要资料，是工程规划、设计和施工的重要依据。正确地应用地形图，是测量工程技术人员必须具备的基本技能。

要点1　地形图的阅读

1. 图廓外要素的阅读

图廓是地形图的边界，一般地形图都有内、外图廓之分。图廓外要素是指内图廓之外的要素，是对地形图及地形图所表示的地物、地貌的必要说明。根据地形图图廓外的注记，可全面了解地形图的基本情况。首先要了解测图时间和测绘单位，以判断地形图的新旧和适用程度；然后要了解地形图的比例尺、坐标系统、高程系统和基本等高距以及图幅范围和接图表。中、小比例尺地形图的南图廓线右下方，通常绘有真北、磁北和轴北之间的角度关系，如图6-5-1所示，利用三北方向图，可对图上任一方向的真方位角、磁方位角和坐标方位角进行相互换算。此外在南北内图廓线上，还绘有标志点P和P′，该两点的连线即为该图幅的磁子午线方向，利用罗盘可用于实地定向。中、小比例尺地形图等由经纬线分幅的地形图，内图廓呈梯形，如图6-5-2所示。西图廓经线为东经128°45′，南图廓纬线为北纬46°50′，两线的交点为图廓点。内图廓与外图廓之间绘有黑白相间的分度带，每段黑白线长表示经纬差1′。连接东西、南北相对应的分度带值便得到大地坐标格网，可供图解点位的地理坐标用。分度带与内图廓之间注记了以km为单位的高斯直角坐标值。

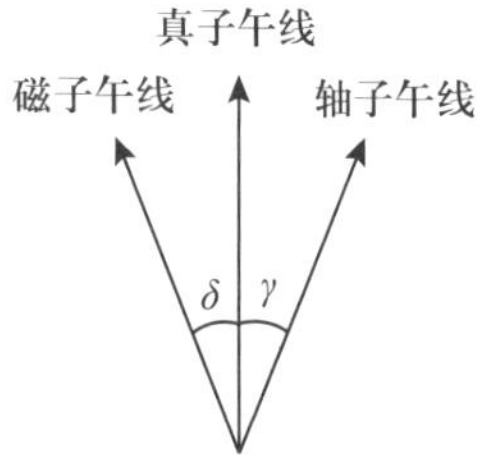

图6-5-1　三北方向

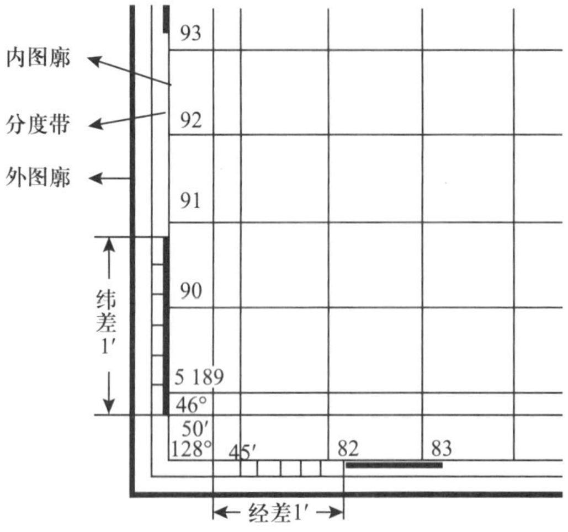

图6-5-2　中小比例尺地形图图廓

正方形图廓只有内、外图廓之分。内图廓为直角坐标格网线，外图廓用较粗的实线描绘。外图廓与内图廓之间的短线用来标记坐标值。

2. 图廓内要素的判读

图廓内要素主要是指各种注记、地物符号和地貌符号。分析、研究地形，主要是根据《国家基本比例尺地图图式第1部分：1∶500　1∶1 000　1∶2 000 地形图式》(GB/ T 20257.1—2017)中的符号、等高线的性质和测绘地形图时综合取舍的原则来识读地物、地貌。

注记是读图和用图的直接依据，主要指各种名称、说明和数字等，是读图的基本要素。地物要素的阅读主要是为了了解土地利用类型与厂矿分布状况，城镇、居民地等分布状况，植被和土质类型，道路等级通信网的分布、水系分布特点，各河流从属关系以及每条河流、河谷的特性等。重点了解类型、密度、分布特点，以及经济、交通和文化等情况。地貌要素的阅读用等高线和地貌有关符号表示，根据等高线的等高距、密度、地貌有关符号以及等高线的形态判读该地区的地貌类型。

图廓内要素还包括社会经济要素，如居民地、交通网、水路运输、行政界线及通信线、电力线、输油管线等。通过对社会经济要素的判读，可以了解图幅范围内地区的社会经济发展情况。

3. 地形图的野外使用

在野外使用地形图时，经常要进行地形图的定向、在图上确定站立点位置、地形图与实地对照，以及野外填图等工作。

①地形图的野外定向：就是使图上表示的地形与实地地形一致。

常用的方法有两种：

第一种，罗盘定向：根据地形图上的三北关系图，将罗盘刻度盘的北字指向北图廓，并使刻度盘上的南北线与地形图上的真子午线(或坐标纵线)方向重合，然后转动地形图，使磁针北端指到磁偏角(或磁坐偏角)值，完成地形图的定向。

第二种，地物定向：先在地形图上和实地分别找出相对应的两个位置点，然后转动地形图，使图上位置与实地位置一致。

②在地形图上确定站立点位置：当站立点附近有明显地貌和地物时，可利用它们确定站立点在图上的位置。当站立点附近没有明显地物或地貌特征时，可以采用交会方法来确定站立点在图上的位置。

③地形图与实地对照：当进行了地形图定向和确定了站立点的位置后，就可以根据图上站立点周围的地物和地貌的符号，找出与实地相对应的地物和地貌，或者观察实地地物和地貌来识别其在地图上所表示的位置。

④野外填图：是指把土壤普查、土地利用、矿产资源分布等情况填绘于地形图上。野外填图时，应注意沿途具有方位意义的地物，随时确定本人站立点在图上的位置，同时，站立点要选择视线良好的地点，便于观察较大范围的填图对象，确定其边界并填绘在地形图上。通常用罗盘或目估方法确定填图对象的方向，用目估、步测或皮尺确定距离。

要点2　地形图的基本应用

1. 确定点的平面坐标

在地形图上，要求任一点的平面坐标，可根据图上坐标格网进行量算。如图6-5-3所示，若要求 A 点的坐标，即根据坐标格网的注记，可知 A 点的 x 坐标在57 100与57 200之间，

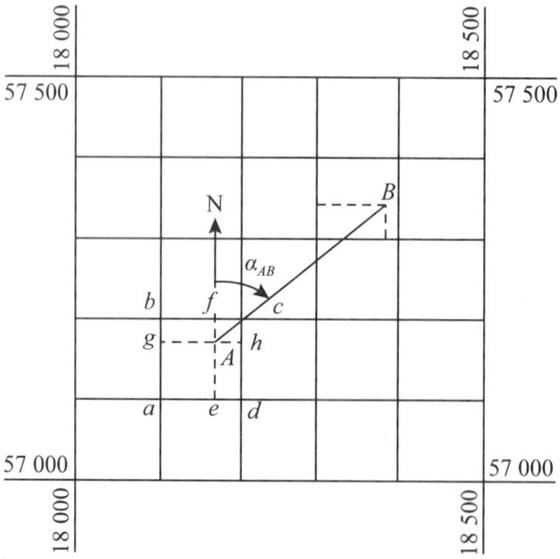

图 6-5-3　图上量取点的坐标和两点间方位角

y 坐标在 18 100 与 183 200 之间，通过 A 点作坐标格网的平行线 fe 和 gh，用比例尺量取 ag 和 ae 的长度 $ag=75.2$ mm 和 $ae=60.4$ mm。根据格网坐标差可知该图的比例尺为 1∶1 000。则 A 点的实地坐标为：

$$x_A=x_0+ag\times M=57\ 100+0.075\ 2\times 1\ 000=57\ 175.2\ \text{m}$$

$$y_A=y_0+ae\times M=18\ 100+0.060\ 4\times 1\ 000=18\ 160.4\ \text{m}$$

式中，x_0、y_0 为 A 点所在方格的西南角坐标；M 为地形图比例尺分母。

为了校核和消减图纸伸缩误差的影响，还应量出 ab 和 bc 的长度。从理论上讲：$ab=bc=l$，l 为坐标格网边长(理论值一般为 10 cm）对应的长度。由于图纸伸缩，以及量测长度有一定的误差，上式一般不成立，则 A 点的坐标应按下式计算：

$$x_A=x_0+\frac{l}{ab}\times ag\times M$$

$$y_A=y_0+\frac{l}{bc}\times ae\times M$$

2. 确定两点间的水平距离和方位角

(1)图解法

量取点的坐标和两点间方位角如图 6-5-3 所示，可用比例尺来直接量取 A、B 两点间的线段长度，从而求得 A、B 两点间的实地距离，并可用量角器来量出 A、B 两点的方位角。

例：由复式比例尺直接量测得图 6-5-3 上 A、B 两点间的距离为 d_{AB}，比例尺分母为 M，则 A、B 两点间的实地距离为：$D_{AB}=d_{AB}\times M$

坐标方位角的确定：若精度要求不高，可过 A 点作 x 轴的平行线，或延长 BA 与坐标纵线交叉，用量角器直接取直线 AB 与坐标纵轴的夹角，从而确定线段 AB 的坐标方位角 α_{AB}。

(2)解析法

要求得 A、B 两点间的距离，可先从图上量测 A、B 两点的坐标值，x_A、y_A 和 x_B、y_B，然后用下式来计算线段 AB 的实地长度：

$$D_{AB}=\sqrt{(x_B-x_A)^2+(y_B-y_A)^2}=\sqrt{\Delta x^2+\Delta y^2}$$

AB 边的坐标方位角可用坐标方位角反算公式计算：

$$\alpha_{AB}=\arctan\frac{y_B-y_A}{x_B-x_A}$$

象限由 Δx、Δy 的正、负号或图上直接确定，从而确定线段 AB 的方位角 α_{AB}。

3. 确定点的高程

利用地形图上的等高线，可以求出任意一点的高程。如所求点在等高线上，则该点的高程就等于等高线的高程；如果所求的点不在等高线上，则在相邻等高线的高程之间用比例内插法求得其高程。如图 6-5-4 所示，欲求 A 点的高程，则可作大致与两等高线垂直的直线 PQ，量出 PQ、AQ 距离值。该地形图的等高距为 h，则 A 点的高程 H_A 为：

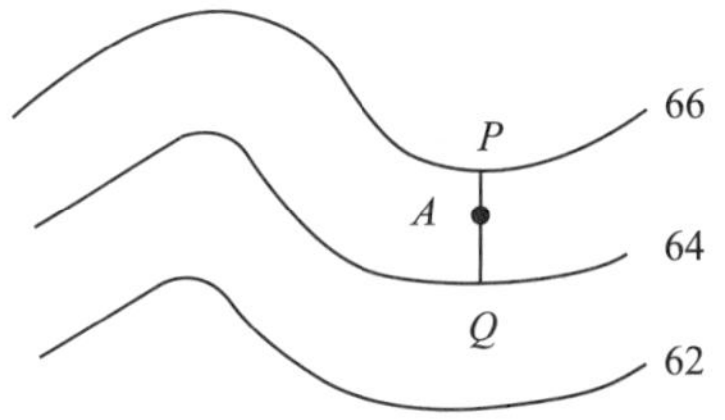

图 6-5-4　确定点的高程

$$H_A=H_Q+\frac{AQ}{PQ}h$$

要点 3　地形图的工程应用

1. 绘制指定坡度的路线

在道路、渠道、管线等设计中，通常要求在不超过某一限定坡度的条件下，选定一条最短路线或等坡度路线，以期求得最佳的工程投资和工程效益。如图 6-5-5 中，图的比例尺为 1∶1 000，等高距为 1 m，现设计要从 M 点开始，向山顶 N 处选一条线路，使坡度不大于 5%，则图上路线通过相邻等高线的最短距离应该为：

$$d=\frac{h}{i\times M}=\frac{1}{5\%\times 1\,000}=2\ (\text{cm})$$

以 M 为圆心，以 2 cm 为半径作圆弧，与 174 m 的等高线相交于 a 和 a' 两点，再分别以 a 和 a' 为圆心，仍用 2 cm 为半径作圆弧，交 175 m 的等高线于 b 及 b' 两点，……依次在图上画出规定坡度的两条线路，然后再进行比较，考虑整个线路弯度适宜、少占农田、避开建筑物以及不良地质路段、工程费用最优等各种因素，选取较理想的最佳路线。在实际量算时，如果平距 d 小于图上等高线间的平距，则说明该处地面最大坡度小于设计坡度，这时可在两等高线间用垂线连接。

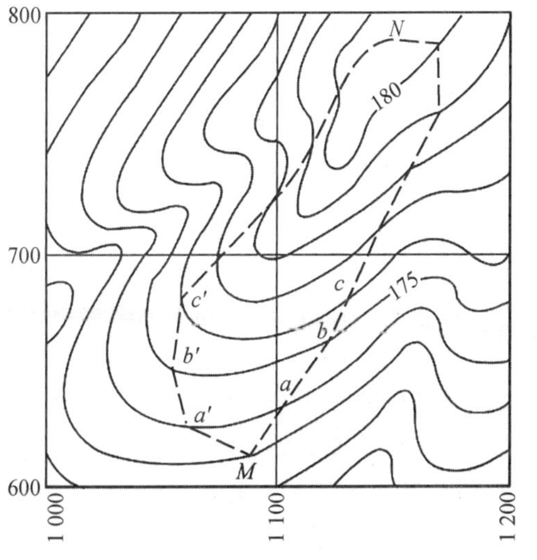

图 6-5-5　绘制指定坡度的路线

2. 确定汇水面积

当在山谷或河流架设桥梁、敷设涵洞或修建大坝时，桥梁、涵洞孔径的大小，水坝的设计位置与坝高，水库的蓄水量等，需要根据汇集于这个地区的水流量来确定。汇集水流量的面积称为汇水面积。汇水面积的边界是根据地貌的分水线(山脊线)来确定的。如图 6-5-6 所示，通过山谷，在 AB 处要修建桥涵，就须确定该处的汇水面积，即由图中分水线(点画线) A、B、C、D、E、F、G、H、I、A 所围成的面积，量出该面积的值，再结合当地的气象水文资料，就可进一步确定流经该处的水流量。这是设计桥梁、涵洞或水坝的重要数据。

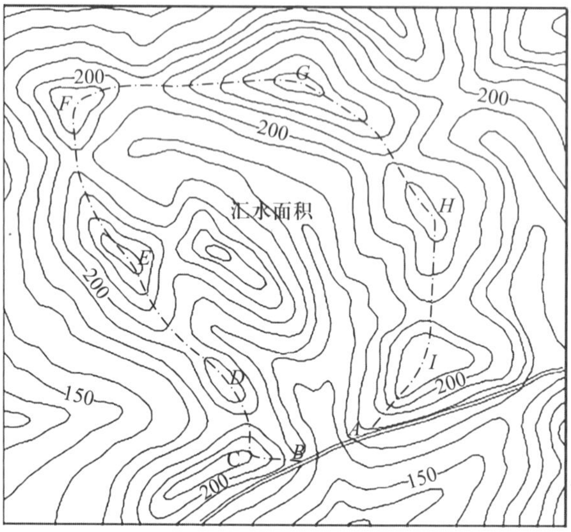

图 6-5-6　汇水面积的确定

3. 根据地形图绘制断面图

在道路、管线、渠道等线路工程勘测设计中，为确定线路的里程长短、坡度陡缓，合理地设计路线纵坡，进行填挖土方量的概算，都需要较详细地了解线路方向上的地面起伏情况，为此常利用地形图绘制沿路线方向的纵断面图。过某一线路的铅垂面与地面的交线，在铅垂面上按比例绘制的地面起伏的图形称为断面图，工程上称为剖面图。虽然工程项目不同，技术要求各异，但绘制断面图的方法是一致的。首先要确定路线与等高线交点的高程及各交点之间的水平距离，再根据点的高程和水平距离，按一定比例尺绘制成断面图。

(1)绘制直角坐标系

以横坐标轴表示水平距离，水平比例尺一般与地形图比例尺相同；纵坐标轴表示高程，为了更突出地显示地面的起伏形态，纵轴比例尺一般是水平距离比例尺的 10～20 倍。在纵轴上注明高程，其起始值选择要适当，使断面图位置适中。

(2)确定断面点

在地形图上从 M 点开始，分别量取 MN 连线与各等高线交点 a、b、c 等各点之间的水平距离；在横坐标轴 $M'N'$ 上，从起点 M' 开始，标出各线段的长度，以定出等高线的交点在横轴的位置 a'、b'、c' 等点，通过这些点，在垂线上按各点的高程，对照纵轴标注的高程确定各点在断面图上的位置。这些垂线与对应等高线高程的交点即为断面点。

(3)绘制断面图

最后，根据地形图，将各断面点用光滑曲线连接起来，即为路线的断面图。即为绘出的 MN 两点连线的断面图。根据所绘的断面图，可以判断出地面起伏、坡度陡缓以及该方向内的通视情况。

要点 4　数字地形图的应用

数字地形图是用数字形式存储地形图信息的地图，是以数字形式描述地形图要素的属性、定位和关系信息的数据集合。由数字地形图建立的数字地面模型(Digital Terrain Model) DTM 简称数模，目前 DTM 已是建立不同层次的地理信息系统(GIS)不可缺少的组成部分，以其特有的全数字化、高精度的显著优势而具有无限广阔的发展前景。

大比例尺数字测图采集的数据一般是三维数据，利用它可以生成数字地面模型，DTM 是在空间数据库中存储并管理的空间数据集的通称，它是以数字形式按一定的结构组织在一起，表示实际地形特征的空间分布，是地形属性特征的数字描述，也是建立不同层次的环境和信息系统不可缺少的组成部分。DTM 的核心是地球表面特征点的三维坐标数据和一套对地表提供连续描述的算法。最基本的 DTM 至少包含了相关区域内平面坐标(x,y)和高程 Z 之间的映射关系，即 $Z=f(x,y)$。DTM 的数字表示形式包括离散点的三维坐标(测量数据)，由离散点组成的规则或不规则的网格结构，是带有空间位置特征和地形属性特征的数字描述，包含地面起伏和属性两个含义，当 DTM 中地形属性为高程时，就是数字高程模型(Digital Elevation Model)DEM。数字高程模型既然是地理空间定位的数字集合，因此凡涉及地理空间定位，在研究过程中又依靠计算机系统支持的课题，一般都要建立数字高程模型。从这个角度看，建立数字地面模型是对地面特性进行空间描述的一种数字方法途径，数字地面模型的应用可遍及整个地学领域。本节简单介绍数字地面模型及其应用领域。数字地面模型一般分为不规则格网和规则格网两种类型。不规则格网一般由不规则三角形格网(Triangle Irregulation Network)TIN 构成，TIN 是不规则格网中最简单的一种结构，是利用测区内野外测量采集的所有地形特征点构造出的邻接三角形组成的格网型结构。大比例尺数字测图的建模一般都采用这种方式，原因是它可以保持细部点的原始精度，从而使整个建模的精度得到保证。规则格网是将离散的原始数据点依据插值算法求算出规则形状的结点坐标，每个结点坐标有规律地存储在 DTM 中。其形式与方格法计算土方量相似，方格顶点的高程都是经过不规则格点内插计算得到的。

1. 数字地面模型的建立

建立 DTM 有各种方法，由于地球表面本身的非解析性，试图用某种代数式和曲面拟合的算法来建立地形的整体描述比较困难，因此，一般是采用三维空间离散的采样值来建立区域的数字地面模型。DTM 系统主要由计算机程序来实现，主要功能是从多个离散数据构造出相互连接的网格结构，以此作为地面数字模型的基础。所以，一个数字地面模型系统必须具有以下几个基本组成部分：

(1)数据的采集

采用全野外数据采集、已有地形图矢量化、航测立体模型采集等方法进行 DTM 数据的采集。

(2)数据的转换

不同来源的数据类型是多种多样的，DTM 系统应具有各种类型数据输入和不同设备和方式的传输，利用转换模块对原始数据进行分类并按 DTM 标准格式进行存放，在对不同来源的数据进行标准格式转换时不得影响或改变原始数据的精度。

(3)数据的预处理

通过数据采集和转换后得到的某一区域内的原始数据,通过数据过滤、粗差剔除、数据加密、地形地物特征码的提取后,得到构网建模的标准数据。

(4)构网建立数字模型

2. TIN 的建立

在野外实测过程中地形点的选取往往是那些能代表地形坡度的变换点或平面位置的转换点,所以这些点在相关区域中呈离散型分布。将这些离散点按照一定的规则构造出相互连接的三角形格网结构,建立 TIN 的基本过程是根据野外实测的地形特征点按照"就近连接原则"将邻近的三个离散点相连接构成初始三角形,再以这个三角形的三条边为基础连接与其邻近的点组成新的三角形,如此依次连接直到所有三角形边都无法扩展成新的三角形,所有点均包含在由这些三角形构成的三角格网中为止。为了保证 DTM 格网具有较高的精度,应注意构网时把地性线等地形特征线作为 TIN 中三角形的边,扩展 TIN 时先从地性线特征点开始。格网中每个三角形所决定的空中平面就是该处实际地形的近似描述。

3. 规则格网的建立

规则格网建立一般有两种方法,一种是将区域离散的数据采用一定的数学插值算法,算出新的规则格网的交点坐标和高程;另一种是在航测的立体模型上按等间隔直接采集格网顶点的坐标及高程。需要注意的是,建立 DTM 需要在有关区域内采集相当数量的可表达地形信息的地形数据,而实际地形表面有连续的,也存在如挖损、断裂等不连续的,构造 DTM 时采集的地形数据量也是有限的,采样点的位置、密度,以及选择构造 DTM 的算法及应用的插值算法,均有可能影响 DTM 的精度和使用效率。

4. 存储和管理

数字地面模型由数字地形图数据库存储和管理,存储于物理介质,由数据库软件和系统人员进行管理和维护。

5. 数字地面模型的应用

(1)数字地面模型的内容

数字地面模型中包括:高程、平均高程、极值高程、最大高差、相对高程、高程变异、坡度、坡向、坡度变化率、地面形态、地形剖面、地性线、沟谷密度以及太阳辐射强度、观察可视面、三维立体观察等,可根据用户需要选择生成不同的数据(图形)内容。如图 6-5-7 所示,即为 TIN 格式的三角格网、TIN 格式生成的等高线和三维模型图。

(a)TIN 格式的三角格网　(b)TIN 格式生成的等高线　(c)三维模型图

图 6-5-7　DTM 的内容

(2)数字地面模型的应用

DTM可以广泛地应用在多个领域,如农业、林业、牧业、水利、交通、军事领域等。在信息系统分析和评价空间信息并以此为依据进行规划和决策时,十分注意地表的三维特征,并使这些要素成为地学分析和生产应用中的基础数据和遥感分析的确切信息。如公路、铁路、输电线的选线,水利工程的选址,各种规划及洪水险情预报等;在环境与规划中可用于土地现状、土壤侵蚀、土地类型的分析;军事上可用于导航、通信、作战任务的计划等。DTM在遥感中可用作分类的辅助数据。DTM原理还应用于水文、海洋及气象的数据处理。通过DTM可以得到有关区域的地形情况,在测绘中可用于计算任一点的几何位置,两点之间的方位角、距离;还可以用于计算区域面积,划分土地,计算水库汇水面积和容量,计算土方工程量,获得地形断面和坡度信息等。依据模型及一定的内插和拟合算法自动生成等高线图、断面图、坡度图、三维立体地形图,DTM在各个领域中的应用是以以下几个方面的应用为基础的。

①绘制等高线图:格网型DTM将区域表示为规则或不规则的格网单元,从矩形格网某个单元的边开始,利用格网数据结构存储的格网结点信息及附加的格网单元结构信息生成等高线。

②三维立体图的绘制:三维立体图是人们熟悉和习惯的数字模型的形式之一。它是以数值的形式表示地表数量变化(不只是高程变化)的最富有吸引力的直观方法。现在已有许多供三维立体图计算用的标准程序,这些程序可以用线条描绘或阴影栅格显示法表示规则或不规则 x、y、z 数据组的立体图形。

③坡度图与坡向图:坡度定义为水平面与局部地表之间的正切值。它包含两个方面的内容:斜度——高度变化的最大比率,常用百分比测量;坡向——变化比率最大值的方向,按从北方起算的角度测量。这两个因素基本上能满足环境科学分析的要求。

④地貌晕渲图及专题地图叠置:地貌晕渲法即“阴影立体法”,它是一种能够增加丘陵、山地地区高差起伏的视觉效果的绘图技术。采用DTM制作地貌晕渲图时,首先根据DEM数据计算坡度和坡向,然后将坡向数据与光源方向比较,面向光源的斜坡得到浅色调灰度值,反方向得到深色调灰度值,两者之间得到中间灰度值,灰度值的大小按坡度进一步确定。为了扩大在地形定量分析中的应用范围,可以把其他专题信息与地貌晕渲图叠置组合在一起,这将大大提高地图的实用价值,如运输线路规划图与地貌晕渲图叠加后大大增强了直观感,这是传统方法所无法实现的。

【拓展阅读】

几张图看中国古代测绘发展史[①]

4 000多年前,夏禹治水,派徒弟步量,在与洪水的斗争中就已经开展过规模较大的测绘工作。禹治水成功,促进了农业发展,夏朝盛世,各部族首领向大禹进贡图画、金属等物品,禹命工匠铸成九鼎,并刻上图,图上有九州的山川、草木、道路分布,这就成了原始地图。

夏商周三代已设置了“地官司徒”官职,专司管理全国地图。远在三千五百多年前,我国就已经测绘了相当数量的地图,专人管理。

① 三鼎杉味书屋

春秋战国，地图普遍用在军事上。凡主兵打仗，必须先看图，知地形，没有地图、不知地形，必败。地图刻在木板上，包括山脉、河川、城镇、道路等，有一定的比例，广泛应用指南针。

秦汉时期，统治者已把地图视为权力之象征。秦始皇统一中国后，收集各类地图，掌天下之图以掌天下之地。中央由大司徒专门管理，地方派土训管理。

西汉时期，以勾股弦和相似三角形来推算距离，测量面积的方法多。最能体现水准的，是长沙马王堆一号汉墓出土的地形图，是当今世界上保存最早的古代地图。

东汉初期，著名科学家张衡发现地球是圆的，并沿南北极轴旋转，黄道是太阳运行轨道，与赤道交角为 24°，为天文大地测量和大范围的地图测绘提供了理论基础。

三国之后，晋朝出了个著名的制图学家裴秀。他创造了《制图六体》，几乎把现代地图的测制原则全都扼要地提到了，对后代测制地图有着深远影响。

唐朝，中国疆域辽阔，为了便于统治，皇帝曾规定全国各州、府每年要修测地图一次。可见当时已建立起对地图的实时概念。

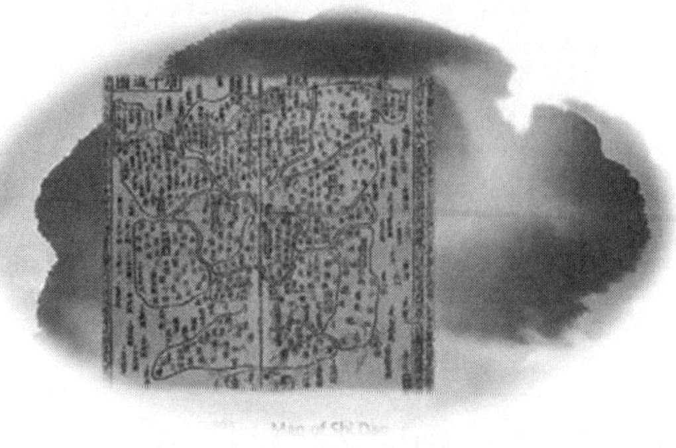

宋朝王安石变法，曾开展大规模的农田水利建设，全国兴修水利十万余处，灌田三千多万亩，其间有大量的勘察与测绘工作。科学家沈括发现了磁偏角，对测绘有着重大的科学价值，

可伦布横渡大西洋时发现磁偏角要早400年。

元朝时期，大科学家郭守敬用自制的仪器观测天文。为兴修水利，他在黄河下游进行大规模的工程测量和地形测量，在世界历史上，郭守敬是第一位用平均海水面作为高程起始面的人。

明代的郑和航海图是我国古代测绘技术的又一杰作。七次下西洋，最远到达非洲的索马里、阿拉伯、红海一带。郑和第七次出海的航海图一直保存到现代，是我国最著名的古海图，也是我国最早的一幅亚非地图。

清朝的康熙领导了全国性的大地测量和地图测绘工作。统一了测量长度单位。测绘了华北、东北、东南、西南等地区的地图以及内蒙古、西藏的地图，然后编绘《皇舆全图》。

乾隆时期编绘了《西域图志》和《亚洲全图》，这些图都是当时世界上极为重大的测绘成果，标志着中国测绘科技曾一度走在世界的前列。

《钦定皇舆西域图志》

参考文献

[1] 中华人民共和国行业标准．工程测量规范(GB50026—2007)[S]. 北京:中国计划出版社,2007。

[2] 中华人民共和国国家标准．1∶500 1∶1 000 1∶2 000 外业数字测图规程(GB/T 14912—2017)[S]. 北京:中国标准出版社,2017。

[3] 中华人民共和国国家标准．国家基本比例尺地图图式第一部分 1∶500 1∶1 000 1∶2 000 地形图图式(GB/T 20257.1—2017)[S]. 北京:中国标准出版社,2017。

[4] 中华人民共和国测绘行业标准．测绘技术设计规定(CH/T1004—2005)[S]. 北京:测绘出版社,2006。

[5] 中华人民共和国国家标准．国家一、二等水准测量规范(GB/T12897—2006)[S]. 北京:中国标准出版社,2006。

[6] 中华人民共和国国家标准．国家三、四等水准测量规范(GB/T12898—2009)[S]. 北京:测绘出版社,2009。

[7] 马驰,鲁纯．测量学基础[M]. 武汉:武汉大学出版社,2017。

[8] 殷耀国,郭宝宇,王晓明．土木工程测量[M]. 武汉:武汉大学出版社,2021。

[9] 李章树,刘蒙蒙,赵立．工程测量学[M]. 北京:化学工业出版社,2019。

[10] 程效军,鲍峰,顾孝烈．测量学[M]. 上海:同济大学出版社,2016。